本书得到以下项目资助：

国家自然科学基金面上项目"'差异－协同'视角下大气污染区域治理的政策效果、演化稳定性及其保障机制研究"（批准号：71874189）

国家自然科学基金面上项目"碳中和背景下黄河流域资源型城市生态保护与高质量发展耦合协调推进机制研究"（批准号：72173094）

国家自然科学基金面上项目"自媒体视域下公众参与大气污染治理机理及保障机制研究"（批准号：72174195）

江苏省社会科学基金项目研究成果"江苏生态保护与高质量发展协调推进研究"（批准号：20JD012）

陕西省创新能力支撑计划资助项目"数字化转型赋能企业绿色技术创新的陕西路径与对策研究"（2024ZC-YBXM-096）

环境规制
对污染企业排放和企业发展的影响机理及成效

HUANJING GUIZHI

DUI WURAN QIYE PAIFANG HE QIYE FAZHAN DE

YINGXIANG JILI JI CHENGXIAO

宋妍　柴建　张明　张鹭 / 著

U0246155

中国财经出版传媒集团

经济科学出版社
Economic Science Press

·北京·

图书在版编目（CIP）数据

环境规制对污染企业排放和企业发展的影响机理及成效／宋妍等著． -- 北京：经济科学出版社，2024.11.

ISBN 978 - 7 - 5218 - 6027 - 6

Ⅰ. X322.2

中国国家版本馆 CIP 数据核字第 2024CD5106 号

责任编辑：周胜婷
责任校对：刘　娅
责任印制：张佳裕

环境规制对污染企业排放和企业发展的影响机理及成效

宋妍　柴建　张明　张鹭　著

经济科学出版社出版、发行　新华书店经销
社址：北京市海淀区阜成路甲 28 号　邮编：100142
总编部电话：010 - 88191217　发行部电话：010 - 88191522
网址：www. esp. com. cn
电子邮箱：esp@ esp. com. cn
天猫网店：经济科学出版社旗舰店
网址：http：//jjkxcbs. tmall. com
北京季蜂印刷有限公司印装
710×1000　16 开　18.75 印张　290000 字
2024 年 11 月第 1 版　2024 年 11 月第 1 次印刷
ISBN 978 - 7 - 5218 - 6027 - 6　定价：96.00 元
（图书出现印装问题，本社负责调换。电话：010 - 88191545）
（版权所有　侵权必究　打击盗版　举报热线：010 - 88191661
QQ：2242791300　营销中心电话：010 - 88191537
电子邮箱：dbts@ esp. com. cn）

前　言

　　生态环境是人类生存最为基础的条件，是我国持续发展最为重要的基础。以习近平同志为核心的党中央坚持"两个结合"，提出了一系列原创性的新思想、新理念、新举措，创立了习近平生态文明思想，为推进美丽中国建设、实现人与自然和谐共生的现代化提供了科学指引和根本遵循。认真学习并深刻领会习近平生态文明思想的精神实质、核心要义与实践要求，就是要充分认识到生态环境保护和经济发展是辩证统一、相辅相成的关系：保护生态环境就是保护自然价值和增值自然资本，就是保护经济社会发展的潜力和后劲，使绿水青山持续发挥生态效益和经济社会效益。

　　环境规制的相关研究，一直是学术研究的重要议题，在经济、能源、环保、生产等各个领域都有着广泛的研究以及复杂的分支。环境规制与经济社会生活的方方面面都有着紧密的联系，相应的研究内容也是纷繁多样，呈现出盎然的生机。近年来，笔者紧紧围绕这一议题开展了一系列的研究工作，以期在该领域形成系统性的研究框架和理论模型。一方面，揭示环境规制及其竞争的理论背景与演进机理，实现根据经济主体排污行为约束方式不同、规制主体行为角度不同、规制对象适用范围不同、规制执行严格程度不同等环境规制全方位分类下经济绿色发展影响效应的系统性研究，建立涵括绩效考核、行政问责、财税投资、成本核算、金融创新、能源低碳化转型、特定政策作用范围和时长等在内的环境规制效果优化"工具箱"，形成环境规制从分类研究到制度细节完善的"分类－细节"政策体系。另一方面，探索地方政府、生产企业、社会公众各主体内部和相互之间竞合的基本规律，通过信息干预视角的经济激励理论研究，揭示生态环境多元共治的动力机制、运行机制和约束机制，形成从差异主体逐类分析到多元主体联合考察的"差异－协同"理论与实践体系。

然而，不同于聚焦生态环境保护与经济社会的一体化发展的方方面面，本书只是笔者对环境规制影响企业污染排放和企业发展的机理及成效领域研究工作的一个阶段性整理，主要包括七个章节的内容。第1章是环境规制的一般性分析，在简明扼要地指出环境规制的经济学一般理论后，强调在进行环境规制方案选择时，考虑各区域经济发展阶段差异这一典型事实的必要性。紧接着，第2章对环境规制影响我国工业污染排放的影响机理和影响效果进行分析，研究源头预防、事中监管和末端治理等环境规制工具对工业污染排放强度的直接影响效应、空间溢出效应、间接影响效应和区域异质性等。在此基础上，第3章聚焦环保督察制度，依照机理分析—理论验证实证—评估的思路，运用演化博弈模型、系统仿真模拟和断点回归等方法，从理论和实证两个层面展开研究，分析现阶段我国环保督察制度的作用机理和对大气污染治理的实际作用效果。第4章从环境规制约束下，具有不同创新动机的企业会选择不同的绿色创新行为（即策略性绿色创新和实质性绿色创新）入手，探究环境规制对污染企业绿色创新的影响机理与影响效果。之后，第5章注意到高技术产业在拉动经济增长中的重要性，就环境规制与我国高技术产业发展之间的关系进行理论和实证研究。第6章进一步结合地方政府绩效考核机制形成的"标尺竞争"环境（即，地方政府在环境规制的执行上会参考周边地区同级政府的行为，使得地方政府间的环境治理行为不再是独立的，而是存在策略互动），探究环境规制策略互动行为对我国产业结构升级的影响机理和影响效果。最后，第7章是提升环境污染治理成效的进一步思考，针对前述研究较少考虑的环境治理主体范围、公众认知状态等因素的可能影响，进行理论与实证考察，并对多主体网格化这一环境污染治理模式及其保障机制进行讨论。

本书得到了国家自然科学基金面上项目（71874189、72173094、

72174195）、江苏省社会科学基金基地项目（20JD012）、陕西省创新能力支撑计划项目（2024ZC-YBXM-096）的资助。以此为基础，研究者们亟须在多主体联动协同治理、多环境污染物协同治理、多类型环境规制影响等诸多方面深入推进和总结推广。作为这一领域的探索者，本书的出版更多意味着笔者在此方向上持续耕耘有了更明确的重心和更坚定的信心。本书研究内容凝聚了笔者所在"西安电子科技大学经济与管理学院产业经济研究中心""中国矿业大学环境管理与经济政策研究中心""能源、资源与环境创新研究团队"成员们的共同努力，他们是李振冉、杨婷婷、孙欣然、吕海童、魏元朝、张晓、王银行等。经济科学出版社编校人员在本书的出版过程中表现出了极大的耐心和卓越的专业素养，他们的辛苦付出使得本书得以付梓。在此一并表示感谢。

目录

第1章

环境规制的一般性分析

1.1 环境规制的经济学一般理论

规制，意味着限制与约束，是指通过相应的政策或规定来对某些行为主体提出要求，进而实现某些目的。通常意义上的规制，是公共政策的一种形式。规制面向的对象一般来说都是市场行为，为了促进市场的有序发展，政府会出台一系列的政策来对其进行调控，对生产活动中相关的各个部门提出一些要求。经济学中的规制，即是这些相关政策的集合与统称。因此，无论是为了提高社会福利还是增加税收收入，规制都可以看作是政府为了实现自身目的而对各类经济主体，包括自身的行为所作出的一些干预。

环境规制是规制中的一种，是指通过制定和执行法律、法规、政策、标准等手段对环境保护和资源利用进行管理、监督的一种约束性过程。环境规制涵盖的领域十分广泛，不仅包括大气、水体、土壤、生物多样性等自然环境，还包括噪声、废物、污染物等人为活动对环境的影响。对各类环境污染问题的状况以及相应公共政策的运用，经济学家有着自己的观点。简要来说，经济学家把环境污染问题看成是经济主体以污染的方式对社会大量地施加外在的成本。由于缺少"价格"为污染行为的削减提供恰当的激励，结果必然是对环境容量形成过度的需求。解决这一问题的简明办法是对污染行为加征一个适当的"价格"，或称之为庇古税，从而使得社会成本内在化（鲍莫尔和奥茨，2003）。经济学家关于污染与通过庇古税来控制污染的观点早已进入微观经济学教科书中，成为外部性理论应用的一个标准案例。

外部性理论由"外部经济"这一概念演进而来。英国经济学家庇古（Pigou）在"外部经济"概念的基础上，从福利经济学的角度对"外部不经济"的概念和内容进行了具体阐述，将外部性理论研究从外部因素对企业的影响效果转向了企业或居民对其他企业或居民的影响效果。概括地说，边际私人净产值与边际社会净产值的偏离造成了外部性。外部性是一个经济主体的行为直接或间接地对其他经济主体产生的影响，但是这种影响难以通过市场机制准确地计算出来，从而无法实现社会资源配置的最优状态。外部性分为正外部性和负外部性。正外部性又称外部经济，是指在某一行为下产生的边际私人净产值小于边际社会净产值，即为他人带来了有利的影响但却没有因此获得相应的回报；负外部性又称外部不经济，是指在某一行为下产生的边际私人净产值大于边际社会净产值，造成社会福利的损失。外部性的分类与具体表现如图 1 - 1 所示。

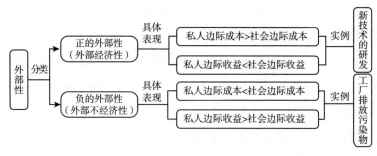

图 1 - 1　外部性的分类与表现

在现实经济活动中，环境污染具有显著的负外部性。作为理性的"经济人"，经济主体在进行社会生产活动时，只考虑自身利益最大化，无限制地使用甚至浪费自然资源，破坏生态自然环境，在自己获得生产利益的同时却给其他经济主体以及社会大众带来利益损失，但是因为这种不利影响无法使用市场机制准确衡量出来，所以产生负面影响的经济主体最终并没有为此付出成本。这不仅会给生态环境带来严重破坏，还会降低国民整体社会福利，引发社会不公平现象，因此需要政府采取规制手段进行干预调节，以实现私人成本与社会成本、私人收益与社会收益的统一。庇古提出可以通过向排污企业征收税费来将这种环境污染的负外部性内在化，达到帕累托最优，现在环境规制政策中的排污税、环境税等市场激励型环境规制工具的理论就基于此观点。可见，外部性理论为政府在生态环境领域实施干预提供了重要的理论依据。

1.2　环境规制的经济学分析与分类

1.2.1　环境规制的经济学分析

外部性理论为经济学家和决策者提供了分析和解决市场失灵的框架，但却无法直接帮助他们设计出合适的规制政策与方案，进而促进经济效率和社会福利的提高。举例来说，空气污染是一种常见的负外部性现象。当一家工厂排放有害物质到空气中时，它会对周围居民的健康和环境质量产生负面影响。这些影响的成本不由工厂或消费者直接承担，而是由社会共同承担。外部性理论提供了解决这一问题的方法和策略，包括征收环境税或者实施排放许可证制度，制定环境保护法律和标准，对污染物排放进行监管等。然而，具体选择哪一种方案，则需要进一步在预定方案中考虑，或者在所有可能的选项中尽力发现最优的方案。

无论是哪一种情景，只要是评估提议方案的可行性，经济学家就建议应当从识别方案的所得和所失入手。如果所得大于所失，那么支持这一方案就是自然而然的。在经济学家看来，所有方案都存在收益和成本，都需要进行收益和成本的权衡。环境规制本身当然也适用于这一经济学分析和决策的标准框架。环境规制必然会对企业和个人带来成本。环境规制涉及改变企业的生产方式、技术更新以及采取更环保的措施等，这些都会产生额外的成本负担。企业需要投入资金和资源来满足环境规制的要求，例如购买更清洁的设备、安装污染防治设施以及进行环境监测和报告等。此外，企业还需要承担管理成本和遵守成本，包括培训员工、建立环境管理体系以及遵循相关法规等。这些成本可能会对企业的经营和盈利能力产生一定的压力。与此同时，环境规制也给企业和个人带来收益。首先，环境规制能够减少环境污染所导致的卫生费用。环境污染会对人们的健康产生负面影响，引发各种疾病，并增加医疗成本。通过减少污染物的排放和改善环境质量，环境规制可以降低医疗费用，改善人们的生活质量。其次，环境规制可以促进资源的有效利用，提高资源配置效率。环境问题与资源浪费密切相关，例如能源的低效利用和过度消耗。环境规制通过设定排放标准和能源效率要求，鼓励企业采用更清洁、高效的生产技术和工艺，从而减少资源的浪费。这种资源配置效率的提升有助于减少生产成本，提高企业的竞争力。此外，环境规制还可以推动创新与技术进步。面对环境规制的要求，企业不得不创新寻求解决方案，开发和应用更环保的技术。这种技术创新不仅有助于满足环境规制的要求，还可以带来新的商机和竞争优势，促使企业乃至整个行业持续性发展。

在对环境规制方案进行收益和成本的权衡时，跨期比较是一个十分必要的考虑。可耗竭的能源资源一旦被用尽就会永远失去；可再生的能源资源可能被过度使用，留给后代的资源种类数量将更少或更脆弱；持久性的污染物会随着时间的推移而不断累积。当时间是一个重要因素，且收益和成本可能发生在不同的时点时，经济学家通常的建议是将时间贴现，或者考察资源配置的跨时期效率。格罗斯曼和克鲁格（Grossman & Krueger，1995）在研究人均收入与环境质量的动态关系时，创新性地发现环境质量具有随人均收入变化的典型特征。环境质量在初始时期先随经济的增长而逐渐恶化，达到一个拐点之后再随经济的增长而逐渐变好，与经济增长呈现倒 U 形曲线的关系，即著名的环境库兹涅茨曲线（environmental Kuznets curve，EKC）。

目前，EKC 已经成为反映在不同经济发展时期或阶段下经济发展和污染排放之间动态关系最好的工具之一（Dinda，2004）。以某地区为例，根据地区经济发展的一般规律，该地区会经历从农业经济到工业经济再向现代服务业经济占主要比例的发展变化，如图 1–2 所示。其中，第Ⅰ阶段对应农业经济，在这一阶段，人均收入较低，但农业生产不会造成严重的环境污染，环境排放处于环境容量之下。在经济发展进入第Ⅱ阶段的初期阶段，也就是图 1–2 中的 A 点，工业经济开始蓬勃发展，这一阶段需要大量的劳动力和资本，经济增长较快，但同时，由于工厂会排放大量的污染物，导致环境恶化，实际环境排放会超出环境容量。从 B 点处为第Ⅲ阶段，工业经济发展进入后期，此时工业水平较高，人均收入达到了一定水平，居民开始从物质需求向精神需求转变，环保意识普遍提高，地方政府开始进行产业升级和环境治理，从 B 点起环境排放逐渐改善，到 C 点时恢复到环境容量以下。从 C 点开始为经济发展的第Ⅳ阶段，该地区进入现代服务业占主要比例的阶段，产业结构趋于高级化，工厂的排污排放量得到有效遏制，环境排放处于环境容量之下（李振冉等，2023）。

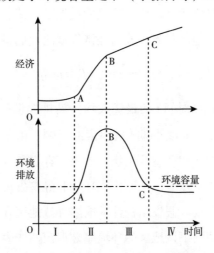

图 1–2　环境和经济的发展阶段变化

A 表示工业化起点；B 表示开始产业结构升级；C 表示产业结构高级化完成。
注：图中水平点画线为环境容量线，低于这条线表示环境质量相对较好，高于这条线则相对较差。

从图 1-2 的解读中可以知道，不同的人均收入水平对应不同的经济发展阶段，不同经济发展阶段的地区又因其拥有的经济活动、公众环保意识等不同，导致污染排放水平和生态环境水平不同。因此，在进行环境规制的效果评价或确定地区适宜的最高污染排放量时，该地区所处的经济发展阶段是必须纳入决策考量的一个重要因素。如果最高污染排放量设置得过高，则可能导致区域污染加重；如果设置过低，则有可能会导致经济发展减慢，甚至出现倒退。本节沿着这一思路，对反映经济发展与生态环境之间平衡关系的污染排放效率指标基于 EKC 构造随机前沿分析模型（SFA-EKC）进行测算，并与当前广泛使用的基于超越对数生产函数构造前沿面的随机前沿分析模型（stochastic frontier analysis model constructed by the trans-log production function，SFA-TPF）以及基于非期望产出的 SBM 模型（undesirable slacks-based measurement，USBM）测算得到的结果进行对比，以此来更准确地刻画各地方政府在环境规制过程中所取得的效果。

1.2.1.1 模型构建与变量说明

假设存在一条最优污染排放的环境库兹涅茨曲线，这条曲线代表在不同经济发展阶段下，地区污染排放与经济发展之间的最优关系，表示为：

$$P_{it}^* = \alpha_0 + \beta_1 \ln pgdp_{it} + \beta_1 \ln pgdp_{it}^2 + \nu_{it} \qquad (1-1)$$

其中，P_{it}^* 为 i 地区时间 t 的最优人均污染排放量；$\ln pgdp_{it}$ 为 i 地区时间 t 的人均 GDP，ν_{it} 为来自外部随机因素的影响。由于不同地区的经济发展模式、自然资源禀赋和环境政策执行效果等存在很大差异，大多数地区都无法按照理想的方式发展，从而生态环境和经济发展之间也很难实现最优的环境库兹涅茨曲线。假设结构性的缺陷导致地区在发展过程中面临着各种限制，则实际情况下该地区的环境库兹涅茨曲线表示为：

$$P_{it} = \alpha_0 + \beta_1 \ln pgdp_{it} + \beta_1 \ln pgdp_{it}^2 + F(Z_{it}) + \nu_{it} \qquad (1-2)$$

其中，P_{it} 为实际情况下的人均污染排放量；$F(Z_{it})$ 表示由于地区发展受到各种限制而导致污染排放增加的部分。根据式（1-1）式（1-2），可知：

$$E\left[P_{it}, F(Z_{it}) > 0\right] > E\left[P_{it}, F(Z_{it}) = 0\right] \qquad (1-3)$$

式（1-3）的经济学含义是：由于地区在发展过程中会受到各种限制，导致在相应经济发展阶段的实际污染排放量超过或等于最优情况下的污染排放量。相应经济发展阶段下，实际污染排放高于最优污染排放的部分可视为地区经济发展过程中的污染排放效率损失部分，使用 μ_{it} 表示，则有 $F(Z_{it}) = \mu_{it}$。式（1-2）可以重新表示为：

$$P_{it} = P_{it}^* + \mu_{it} = \alpha_0 + \beta_1 \ln pgdp_{it} + \beta_1 \ln pgdp_{it}^2 + \mu_{it} + \nu_{it} \qquad (1-4)$$

显然，产出相同时，污染排放量越少越好。因此，可以把式（1-4）看作为成本函数，污染排放效率值可以表示为最优人均污染排放量与实际人均污染排放量的比值，如式（1-5）所示：

$$PEE_{it} = \frac{P_{it}^*}{P_{it}} = \frac{\exp(\alpha_0 + \beta_1 \ln pgdp_{it} + \beta_1 \ln pgdp_{it}^2 + \nu_{it})}{\exp(\alpha_0 + \beta_1 \ln pgdp_{it} + \beta_1 \ln pgdp_{it}^2 + \mu_{it} + \nu_{it})} = \exp(-\mu_{it})$$

$$(1-5)$$

这里，PEE_{it} 是通过 SFA-CKC 模型测算的 i 地区时间 t 的污染排放效率，其值介于 0 ~ 1 之间，用来衡量地区在平衡经济增长与污染排放过程中是否具有效率。

变量方面，环境状况使用人均工业废气排放量的对数表示，受工业废气排放总量统计因素限制，工业废气数据从 2006 ~ 2017 年的《中国环境统计年鉴》获取。人均 GDP 数据及其他指标均来自 2006 ~ 2017 年的《中国统计年鉴》。由于在各年统计年鉴中港澳台地区和西藏自治区数据缺失比较严重，且无法补全，因此没有被包括到样本中。研究样本覆盖我国其余 30 个省、自治区、直辖市，因此 i 为各省份，时间 t 为各年份。表 1-1 为变量的描述性统计分析结果。

表 1-1　　　　　　　　　　描述性统计分析

变量	观测值	均值	标准差	最小值	最大值
P_{it}	360	1.268247	0.605734	-0.05777	3.249921
$lnpgdp_{it}$	360	10.32386	0.633093	8.52753	11.6801
$lnpgdp_{it}^2$	360	106.987	13.0171	72.7188	136.425

1.2.1.2　结果分析与效率值比较

本节首先验证我国各省份在样本期间是否存在 EKC。图 1-3 是我国人均工业废气排放量对数与人均 GDP 对数之间的二次拟合曲线图。可以看出，二次拟合曲线效果非常好，并且呈现显著的倒 U 形关系。其中，虚线为 EKC 的对称轴，可知各省份 EKC 的拐点为 60749 元。通过 EKC 拐点位置可以看出，此时各省份中还没有出现 EKC 末端情况，也就是还没出现现代服务业占主要比例的地区，但有部分省份已经越过拐点，向产业高级化发展转变。图 1-4 为三次拟合曲线图，从图 1-4 可以看出，$lnpgdp$ 在 [9，12] 之间时依然存在倒 U 形关系，考虑在 [8.5，9] 之间样本量太少，不具有一定的代表性，所以接下来借助二次 EKC 函数来反映污染排放和经济发展阶段之间的关系。

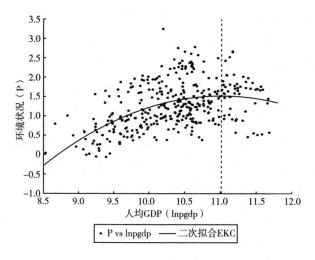

图 1-3　二次拟合曲线

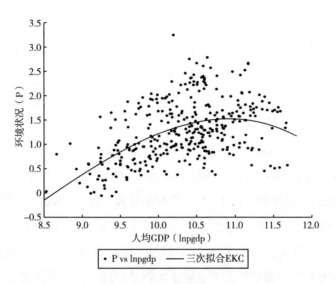

图 1 - 4 三次拟合曲线

表 1 - 2 汇报了二次和三次 EKC 拟合回归结果。从回归结果显著性水平上来看，二次回归结果中 $\ln pgdp$ 的一次项、二次项和常数项系数都十分显著，而三次结果中只有 $\ln pgdp^3$ 在统计上显著，说明二次 EKC 更符合人均收入和污染排放之间的关系。二次拟合结果中二次项系数为负，一次项系数为正，这一结果再次证明我国经济发展和生态环境之间存在倒 U 形关系。

表 1 - 2	EKC 回归结果	
项目	(1)	(2)
	二次	三次
$\ln pgdp$	6. 277 *** (5. 47)	- 9. 456 (- 1. 11)
$\ln pgdp^2$	- 0. 285 *** (- 5. 10)	1. 276 (1. 52)
$\ln pgdp^3$		- 0. 051 * (- 1. 86)
cons	- 33. 048 *** (- 5. 61)	19. 640 (0. 68)

项目	(1)	(2)
	二次	三次
N	360	360
R^2	0.250	0.257

注：括号内的数字表示 t 值。* 、*** 分别代表在 10% 和 1% 水平上显著相关。

为了清晰展现 EKC 与前沿 EKC 的差异，本节使用随机前沿分析模型计算得到了前沿 EKC 函数，并将 EKC 函数和随机前沿函数绘制到同一张图上，如图 1 - 5 所示。图 1 - 5 中带有星号的实线为 EKC，其下方的另一条实线为随机前沿 EKC，前后两条垂直点划线分别为前沿 EKC 和 EKC 的对称轴。可以看出，前沿 EKC 作为最优 EKC，代表着地区发展过程中经济发展和生态环境的最优关系，处于大部分点的下方，并远低于 EKC。前沿 EKC 的拐点要早于 EKC 的拐点，表明在最优状态下，EKC 的拐点会更早到来，前沿 EKC 的拐点在 51870 元处，比 EKC 提前了 8879 元。

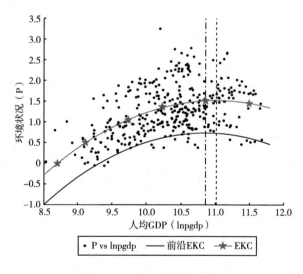

图 1 - 5　EKC 和前沿 EKC

图 1 - 6 给出了 EKC 到前沿 EKC 的距离。可以看出差距逐渐增大，由于 EKC 到前沿 EKC 间距离的经济含义可以视为无效率部分，所以这一结

果表明，我国大部分省份的污染排放效率随经济增长而逐渐下降。为了切实改善这一情况，各地方政府在推动经济发展的过程中不能只注重经济发展，还应该进行生态保护，从而减小发展中的无效率部分，实现经济增长和生态保护的"双赢"。

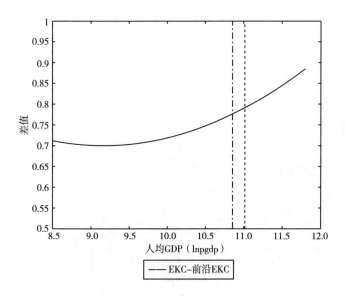

图 1 - 6　EKC 与前沿 EKC 的差值

1.2.2　环 境 规 制 的 政 策 演 进 与 分 类

1.2.2.1　环境规制的政策演进

我国的环境保护政策经历了长期的发展变迁，梳理环境政策的演进脉络，对于理解环境规制类型、分析环境规制的影响机制和执行效果十分必要。20 世纪 70 年代伊始，我国的环境问题日益突出。1972 年大连湾污染事件、蓟运河污染事件、北京官厅水库污染死鱼事件等的发生，表明我国当时的环境污染问题十分严重，已经到了危急关头。政府部门开始认识到环境问题的严峻性，认为环境问题会对经济社会发展产生重大影响。1973年第一次全国环境保护会议召开，拉开了我国环境保护工作的序幕。此后，政府部门颁布了一系列环境政策和环境管理制度，对我国环境保护事业发展发挥了不可替代的支撑作用。这些主要的环境政策及环境管理制度变革如图1-7所示。

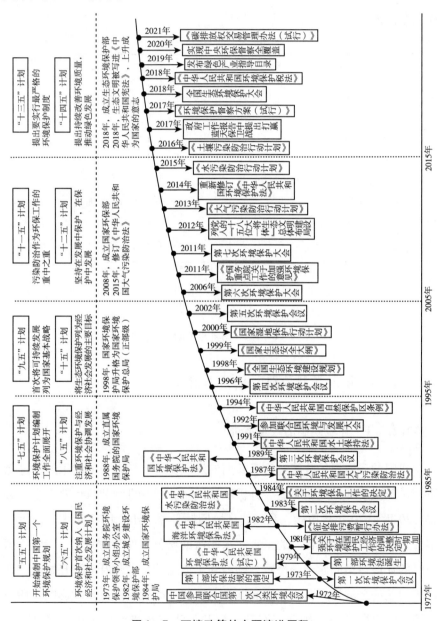

图1-7 环境政策的主要演进历程

从图 1 - 7 可以看出，我国的环境政策发展大致可以分为五个阶段。
第一是起步阶段（1973～1985 年）。在这一阶段，我国颁布了许多污染治
理法案，对城市工业污染进行了有效遏制，是环保工作不断探索和实践的
初步发展阶段。其中，1979 年我国第一部环境法律《中华人民共和国环
境保护法（试行）》颁布，我国环境保护开始进入依法治理轨道；1983 年
第二次全国环境保护会议召开，会议制定了我国环境保护的方针，将环境
保护确立为一项基本国策。第二是发展阶段（1986～1995 年）。在这一阶
段，我国开始注重将环境保护纳入国民经济和社会发展计划中，颁布了许
多污染防治措施，是环境保护机构建立、法律完善和制度初创的阶段。国
家成立了直属国务院的国家环境保护局，颁布了《中华人民共和国大气污
染防治法》《中华人民共和国水土保持法》《中华人民共和国环境保护法》
等，在 1989 年第三次全国环境保护会议上，国家确立了"预防为主、防
治结合""谁污染谁治理""强化环境管理"的三大政策，以及"三同时"
制度、环境影响评价制度、排污收费制度、城市环境综合整治定量考核制
度、环境目标责任制度、排污申报登记和排污许可证制度、限期治理制度
和污染集中控制制度等八项管理制度，一些政策直到今日仍在发挥作用。
第三是提高阶段（1996～2005 年）。在这一阶段，国家将可持续发展总体
战略上升为国家战略，进一步提升了环境保护基本国策的地位。我国环境
污染治理工作全面展开，相继召开了第四次和第五次全国环境保护会议，
颁布了第一部流域性法规《淮河流域水污染防治暂行条例》。流域层面启
动实施"三河"（淮河、辽河、海河）、"三湖"（太湖、滇池、巢湖）、
"两控区"（二氧化硫控制区和酸雨控制区）、"一市"（北京市）、"一海"
（渤海）工程；城市层面启动重点城市环境综合整治和城市环境综合整治
定量考核工程，初步建立了以环境保护目标责任制、城市环境综合整治定
量考核、创建环境保护模范城市为主要内容的一套具有中国特色的城市环
境管理模式。第四是完善阶段（2006～2015 年）。在这一阶段，第六次全
国环境保护大会召开，提出了"三个转变"的战略思想，即从重经济增长
轻环境保护转变为保护环境与经济增长并重，从环境保护滞后于经济发展

转变为环境保护和经济发展同步,从主要用行政办法保护环境转变为综合运用法律、经济、技术和必要的行政办法解决环境问题。第七次全国环境保护大会召开,提出了"积极探索在发展中保护、在保护中发展的环境保护新道路"。国家开展了大规模的生态环境保护示范创建工作、多种类的环境保护政策试点工作,明确提出实行省级以下环保机构监测监察执法垂直管理制度。并且,《中华人民共和国环境保护法》得以修订,这一修订是对 1989 年版本 25 年后的新修,被称为"史上最严"的环保法。第五是攻坚阶段(2016 年至今)。这一阶段,我国确立了政治文明、经济文明、社会文明、文化文明、生态文明"五位一体"的总体布局,生态环境保护工作成为生态文明建设的主阵地和主战场,"中国共产党领导人民建设社会主义生态文明"被写入《中国共产党章程》,生态文明和"美丽中国"被写入《中华人民共和国宪法》。特别是在 2018 年召开的全国第八次生态环境保护大会上,正式确立了习近平生态文明思想。习近平生态文明思想不仅已经成为指导全国生态文明、绿色发展和"美丽中国"建设的指导思想,在国际层面也提升了世界可持续发展战略思想(王金南等,2019)。

1.2.2.2 环境规制的分类与衡量

环境规制作为一种政策体系,会根据新情况与新知识不断进行修正。就规制的内涵来说,环境规制经历了一个从浅到深的发展过程,环境规制的实施主体由最开始的政府部门到各类企业,再到广大社会公众与组织。在这一演进过程中,环境规制的类型和工具手段日益呈现出多元化特征。在实际情况中,使用单一类型的环境规制手段通常不能满足于实际状况,而是需要多种类型的规制工具配合使用。基于现有的理论研究和政策演进历程,本节主要从规制手段、参与主体、约束方式、表现形式等维度对环境规制进行类型划分,环境规制的具体分类见表 1-3 所示。

表 1 - 3   环境规制的具体分类

分类标准	具体内容	相关研究
强制性规制手段	法律型环境规制；经济型环境规制；监督型环境规制	Liu et al.（2018）
环境规制参与主体	正式环境规制；非正式环境规制	Li & Wu（2017）；张治栋和陈竞（2020）；Zhou et al.（2021）
环境规制对经济主体排放行为施加的限制	命令控制型环境规制；市场激励型环境规制；自愿参与型环境规制	Ren et al.（2018）；黄清煌和高明（2017）；吴磊等（2020）
环境规制表现形式	显性环境规制；隐性环境规制	赵玉民等（2009）
环境规制的灵活性	弹性环境规制；非弹性环境规制	Ramanathan et al.（2017）
环境规制适用范围	进口环境规制；出口环境规制；多边环境规制	张弛和任剑婷（2005）

表 1 - 3 中，按照规制对经济主体排放行为施加限制的这一分类得到了学者们尤其广泛的关注（张明等，2021）。命令控制型环境规制、市场激励型环境规制、自愿参与型环境规制这三种常见的规制类型对应的典型工具以及政策措施如图 1 - 8 所示。

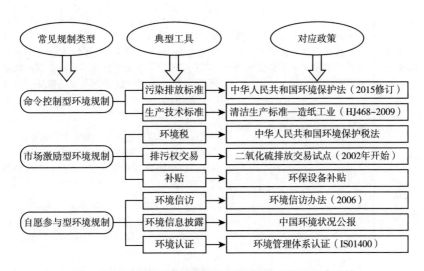

图 1 - 8   三种常见类型环境规制实施的工具及对应政策

命令控制型环境规制是指由国家政府机关修订颁布相关法律法规以对经济社会中的污染行为进行强制性干预的一种环境保护政策，比如制定污染排放标准、制定生产技术标准等。市场激励型环境规制是指主要借助市场运行机制来为企业提供环境治理的激励，使企业将其成本内部化来改变排污行为，从而达到环境改善的规制目的，比如采取环境税、排污权交易和补贴等。自愿参与型环境规制是基于公众、企业的环保意识，由他们主动自发性地参与环境保护的一种环境治理工具，这是一种非传统的环境规制工具，是对传统的命令控制型和市场激励型环境规制应用局限性的有效补充与积极尝试，比如进行环境信息披露、环境信访和环境认证等。

由于环境规制的类型多样，如何衡量环境规制及其执行强度一直是环境治理研究的热点话题。基于不同的研究内容与目标，学者们使用了多种衡量办法，可具体划分为三种类型，测量方法及对应指标如表1-4所示。

表1-4　　　　　　环境规制常见的测量方法及对应的具体指标

测量方法	定义	对应的指标及相关研究
单一指标测量法	使用单个指标来表示规制强度；该方法用来捕捉环境监管的严格程度可能会造成测量误差的风险	工业污染治理投资或排污费用占工业增加值的比重（Hu & Wang, 2020；王书斌等, 2015）；排污费（Pan et al., 2019）；环境污染治理投入（沈能, 2012）；单位产值环境污染立案的数量（张宇和蒋殿春, 2014）或环境立法数量（Ye & Lin, 2020）
综合指标测量法	通过一组特定的权重，将多个单项指标组合成一个综合指标；该方法的一个难点是如何设置权重以反映对象之间的个体和时间差异	不同污染物排放的达标率，如废水排放达标率、二氧化硫去除率、固体废物综合利用率等指标，构建的综合指数（龚新蜀等, 2017；李虹和邹庆, 2018）
	从多维度政策工具来构建综合指标	从市场型与非市场型环境政策的视角，设置权重，以此构建综合环境政策强度指数（Wang et al., 2019）；或者从投入和产出的角度，使用废水排放强度、烟粉尘排放强度等来构建综合指数（任晓松等, 2020）

测量方法	定义	对应的指标及相关研究
替代法（间接测量法）	选用有别于污染排放变量的指标来间接反映规制强度	人均收入（陆旸，2009；林伯强和邹楚沅，2014）；能源利用率（Natalia & Sonia, 2008）；资源消耗量（李勃昕等，2013）

根据表1-4可知，环境规制常见的测量方法有三种。第一种是单一指标测算法。大多数学者从政府投入的治污成本角度考察环境规制强度；工业治污是我国环境治理领域的重难点，工业治污投入越多，说明我国环境污染治理力度越大，因此工业污染治理投资额常常被学者们拿来衡量环境规制强度（张成等，2011）；此外，排污费及环境税（Pan et al.，2019）、一个国家或者地区颁布的环境治理法律法规的数量（Berman & Bui，2001）等指标也常用来直接测度环境规制强度。第二种是综合指标测算法。随着研究的深入与数据可得性的提高，越来越多的学者更加重视环境规制综合评价体系的构建。陈晓等（2020）从废水、固体、烟尘等污染物排放量角度出发构建综合环境规制指标；也有学者从投入、产出两个角度出发，利用包络分析法（DEA）测算不同情境下的环境绩效指数作为环境规制的评价指标（Wang et al.，2019）。第三种是替代指标测算法。如陆旸（2009）、林伯强和邹楚沅（2014）选取人均收入作为环境规制强度的替代指标，他们认为，随着一个国家或地区的经济增长，其环境规制强度也会相应提高，因此使用人均收入水平来间接替代环境规制强度是符合现实情况的；另外，有学者认为，在较高的环境规制强度约束下，能源利用率也会提高，因此可以使用能源利用率作为环境规制的替代指标（Natalia & Sonia，2008）；而李勃昕等（2013）认为，资源消耗量与环境规制强度呈负相关关系，因此资源消耗量可以用来替代环境规制强度。这些分类与测量方法反映了环境规制相关研究的普遍状况，随着研究的不断深入和细化，其内容将更加丰富、体系将更加完整。

第 2 章

环境规制与工业污染排放

2.1 引言

改革开放以来，工业规模的不断扩大为我国经济平稳快速发展提供了不竭的动力，而与此同时，工业化进程中的污染物排放也给经济的可持续发展带来了严峻的问题，给能源、资源以及环境造成了巨大的压力。我国生态环境部发布的全国生态环境统计公报显示，2019~2021年这三年，虽然二氧化硫排放量逐年下降，但全国工业二氧化硫排放在总排放中的占比平均约为80.7%。由此可知，工业污染仍然是我国污染排放的主要源头之一。目前，在支持工业发展和减少污染排放的双重压力下，如何严控工业污染排放是我国面临的一大挑战（Xia & Wang，2020；杨婷婷，2021）。

为解决日益严重的环境问题，我国于2018年对直接排放污染物的企业开征环保税，于2019年发布了有关环保督察的新规定，并成立督察小组对有关部门与企业展开多次检查。这些均体现了政府在环境治理中的决心与不懈努力，而且提高环境监管力度也已成为我国各级政府的共识。当然，我国还需要更健全的环境规制体系，尤其是要合理布局工业行业的规制强度，在确保我国经济平稳发展的条件下，有效降低工业污染排放强度，保障获得"金山银山"的经济发展同时也能享有"绿水青山"的生态环境。

在此背景下，本章探究以下问题：不同类型的环境规制是否会直接影响工业污染排放强度？环境规制又会利用什么机制来实现间接影响？此外，省际工业污染排放可能存在空间关联性，本地的工业污染排放强度是否会受到周边省份环境规制的影响呢？省际经济发展等方面存在差异性，环境规制对工业污染排放的作用效果是否会具有区域异质性？以上这些问题的解决不仅有助于明确环境规制对于降低工业污染排放的有效性，而且对于制定合理的规制政策来改善环境质量，推进各项事业的可持续发展都具有重要的现实意义。

2.2　环境规制对工业污染排放的影响机理分析

本节将从直接路径和间接路径两个方面来分析环境规制对工业污染排放强度的影响（见图 2-1）。此外，本节还将探讨污染排放空间溢出效应的存在可能会造成影响结果出现偏差：一是如果周边地区的环境规制加强，那么本地为了吸引到更多的要素资源来达到政绩考核标准，就会实施与邻地相反的规制策略，即选择放松规制，出现"逐底竞争"态势，于是大量污染型产业转移到本地，进而加重环境污染。二是随着污染治理压力的逐渐增大，环境问题日益得到政府部门的重视，当周边地区加大环境污染治理力度，那么本地也会选择跟随与模仿，相应地强化环境规制，产生一种"竞相向上"现象，从而有助于减轻污染排放。

2.2.1　直接影响机理

环境规制对工业污染排放的直接影响有抑制、提高或非线性三种可能的效果。

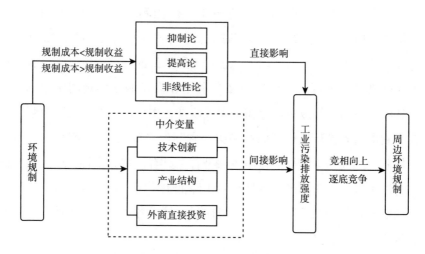

图 2 - 1　环境规制对工业污染排放的影响机理

　　一方面，由于生产活动的负外部性以及传统能源的不可再生性，政府执行环境规制手段变得很重要。严格的环境规制，如限制企业生产过程中排污额、征收排污费及环境税等措施，要求企业必须执行这些举措，企业或工厂的治污成本也相应增加。此时，经济实力好且眼光长远的企业就会选择改进工艺技术，用绿色技术带来的经济效益来弥补采取规制所带来的成本。此时，规制收益是大于规制成本的，也使得单位产值的污染排放得到减轻。

　　另一方面，任何一项政策的实施都是存在时间滞后性的，一部分企业也认识到环境规制手段具有此性质。我国的环境规制尚处在持续发展阶段，在前期遵循规制所产生的成本可能大于规制收益，这样一来，一些急于追求经济效益的污染型企业会选择在规制真正产生效益前，加速开采煤等化石能源，使得能源消耗量在短期内呈现急剧增加的趋势，进而使得二氧化硫等污染排放量增加，即"绿色悖论"现象。

　　此外，就短期而言，规制成本大于规制收益，但是从长期来看，规制收益大于规制成本，时期的不一致使得在环境规制与污染排放之间可能具有非线性特征。

2.2.2　间接影响机理

　　企业在生产活动中所产生的污染物是导致环境污染的主要原因，因而，寻求绿色清洁生产可以助力实现生态与经济的可持续发展。一些学者认为，研发支出、产业结构优化等是影响污染排放的重要因素（任亚运和张广来，2020；龚本钢等，2016）。然而，处于持续发展中的企业在技术、生产、资源等方面容易产生"路径依赖"效应（Arasteh et al.，2019），这不利于企业打破固有的生产模式来考虑环境效益，同时使得协调好经济与环保之间的关系变得困难（Shao et al.，2019），因此需要发挥环境规制对工业企业生产行为的监管作用。环境规制措施的实施不仅会直接作用于工业污染强度，而且会依靠技术创新、产业结构、外商直接投资等间接渠道对工业污染排放强度产生影响。间接影响的具体路径如图 2－2 所示。

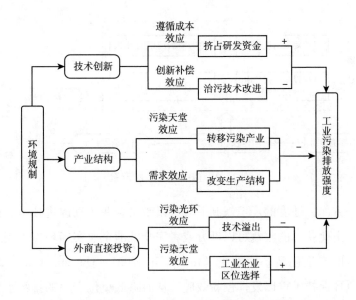

图 2－2　环境规制对工业污染排放影响的间接机理

2.2.2.1 技术创新的间接影响渠道

环境规制能对技术创新产生遵循成本效应或者创新补偿效应，从而间接影响工业污染排放强度。

一方面，从成本的角度来看，环境规制的引入会提高企业的生产成本和环境成本，要求企业将有限的运营资金都投入生产环节，很大程度上挤出研发的资金，从而影响技术创新活动的开展（Wu et al.，2020）。其中，规制造成环境成本提高主要体现在：（1）工业企业要想重新获得资源与环境的使用权限，就必须支付一定环境费用，如缴纳环境税等。（2）工业企业需要负担治污设备的运行费用以及环保技术的研发支出，以此减少环境负外部性所产生的成本。具体作用路径如图2-3所示。此外，遵循成本效应也会使得企业向低污染高效益企业学习的积极性相应减弱，从而阻碍技术创新（Albrizio et al.，2017），不利于降低工业污染强度。

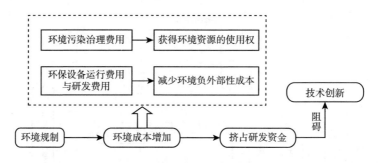

图 2 - 3　遵循成本效应示意

另一方面，适度的环境规制手段可以激励企业主动改进技术、提高治污能力，由此获得的收益可以部分或者完全抵消企业实施环境治理所产生的成本，即产生创新补偿效应（Ren & Ji，2021；Ouyang et al.，2020），使得绿色环保技术得以发挥创新效应，从而降低单位产值的排污水平。也就是说，随着环境规制强度的提高，环境规制有可能导致治污成本占总成本的比值随之上升，这样一来，企业就必须要提高研发投入来改进生产技术，以补偿治污成本的提高。

2.2.2.2 产业结构的间接影响渠道

产业结构的间接效应在以下方面得以体现：第一，本地环境规制水平提升，会抬高各类生产要素价格，这对于污染型企业的影响大于对清洁型企业的影响。污染型企业要么选择就地产业调整，要么选择产业转移。其中本地向环境规制水平相对宽松的地区转移一些高污染强度的工业，即产生"污染天堂"效应。这一效应有利于将本地资源投入清洁型企业，以达到产业结构转型的目的，从而可以让本地的污染状况得以减轻。然而，这会造成环境规制程度低的地区污染加剧，并不能改善整体环境质量（张治栋和陈竞，2020）。第二，从需求供给效应层面来看，伴随着环境规制强度的提高，消费者的环保意识也逐渐加强并且对环保产品的需求有所增加。工业企业依据消费需求的变化相应调整生产行为和改变自身产品的生产结构，加大节能环保产品的开发力度（张忠杰，2019），带动了相关产业的兴起。产业结构的升级与优化不只表明了知识的扩展与技术型产业的发展，还反映了资源利用率逐步提高、生产模式由末端污染治理向着前端清洁生产转变（Aşıcı & Acar，2018），在提高资源利用率的同时，也减少了单位产值污染物的排放量。

2.2.2.3 外商直接投资的间接影响渠道

环境规制对于外商直接投资的影响效果是双面的，即可能出现"污染光环"效应或者"污染天堂"效应，从而间接影响工业污染排放强度。

一方面，环境标准的提升能够吸引来自发达经济体的清洁型外商直接投资，与此同时也能够带来前沿的技术，从而可以通过技术溢出效应提升本地的绿色技术水平（Yu & Li，2020；雷淑珍等，2021），进而促进环境质量的改善。

另一方面，从工业企业区位选择上看，某种污染物的排污费征收标准上调，使得该类污染物密集行业的外商直接投资选择撤离到环境标准较低的地区，这种跨区域的撤离会增加环境规制宽松地区的污染排放，也阻碍了本地区外商投资的流入，造成本地资本存量的减少，从而不利于推进工业污染排放减少。

综合以上对三个间接影响渠道的分析可知，各地采取的规制手段不尽相同，使得不同类型环境规制下所表现出的污染减排效果也具有差异。因而环境规制借助技术创新、产业结构和外商直接投资等变量对工业污染排放的影响效果可能是综合的或者单一的。

2.3 环境规制对工业污染排放的影响效果分析

2.3.1 模型构建与变量选取

2.3.1.1 模型构建

工业污染排放作为经济发展中的外部性因素，不仅会随着自然气候条件变化在相邻地区间扩散，而且伴随着城际交通基础设施和通信技术等的发展，也会通过要素流动和区域产业转移等方式在空间上传播，因而污染排放在空间上可能存在较为明显的关联效应（韩峰和谢锐，2017）。与此同时，某一地区的环境规制政策不但能作用于本地的环境状况，还可能对相邻地区的环境造成影响。这些都有可能使得环境规制对地区间工业污染排放产生某种空间溢出效应。本节将在空间相关性检验的基础上，首先建立空间计量模型来更好地反映环境规制的直接影响效果。三种最常见的空间计量模型具体表现形式如下：

（1）空间自回归模型（SAR）。SAR 模型中加入了因变量 Y 的空间滞后项，其公式为：

$$Y = \rho WY + \beta X + \varepsilon \qquad (2-1)$$

其中，X 为解释变量，Y 为被解释变量，ρ 度量空间滞后项 WY 对 Y 的影响程度，W 为行标准化后的空间权重矩阵，ε 为随机误差项。

（2）空间误差模型（SEM）。SEM 模型中加入了随机误差项的空间滞后项，其公式为：

$$Y = \beta X + \mu \qquad (2-2)$$

其中，$\mu = \lambda W \mu + \varepsilon, \varepsilon \sim N(0, \delta^2 I_n)$。$\lambda$ 代表空间误差系数，即除自变量 X 外，遗漏变量对于因变量 Y 的影响程度，其余参数的含义与式（2-1）一致。

（3）空间杜宾模型（SDM）。SDM 模型把自变量与因变量的空间滞后项都加入了进来。一个地区的 X 会作用于本地的 Y，且相邻地区的 X 与 Y 也会影响本地的 Y，其表达形式为：

$$Y = \rho W Y + \beta X + \theta W X + \varepsilon \qquad (2-3)$$

其中，ρ 代表空间自回归系数（邻近地区的 Y 增加 1%，本地区的 Y 会相应增加或减少 $\rho\%$）；β 用来刻画 X 对 Y 的直接影响效应；θ 度量自变量的空间滞后项 WX 对 Y 的空间溢出效应（反映了周边地区的 X 增加 1%，本地区的 Y 会相应增加或减少 $\theta\%$），运用 SDM 来探究环境规制的空间溢出效应。其他变量的含义同上。

当 θ 为 0 时，SDM 就会转化为 SAR；当 $\theta = -\rho\beta$ 时，SDM 就会转化为 SEM。故在进行回归分析前，需要使用 LR 统计量来检验 SDM 是否具有合理性。

在选择空间计量模型时，考虑到相较于 SAR 和 SEM，SDM 更具有一般性（孔凡文和李鲁波，2019），故本节给出 SDM 设定如下：

$$\ln PE_{it} = \lambda_0 + \eta_0 W \ln PE_{jt} + \lambda_1 \ln ER_{it} + \eta_1 W \ln ER_{it} + \lambda_2 \ln IT_{it}$$
$$+ \eta_2 W \ln IT_{it} + \lambda_3 \ln X_{it} + \eta_3 W \ln X_{it} + \nu_i + \mu_t + \varepsilon_{it} \qquad (2-4)$$

其中，W 表示归一化的空间权重矩阵，PE_{it} 代表工业污染排放强度，ER_{it} 为环境规制强度（事前、事中、事后），X_{it} 为控制变量，包含人均 GDP 的一次方和二次方、失业率和资本强度。ν_i、μ_t 分别代表个体、时间固定效应，ε_{it} 为随机误差项。此处以技术创新 IT_{it} 这一中介变量为例，其他变量对应的模型以此类推。根据前文上述对 SDM 的介绍，可知：η_0 的估计值表示工业污染排放强度的空间自相关程度，即相邻地区的工业污染对本地区工业污染的空间溢出效应；λ_1 刻画了在控制住中介变量 IT_{it} 后 ER_{it} 对 PE_{it} 的直接影响效应，η_1 度量环境规制对工业污染排放的空间溢出效应，即 λ_1、η_1 是考察本地区的工业污染排放强度会在多大程度上受到本地区及周边地区环境规制的影响。式（2-4）也能用来检验空间溢出效应的存在性。

其次，在进行间接影响机理的实证分析时，本节主要借鉴邵帅等（2019）的方法，将 SDM 同中介效应检验模型相结合，来研究环境规制对我国工业污染排放强度的间接影响效应。中介效应最先用于研究心理学问题，近些年来，该方法也逐渐地应用于其他社会科学领域。简单来说，就是解释变量 X 能借助一个变量来影响被解释变量，那么这个变量就是中介变量 M。中介效应可以表示为：

$$Y = aX + e_1 \qquad\qquad (2-5)$$

$$M = bX + e_2 \qquad\qquad (2-6)$$

$$Y = c_1 X + c_2 M + e_3 \qquad\qquad (2-7)$$

其中，e_1，e_2，e_3 代表误差项。式（2-5）中的 a 代表 X 对 Y 的总影响；式（2-6）中的 b 衡量的是 X 对中介变量 M 的影响效果；式（2-7）中的 c_1 是在控制 M 的作用后，X 对 Y 的直接影响效应。将式（2-6）代入式（2-7）中，得到 $Y = (c_1 + c_2 b)X + e$，其中，$c_2 b$ 为 X 经由 M 对 Y 的间接影响效应。

借鉴温忠麟和谢宝娟（2014）的方法，中介效应检验的流程如图 2-4 所示。

基于前述影响机理分析，本节考察技术创新等变量在环境规制对工业污染排放的影响过程中是否会发挥中介作用，刻画的是多重中介模型。考虑到模型设定的方法相同，此处以技术创新 IT_{it} 为例，其他中介变量同理。模型的设定如图 2-4 所示。

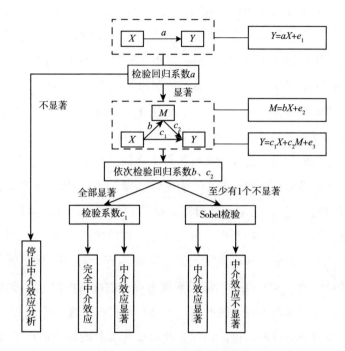

图 2-4 中介效应的检验步骤

$$\ln PE_{it} = \alpha_0 + \rho_0 W \ln PE_{it} + \alpha_1 \ln ER_{it} + \rho_1 W \ln ER_{it}$$
$$+ \alpha_2 \ln X_{it} + \rho_2 W \ln X_{it} + \nu_i + \mu_t + \varepsilon_{it} \qquad (2-8)$$

$$\ln IT_{it} = \beta_0 + \theta_0 W \ln IT_{it} + \beta_1 \ln ER_{it} + \theta_1 W \ln ER_{it}$$
$$+ \beta_2 \ln X_{it} + \theta_2 W \ln X_{it} + \nu_i + \mu_t + \varepsilon_{it} \qquad (2-9)$$

直接影响模型式（2-4）对应了中介效应检验的式（2-7），模型式（2-8）和式（2-9）分别对应了式（2-5）和式（2-6）。因此，上述模型就构成了环境规制对工业污染排放强度的技术创新中介效应的完整检验步骤。α_1 代表 ER_{it} 对 PE_{it} 总的影响效应，$\beta_1 \lambda_2$ 表示 ER_{it} 对 PE_{it} 的间接影响效应。

2.3.1.2 变量选取

1. 解释变量——环境规制

前面已经介绍了现有文献中常用的环境规制测量方法，如单一指标法、综合指标法等，然而在研究工业污染排放问题时，这些测量方法不能突出环境规制在排污行为前后的作用效果。对于工业污染排放行为，可以采取的治理措施通常有三种，分别是源头预防、中间控制以及末端治理（Frondel et al.，2007）。因此，本节按照排污行为发生的前、中、后三个时期，将环境规制分为对应的三类，分别是：事前环境规制、事中环境规制和事后环境规制。具体测算如下：

事前环境规制表现为在污染行为发生之前，政府与企业实施以源头预防为主的环保措施，以此来控制生产过程中产生的排放量（Wang et al.，2017）。例如，将生产技术改良与创新推广到生产系统中，这样就可以从生产端来控制住污染物的产生；事前颁布严格的法律法规，规定好排污标准以及生产技术要求，对可能发生的违法排污行为打好"预防针"。钟茂初等（2015）将工业污染源治理投资视为源头治理投资的一种形式。工业污染治理的投资总额可以反映政府对本地区环境的关注和重视程度，以及对治理环境污染状况的力度。因此，此处使用工业的污染治理完成投资同工业增加值之比来代表事前环境规制。

事中环境规制是指在工业企业生产进程中，对其直接排放污染物的行为进行监管，主要体现在环境监督方面。这不仅要看中央与地方环保部门的督察力度，还需要社会公众以环境信访等途径及时监督企业的生产（张国兴等，2019），后者属于一种公众环境监督行为。考虑到公众监督的程度不易界定，以及部分数据如环境信访等数据在某些年份存在缺失而较难统计，因此，此处选用生态保护和环境治理国有单位就业人数来衡量事中环境规制。

事后环境规制表现为在经过政府以及企业自身的努力后，对依然要排放的污染物采取处理的手段，这本质上是一种先生产后治污的行为。比如，建设治污设施对污染物进行末端治理（王鹏和谢丽文，2014）；在事后对超标排污的工业企业采取罚款、关停整改等行政处罚措施（徐娟和祁毓，2019）；政府可以借助市场手段来激励企业改善自身现状（Cheng et al.，2017）。考虑到排污收费制度在我国已经实施很长一段时间，且具有很强的代表性,此处采用排污费解缴入库总额同工业增加值之比作为事后环境规制的代理指标。

基于上述环境规制测算依据,本节绘制出全国平均水平事前、事中、事后环境规制的变动趋势如图 2-5 所示。可以发现,事前环境规制的波动趋势较为剧烈,且全国平均水平的事前规制强度普遍高于事中和事后环境规制,表明我国更为关注事前环境规制。就西部地区而言,其事前、事中和事后环境规制强度总体上大于其他地区,这可能是因为"腾笼换鸟"战略的实施,东中部地区会向西部地区转移一些结构层次较低的产业。由于吸取了其他地区先发展后治理的经验教训,国家会更加重视环境保护和生态治理,致使西部地区主动选择的规制类型是以事前预防为主、辅之以事中管制和事后治理。在三种环境规制情形下,东部地区的规制力度均保持在中低水平。东部地区的经济基础好,产业集聚效应较为明显,很容易形成治污的规模效应,进而使得单位产值的治污费用相对较低。此外,东部地区已经率先进行产业转型,其清洁型企业较多,因而东部地区在工业治污投资、环保人员占比以及排污费缴纳等方面均较低。此外,全国事后环境规制水平呈现出较为平稳的增长。

2. 被解释变量——工业污染排放强度(PE)

工业污染排放强度通常表示为每单位增加值(或产出)所对应的污染物排放量大小(陆铭和冯皓,2014),是捕捉地区环境污染的一个常用指标(Wang et al.,2019)。参考现有文献的做法,可以选取的代理指标有单位产值所对应的工业废水排放量与工业 SO_2 排放量(工业废水与 SO_2 排放强度)等(毛熙彦和贺灿飞,2018;胡志强等,2018;Ji,2020)。工业废水与工业一般固体废物在空间上的流动性要明显弱于工业废气,并且人们对于大气污染问题是最为敏感与关注的(林永生和马洪立,2013)。此外,在诸多大气污染物里,工业 SO_2 被认为是一种较为常见的、主要的且同工业生产活动紧密相关的一种污染物(Grether & Mathys,2013;徐志伟,2016)。因此,本节选取工业 SO_2 排放强度作为 PE 的代理变量,来探究环境规制对工业污染排放强度的影响。参考朱平芳等(2011)的思路,

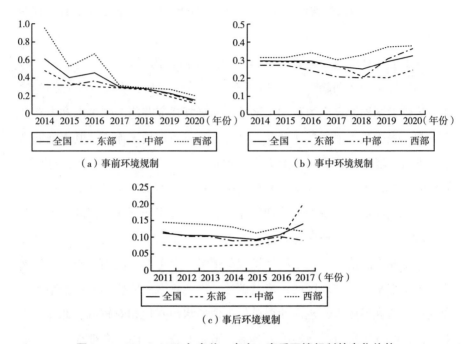

（a）事前环境规制　　　　　　　　　（b）事中环境规制

（c）事后环境规制

图 2 - 5　2011 ～ 2020 年事前、事中、事后环境规制的变化趋势

注：自 2018 年起中国开始在全国范围内实施《环境保护税法》，取代《排污费征收使用管理条例》，排污收费政策由排污费改为环保税。因此，排污费数据截至 2017 年。

本节首先适当优化了工业 SO_2 污染排放强度的计算方法，计算公式如下：

$$PE_i = P_i / \frac{1}{n} \sum_1^n P_i \qquad (2 - 10)$$

其中，P_i 为 i 省份（共 n 个省份）工业 SO_2 单位工业增加值的排放量（即工业 SO_2 排放量/工业增加值），PE_i 表示第 i 省工业 SO_2 相对于 30 个省份的平均排放水平，其数值越大，表明省份 i 工业 SO_2 的相对排放水平越高。

3. 中介变量

（1）产业结构（*STR*）。本章研究对象是工业污染排放强度，因而选用地区工业增加值占 GDP 的比重来衡量该指标（Elliott et al.，2017；陈诗一和陈登科，2018）。通常情况下该值越小，代表产业结构越靠近优化状态。

（2）技术创新（*TI*）。学者们从不同的维度来度量技术创新能力，通常可以分为投入与产出这两个指标。R&D 的支出和研发人员全时当量等指标是属于创新投入的;创新产出则是从已取得的研究成果这一方面来度量的,如专利申请与授权数、新项目开发数等。本节将创新投入与产出相结合,构建平均每百人全时当量的专利申请数作为技术创新的代理变量,该值越大,表明技术创新能力越强。

(3)外商直接投资(FDI)。反映一个国家对外开放程度的重要指标之一就是 FDI。本节基于已有研究的做法(Feng & Wang,2020),用实际利用外商直接投资额与 GDP 之间比值来刻画 FDI。其中,外商直接投资额是依据各年度汇率的平均值,将美元单位换算为人民币来计价的。

4. 控制变量

模型中控制变量的设定是为了最大程度上减少遗漏变量所造成的偏误。主要控制变量如下:

(1)经济水平($pgdp$)。本节以人均 GDP 来代表一个地区的经济实力。为证明在本研究样本下 EKC 假说的存在性,本节把人均 GDP 的平方项也放入回归模型中。如果 $pgdp$ 的系数为正,且其二次方的系数为负,则说明 EKC 假说是成立的。

(2)城镇登记失业率(UR)。一个地区失业人口比例的提高,会直接影响到整个社会的稳定。一个较高的失业率可能吸引地方政府更多的注意力,促使其投入更多的资源来解决实业问题;与此同时,投入污染控制的资源就相对较少。并且,如果工业企业能够提供较多的就业,附近的居民可能会容忍该企业存在并加剧污染物的排放。如此一来,具有较高失业率的区域将吸引较多的污染密集型企业,并在生产过程中放松污染治理,加重工业污染排放。该变量的系数符号预期是正的。

(3)资本强度(CAP)。本节用全社会固定资产投资与年末城镇单位从业人数的比值来代表该指标。资本强度可以呈现影响污染排放的结构效应,也会影响本地区的治污能力与投资水平(Wang & Yuan,2018)。所以,资本强度对工业污染排放强度的影响是不能确定的。

在剔除了数据存在缺失的地区后,本节收集了我国 30 个省份的面板数据，研究时段为 2010 ~ 2020 年。数据主要源自 2011 ~ 2021 年《中国环境统计年鉴》和《中国统计年鉴》等。所有价格型指标均为当年价格，为消除通货膨胀影响，本书采用省级层面的 GDP 指数（2010 年不变价格）进行平减处理。需要指出的是，我国自 2018 年起在全国范围内实施《中华人民共和国环境保护税法》（以下简称《环境保护税法》），取代《排污费征收使用管理条例》，排污收费政策由排污费改为环保税。因此，排污费数据截至 2017 年。表 2 - 1 首先给出了各变量的具体定义。

表 2 - 1　　　　　　　　　　各变量定义

类别	变量名称	符号	指标说明	单位
被解释变量	工业污染排放强度	PE	以每单位工业增加值对应的工业 SO_2 排放量为基础	—
解释变量	事前环境规制	ER_1	工业污染治理完成投资/工业增加值	%
	事中环境规制	ER_2	生态保护和环境治理国有单位就业人数	万人
	事后环境规制	ER_3	排污费解缴入库总额/工业增加值	%
中介变量	技术创新	TI	平均每万人全时当量的专利申请数	件/万人
	产业结构	STR	工业增加值/GDP	%
	外商直接投资	FDI	实际利用外商直接投资额/GDP	%
控制变量	经济水平	$pgdp$	人均 GDP	元/人
	城镇登记失业率	UR	城镇登记失业人员/地区总人口	%
	资本强度	CAP	全社会固定资产投资/年末城镇单位从业人数	元/人

上述各变量的描述性统计结果见表 2 - 2。

表 2 - 2　　　　　　　　　各变量的描述性统计分析

变量	样本值	均值	标准差	最大值	最小值
PE	330	0.494	0.591	3.774	0.001
ER_1	330	0.354	0.350	3.099	0.009
ER_2	330	0.803	1.284	6.894	0.045
ER_3	240	0.082	0.101	1.283	0.009

续表

变量	样本值	均值	标准差	最大值	最小值
TI	330	19.125	21.297	116.110	1.069
STR	330	33.096	8.624	55.626	10.076
FDI	330	2.203	2.590	24.74	0.002
$pgdp$	330	51000	26000	140000	13000
UR	330	3.292	0.644	4.600	1.200
CAP	330	4.195	1.691	11.797	1.745

2.3.2　实证检验与结果分析

2.3.2.1　空间相关性检验

由于地区之间在经济、技术以及人才上的联系，周边区域工业污染排放量的降低会推动本地区环境条件的改善。此外，在地理距离相近的两个地区间，工业 SO_2 等大气污染物具有跨区域污染的特征，这会使得相近区域的污染状况在空间上表现为正向相关关系（沈国兵和张鑫，2015）。因此，工业污染排放在很大程度具有某种空间依赖性。本节对工业污染排放强度的空间相关性分析如下：

首先，构建空间权重矩阵。空间权重矩阵可以被视为测量样本对象之间空间－地理空间联系的工具（Liu & Lin, 2019）。这是运用空间计量模型来进行研究的基础步骤。较为常见的三种空间权重矩阵分别为：空间邻接型矩阵、地理距离型矩阵、经济距离型矩阵。

空间邻接型权重矩阵以区域之间的地理位置为基础，主要根据两个省份是否在空间上相邻（具有相同的边界）来判定。若两个省份相邻，则 $W_{ij}=1$，反之，$W_{ij}=0$。

地理距离型矩阵的权重取值为两个地区所属省会（首府）城市之间最近公路里程的倒数，公式如下：

$$W_{ij} = 1/d_{ij} \tag{2-11}$$

经济距离型矩阵的权重矩阵是以两地的经济水平差距为基础来计算经济距离的，主要考虑到经济这一因素会对工业污染排放强度空间效应产生作用。此处借鉴邵帅（2019）的做法，选用地区 i 人均收入与地区 j 人均收入年平均值的差值所对应的绝对值的倒数衡量 W_{ij}。公式如下：

$$W_{ij} = 1 / |\bar{Y}_i - \bar{Y}_j| \qquad (2-12)$$

由于空间权重矩阵的种类多样，本节在三种权重矩阵下依次进行空间相关性分析，从中选取一种自相关性相对显著且稳定的权重矩阵作为后续空间计量模型中的权重。

然后，进行空间相关性检验。在运用空间计量分析方法分析问题时，必须要判断因变量之间（工业污染排放强度）是否具有空间相关性特征。若检验存在这一特征，就要在计量模型中加入空间因素。现有研究多使用 Moran's I 统计量（莫兰指数）来判断空间相关性的存在。

1. 全局空间自相关性检验

Moran's I 可以用来检验整体区域里某个变量的空间相关性（Cheng et al.，2018）。故在构建空间杜宾模型之前，运用全局 Moran's I 指数来刻画我国工业污染排放强度是否具有空间相关性这一特征。测算公式如下：

$$\text{Moran's I} = \left[\sum_{i=1}^{n} \sum_{j=1}^{n} W_{ij}(X_i - \bar{X})(X_j - \bar{X}) \right] / \left(S^2 \sum_{i=1}^{n} \sum_{j=1}^{n} W_{ij} \right)$$

$$(2-13)$$

其中，$S^2 = \sum_{j=1}^{n} (X_i - \bar{X})^2 / n$。$n$ 代表所研究的地区数（30 个省份），W_{ij} 表示空间权重矩阵所对应的值，X_i 和 X_j 分别代表地区 i 和地区 j 的工业污染排放强度。Moran's I 指数的数值应当介于 $-1 \sim 1$，当该数值为（0，1）时，表明地区之间存在正相关关系，而介于 $[-1, 0)$ 时，意味着地区之间存在负相关关系；当 Moran's I 等于 0 时，意味着这种空间分布存在随机性，地区之间没有空间自相关性。

依托上文构建的空间权重矩阵，使用 Stata 软件得出 2010 ~ 2020 年我国省际工业污染排放强度的全局 Moran's I 指数及其显著性（见表 2 - 3）。

表 2 - 3　　　　　2010 ~ 2020 年我国工业污染排放强度的莫兰指数分析

年份	W_1		W_2		W_3	
	Moran's I	Z 统计量	Moran's I	Z 统计量	Moran's I	Z 统计量
2010	0.292 ***	2.793	0.080 ***	3.333	0.079	1.181
2011	0.343 ***	3.186	0.094 ***	3.697	0.100	1.384
2012	0.359 ***	3.330	0.098 ***	3.820	0.109	1.476
2013	0.379 ***	3.483	0.108 ***	4.086	0.128 *	1.667
2014	0.420 ***	3.823	0.119 ***	4.377	0.134 *	1.725
2015	0.513 ***	4.540	0.142 ***	4.986	0.175 **	2.112
2016	0.275 ***	2.663	0.067 ***	2.958	0.145 *	1.875
2017	0.335 ***	3.098	0.083 ***	3.365	0.236 ***	2.761
2018	0.352 ***	3.260	0.088 ***	3.517	0.207 **	2.472
2019	0.397 ***	3.734	0.097 ***	3.868	0.184 **	2.307
2020	0.495 ***	4.348	0.128 ***	4.554	0.289 ***	3.237

注：* 、 ** 、 *** 分别表示在 10%、5%、1% 的统计水平上显著。

从表 2 - 3 可看出，在三种权重矩阵类型下，2010 ~ 2020 年的莫兰指数均大于 0，并且多数年份都在 1% 的水平上显著为正。这说明我国工业污染排放强度具有较为明显的正向空间集聚效应。工业污染排放强度较高的省份是互相邻近的，较低工业污染排放强度的地区也是相互邻近的。这也初步证实了选取空间计量方法是合理的。

省份之间的这种空间关联性还表现出阶段性变化特征。具体来说，在空间邻接型矩阵（W_1）和地理距离型矩阵（W_2）下，工业污染排放强度的全局莫兰指数经历了上升（2010 ~ 2015 年）→下降（2015 ~ 2016 年）→持续上升（2016 ~ 2020 年）3 个阶段，且总体上数值是在增大。然而，在经济距离型矩阵（W_3）下，工业污染排放强度的全局莫兰指数经历了 2010 ~ 2015 年、2016 ~ 2017 年和 2019 ~ 2020 年的三个上升期，以及 2015 ~ 2016 年、2017 ~ 2019 年的两个下降期。表明工业污染排放强度的空间关联性是不断增强的。这三种权重矩阵类型下的莫兰指数变化与省际工业发展状况具有很大的关联。

相较于 W_3，W_1 和 W_2 的空间相关性更为显著。在 W_2 的情况下，莫兰指数的波动性小且较为平稳，故本节选用地理距离型权重矩阵为后文实证分析中的 W。

2. 局域空间自相关性检验

上文进行的全局空间自相关分析只能反映出我国工业污染排放强度整体上呈现出正向空间集聚的现象，但不能反映局部省际地区空间集聚特征的差异性，因此要进行局部空间相关性检验。该检验是用来考察一个区域单元的某一属性同邻近区域单元的同种属性的关联度的。通常选用局部 Moran's I 指数来表示，其公式如下：

$$I_i = \left[(X_i - \bar{X}) / S^2 \right] \sum_{j=1}^{n} W_{ij} (X_j - \bar{X}) \qquad (2-14)$$

该计算公式同全局 Moran's I 类似。当 I_i 为正值时，高（低）污染省份被高（低）污染省份所包围；若 I_i 取负值，则表示高（低）污染省份被低（高）污染省份所包围。

莫兰指数散点图将坐标轴的四个象限划分为四个区域，这四个象限代表着工业污染排放强度的四种空间自相关类型：

第 1 象限代表观测变量具有空间正相关（HH 型）。即高工业污染排放的地区邻近的也是高工业污染排放地区，表示各地区间工业污染排放强度呈现正的空间自相关性。

第 2 象限代表观测变量具有空间负相关（LH 型）。即较低工业污染排放的地区同高工业污染排放的地区邻近，表示各地区间工业污染排放强度呈现负的空间自相关性。

第 3 象限代表观测变量具有空间正相关（LL 型）。即工业污染排放强度低的地区之间相互邻近，表示各地区间工业污染排放强度呈现正的空间自相关性。

第 4 象限代表观测变量具有空间负向关（HL 型）。即高工业污染排放

的地区与低污染排放的地区是相邻的，说明各地区间的工业污染排放强度
呈现负的空间自相关性。

　　Moran 散点图能描绘出每一个地区同其相邻地区在空间上的相关关系，
本节在地理权重矩阵 W_2 下绘制出 2010 年（期初）、2014 年、2017 年和 2020
年（期末）工业污染排放强度的局部莫兰指数散点图，如图 2-6 所示。

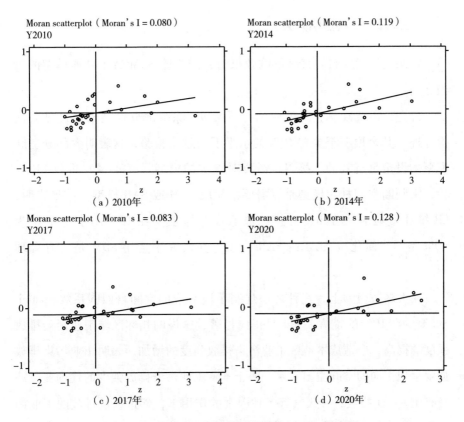

图 2-6　我国工业污染排放强度的 Moran 散点图

　　由图 2-6 可以看出，我国各省份主要处于第 1 象限与第 3 象限，主
要体现在 LL（低-低）和 HH（高-高）集聚类型上；随着年份的推
移，局部散点图呈现一种逐渐集聚的趋势，这可以说明我国工业污染排
放强度的空间依赖效应有所加强。此外，处于 LL 型区域的省份数量始
终要多于 HH 型区域，这说明工业污染排放强度在我国省际主要呈现 LL

聚集特征；HH 型区域的省份数量在逐渐减少，这可以很好地体现我国在污染减排上面所作出的努力；分布在第一和第三象限的省份大体保持不变，表明我国区域工业污染排放强度具有较为稳定的空间关联特征。可知，在探究环境规制的工业污染减排效果这一问题上，应当考虑到空间因素。

2.3.2.2 直接影响效果

在探究环境规制的直接影响效果时，需检验 SDM 较于其他模型的恰当之处。

首先，需要观察空间效应估计系数 ρ，除少部分模型未通过显著性检验外，其余模型至少在 10% 的水平下通过了检验，这表明大部分空间模型的设定是有效的。接着，需要对设定的模型式（2 - 4）进行 LR 检验，来判断空间杜宾模型是否需要精简成 SEM 或 SAR 模型。结果表明，LR 统计量显著大于 0，且拒绝原假设，即至少在 10% 的水平下认为 SDM 是不能简化成 SEM 或 SAR 模型。在研究中选用 SDM 是具有合理性的。

在大多数模型上，三种环境规制手段对应的空间自回归系数 Spatial-rho 至少在 10% 的置信水平下呈正向显著，这说明相邻区域工业污染排放强度的提高，会造成本地区工业污染排放强度的增加，表明工业污染排放强度呈现正向的空间溢出效应。由于本章工业污染排放强度的代理变量涉及有工业 SO_2 排放，在天气等各种因素的作用下，邻近区域排放的工业污染物势必会扩散到本地。

根据上述分析得出，在讨论环境规制的工业污染减排效果时，研究其空间相关性是非常有必要的，因此本节最终选择了带有固定效应的空间杜宾模型。

表 2 - 4、表 2 - 5 和表 2 - 6 分别汇报了事前、事中和事后环境规制作为因变量的 SDM 回归结果。

表 2 - 4　　事前环境规制对工业污染排放强度的直接影响估计结果

项目	M1 SDM	M2 SDM	M3 SDM
ER_1	0.015 (0.546)	0.003 (0.104)	0.032 (1.164)
$\ln TI$	-0.299 *** (-4.514)		
$\ln STR$		-1.230 *** (-9.761)	
$\ln FDI$			0.049 ** (2.546)
$\ln pgdp$	-8.909 *** (-4.459)	-15.106 *** (-8.716)	-11.042 *** (-5.677)
$(\ln pgdp)^2$	0.384 *** (4.008)	0.677 *** (8.015)	0.479 *** (5.069)
$\ln UR$	0.057 (0.399)	-0.214 * (-1.667)	-0.003 (-0.022)
$\ln CAP$	0.150 (0.859)	0.170 (1.071)	0.219 (1.234)
Spatial-rho	0.570 *** (5.332)	0.655 *** (7.352)	0.542 *** (4.881)
$W \times ER_1$	0.131 (1.618)	0.125 * (1.662)	0.232 *** (2.577)
地区固定效应	是	是	是
LR-lag	6.77 ***	16.29 ***	11.03 ***
LR-error	6.63 **	11.71 ***	13.15 ***
N	330	330	330
R^2	0.566	0.312	0.405

注：括号内的数字表示 z 值，* 、** 、*** 分别表示在 10%、5%、1% 的统计水平上显著。限于篇幅未报告中介变量和控制变量的空间滞后项。

表 2 – 5   事中环境规制对工业污染排放强度的直接影响估计结果

项目	M4	M5	M6
	SDM	SDM	SDM
ER_2	– 0.030 (– 1.168)	– 0.068 *** (– 3.011)	– 0.051 ** (– 1.989)
$\ln TI$	– 0.298 *** (– 4.460)		
$\ln STR$		– 1.216 *** (– 9.661)	
$\ln FDI$			0.046 ** (2.431)
$\ln pgdp$	– 8.720 *** (– 4.379)	– 14.506 *** (– 8.481)	– 11.358 *** (– 5.870)
$(\ln pgdp)^2$	0.381 *** (4.008)	0.665 *** (8.031)	0.503 *** (5.377)
$\ln UR$	0.047 (0.331)	– 0.246 * (– 1.943)	– 0.028 (– 0.194)
$\ln CAP$	0.107 (0.605)	0.077 (0.489)	0.132 (0.732)
Spatial-rho	0.564 *** (5.288)	0.651 *** (7.431)	0.586 *** (5.758)
$W \times ER_2$	– 0.019 (– 0.531)	0.029 (0.946)	0.010 (0.294)
地区固定效应	是	是	是
LR-lag	2.23 *	9.16 ***	2.88 *
LR-error	6.13 **	15.47 ***	7.29 ***
N	330	330	330
R^2	0.537	0.240	0.374

注：括号内的数字表示 z 值，*、**、*** 分别表示在 10%、5%、1% 的统计水平上显著。限于篇幅未报告中介变量和控制变量的空间滞后项。

表 2 - 6　　事后环境规制对工业污染排放强度的直接影响估计结果

项目	M7	M8	M9
	SDM	SDM	SDM
ER_3	0.282 *** (8.069)	0.165 *** (4.341)	0.285 *** (7.940)
$\ln TI$	-0.273 *** (-4.526)		
$\ln STR$		-0.940 *** (-6.788)	
$\ln FDI$			0.028 (1.600)
$\ln pgdp$	-5.716 *** (-3.080)	-12.367 *** (-6.820)	-8.102 *** (-4.449)
$(\ln pgdp)^2$	0.226 ** (2.533)	0.547 *** (6.202)	0.334 *** (3.764)
$\ln UR$	0.006 (0.043)	-0.204 (-1.613)	-0.051 (-0.384)
$\ln CAP$	0.274 * (1.700)	0.233 (1.497)	0.309 * (1.875)
Spatial-rho	0.629 *** (6.865)	0.689 *** (8.687)	0.652 *** (7.460)
$W \times ER_3$	-0.687 (-1.633)	-0.205 *** (-4.351)	-0.329 *** (-7.113)
地区固定效应	是	是	是
LR-lag	66.71 ***	35.42 ***	64.90 ***
LR-error	27.97 **	21.28 ***	28.16 *
N	240	240	240
R^2	0.532	0.413	0.518

　　注：括号内的数字表示 z 值，＊、＊＊、＊＊＊分别表示在 10%、5%、1% 的统计水平上显著。限于篇幅未报告中介变量和控制变量的空间滞后项。

对核心变量的结果进行分析，具体如下：

在依次控制住中介变量（$\ln TI$，$\ln STR$ 和 $\ln FDI$）的影响后，事前环境规制变量 ER_1 的系数基本为正但不显著，直接效应系数分别为 0.015、0.003 和 0.032，而 ER_3 的系数显著为正，直接效应系数分别为 0.282、0.165 和 0.285。可知，事后环境规制不利于抑制工业污染排放强度。具体原因如下：事前环境规制的代理变量涉及工业污染治理投资额这一指标，其属于对公共物品的投资，存在一定支出外溢的特征，使得地方政府获得的收益与环境支出不对等，很可能会影响到地方政府的绩效考核。因此，地方政府需要通过工业产值来获取经济效益，其随之所采取的规制手段就不会有效于减排，反而会加大工业污染排放。事后环境规制的影响系数普遍要大于事前规制的估计系数，其主要是因为事后环境规制的代理变量是用排污费占比来表示的。在排污行为发生后，部分企业会选择缴纳排污费，而有些工业企业为保证收益最大化，会存在被动治污行为，采用非常规手段来逃避后续的环保责任。因此，即使政府加大事后规制强度，企业的污染排放强度仍然很可能会增大。

事中环境规制变量 ER_2 对工业污染排放强度的影响呈显著负相关。这意味着在污染排放行为发生过程中，随着生态保护和环境治理人数的增加，工业企业迫于压力，对环境问题有所重视，就不得不开展污染控制行动。事前环境规制主要是以预防为主，对工业企业即将开展的项目进行各个环节的审批；事后环境规制就是末端处理，对于仍要排放的污染物可以征收排污费；而事中环境规制虽然有政府部门的监管，但也涉及民众的监督参与，这也表明在污染减排上工业企业对于事中环境规制的接受度比较高。总而言之，事中环境规制可以直接作用于工业污染排放强度，也就是事中环境规制的加强，能直接改善污染状况；而事后环境规制则不利于污染减排。

在控制变量的结果上，$\ln pgdp$ 的系数在三种类型的规制模型中显著为负，说明经济发展状况越好的地区，其污染排放程度越小。这可能是因为我国经济发展状况稳步向着高质量目标前进，保持经济发展的同时也投入大量人力财力致力于环保，有助于改善环境状况。经济水平的二次方 $(\ln pgdp)^2$ 系数显著为正，可以判断出，EKC假说在中国是成立的。

对空间溢出效应进行分析，本节考察三种环境规制的空间溢出效果，需要关注到其空间滞后项的系数。事前环境规制的空间滞后项 $W \times ER_1$ 的系数基本显著为正，这表明事前环境规制呈现正向的空间溢出效应。邻近省域的事前环境规制水平越高，本地的工业污染排放强度越严重，即二者之间存在"以邻为壑"的互动模式。产生这种现象的原因可能是在"标尺竞争"的机制下，相邻的省份为了获得收益，从而在执行环境规制时倾向于采取策略互动性行为，此处的策略互动行为主要体现为差异化的规制手段。周边规制强度提高，本地区会选择降低环境规制门槛，以吸引各种要素资源的流入，与此同时，重污染型企业也会向规制宽松的地区转移，从而加重本地的工业污染排放强度。

事中环境规制的空间滞后系数基本为正且不显著，这体现了相邻省份的事中环境规制工具没有产生降低本地工业污染排放强度的影响。这可能是因为邻近区域采取的事中规制手段并没有引起本地的模仿效应。然而，$W \times ER_3$ 的系数基本显著为负，唯独模型M7不符合显著性检验的要求。即邻近区域事后环境规制水平对本地工业污染排放强度起到抑制溢出效应，二者之间存在"以邻为伴"的互动模式。这是由于地方政府之间存在"模仿型"的策略互动行为。周边地区规制强度的增强，本地区会以此来效仿与学习，也选择相应地提高规制强度，产生一种"竞相向上"的现象，进而降低了本地区的工业污染排放强度；另外，环境规制的提高会激发其技术研发，本地区很可能会从事"搭便车"活动，这样一来本地区的技术创新水平也有所提高，有助于工业污染排放强度的降低。

2.3.2.3 作用机制

为进一步考察三种环境规制对工业污染排放强度的作用机制，本章分别以技术创新、产业结构以及外商投资作为中介变量对基准回归的作用机制进行检验，回归结果见表2-7。

表 2 - 7   作用机制检验

变量	技术创新			产业结构			外商投资		
	M1	M2	M3	M4	M5	M6	M7	M8	M9
	ln*TI*	ln*TI*	ln*TI*	ln*STR*	ln*STR*	ln*STR*	ln*FDI*	ln*FDI*	ln*FDI*
ER_1	- 0. 045 ** (- 2. 198)			- 0. 001 (- 0. 159)			- 0. 059 (- 0. 807)		
ER_2		0. 001 (0. 009)			- 0. 011 * (- 1. 893)			0. 080 * (1. 880)	
ER_3			0. 033 ** (2. 287)			- 0. 034 *** (- 5. 420)			- 0. 110 ** (- 2. 291)
控制变量	是	是	是	是	是	是	是	是	是
N	330	330	240	330	330	240	330	330	240
R^2	0. 887	0. 887	0. 888	0. 564	0. 576	0. 594	0. 066	0. 063	0. 054

注：括号内的数字表示 z 值，*、**、***分别表示在 10%、5%、1%的统计水平上显著。限于篇幅未报告中介变量和控制变量的空间滞后项。

1. 技术创新

表 2 - 4 模型 M1 中技术创新变量对工业污染强度的系数是显著为负的，且表 2 - 7 模型 M1 中的 ER_1 对技术创新的系数是显著为负的，这证明在事前环境规制下，技术创新水平存在部分中介效应。事前环境规制属于一种源头控制的手段。工业企业要想顺利开工，就不得不在生产行为发生之前支付一定的环保费用，同时企业认为改进与创新生产技术要花费大量的资金，因而事前环境规制不利于企业技术创新。

同理，表 2 - 5 模型 M4 中技术创新变量对工业污染排放强度的估计系数显著为负，而事中环境规制对技术创新变量的系数是不显著的。说明现阶段，在事中环境规制下，技术创新水平的中介效应不存在。原因可能在于，事中环境规制能直接作用于污染排放，这种直接效应是很明显的，可能掩盖了技术创新的中介作用。此外，开展技术创新工作需要花费时间，使得其效果不能及时反馈出来。

表 2-6 模型 M7 中技术创新变量对工业污染排放强度的估计系数是显著为负,而事后环境规制对技术创新变量的系数是显著为正,这说明事后环境规制能够借助技术创新降低地方污染排放强度。采取适当的事后环境规制是从末端上规制企业排污行为,这使其有足够大的动力去触发企业的创新补偿机制,能够提高企业清洁生产的能力以降低企业的规制成本。

2. 产业结构

表 2-7 中模型 M1 结果显示,事前环境规制与产业结构变量之间关系虽不显著但呈现负相关。说明了前端污染预防水平越高,越有利于产业结构调整。可能是由于加大事前环境规制力度,使得企业尤其是污染型企业要提高治污成本,也拉升了生产要素的价格,由此就迫使一部分中小型企业在开始生产前不得不调整生产方向或者退出市场。表 2-4 中模型 M2 显示,$lnSTR$ 的系数显著为负,说明工业增加值占比越低,越不利于减轻工业企业的排污程度。这可能是因为,实体经济在我国有着重要地位,是经济稳定发展的重要基石,而制造业等又是实体经济的主体力量,事前环境规制的加强降低了工业增加值占比,这无疑会对实体经济的发展产生不利影响,治污投入等方面也随之受到影响,进而造成工业污染排放强度的提升。

同理,很容易发现,表 2-7 中 ER_2 和 ER_3 对产业结构变量的影响系数为负且显著,说明事中和事后环境规制能够显著降低工业增加值占比。而产业结构对工业污染排放强度的影响系数显著为负,这表明工业增加值占比越高,越有助于污染减排,改善环境质量。可能的原因在于,事中环境规制属于事中监督行为,事后环境规制属于事后处罚行为。两种环境规制力度的加强,一方面使得工业企业能够积极响应国家与地方政府的相关环保法规与政策,注重调整与优化自身产业结构,向着绿色清洁方向转变;另一方面,行业准入门槛有所提高,进入市场中的污染型企业数量会日渐减少,而绿色清洁型工业数量随之增多,使得其工业增加值降低。

3. 外商直接投资

由表2-7可知，事前环境规制对外商直接投资的估计系数为 -0.059 但不显著，事后环境规制对外商直接投资的估计系数为 -0.110 且显著。说明事中和事后环境规制的加强，会相应增加外资企业在东道国的生产成本，影响到工业企业的区位选择。考虑到成本因素，污染型外资企业会选择去环境规制强度相对宽松的国家建厂，这会加重环境规制宽松国家的污染程度，进而在空间溢出的作用下，对本国的环境质量也会产生一定的影响。此外，对于已进入我国的外资企业来说，提高规制成本，会阻碍外资的技术溢出效应，削弱了我国对于其技术的吸收力。因此，前端预防和末端治理的环境规制方式会利用外资，进而削弱减排的能力，证实了"污染天堂"假说的存在。

表2-7的模型 M8 显示，事中环境规制对 FDI 的影响为正向且显著。这表明事中环境规制力度的增强会提高本地外商投资水平。表2-5的模型 M6 表明，FDI 对工业污染排放强度的影响系数是显著为正的。这说明事中环境规制变量每增加一个单位，就可以通过扩大 FDI 流入量提高地方工业污染排放强度。这主要是因为，在事中环境监管下，我国对于污染型外资企业的吸引力提升，加重了本地的工业污染。

2.3.2.4　区域异质性分析

鉴于我国地区间的经济发展状况、自然地理条件等方面具有的差异（Xu & Lin，2019），环境规制所产生的效果可能会受到影响（Liang et al.，2016）。上一节已经从全国层面分析了环境规制的影响效果。从整体来看，事前、事后环境规制是不利于减排的，而事中环境规制可以有效实现减排。因此，进一步比较不同地区的环境规制对工业排放强度的影响效果是很有必要的。本节即从区域异质性着手，比较不同地区的环境规制作用于工业污染排放强度的效果。若具有区域差异性，则进一步借助门槛面板模型来探讨产生这一现象的原因。本节以我国三大区域（东、中、西部）为考察对象，结果如表2-8所示。

表 2-8　　　　　　　　　　　　异质性估计结果

变量	东部地区			中部地区			西部地区		
	(1)	(2)	(3)	(4)	(5)	(6)	(7)	(8)	(9)
ER_1	0.167 *** (0.045)			0.262 *** (0.059)			0.107 ** (0.044)		
ER_2		-0.138 *** (0.053)			-0.064 (0.074)			-0.050 (0.032)	
ER_3			0.345 *** (0.063)			0.472 *** (0.080)			0.322 *** (0.048)
$W \times ER_1$	0.120 (0.087)			0.282 ** (0.124)			0.016 (0.083)		
$W \times ER_2$		0.086 (0.065)			-0.014 (-0.106)			0.050 (0.039)	
$W \times ER_3$			-0.435 *** (0.079)			-0.534 (-0.086)			-0.349 (-0.543)
控制 变量	是	是	是	是	是	是	是	是	是
地区 效应	是	是	是	是	是	是	是	是	是
N	121	121	88	88	88	64	121	121	88
R^2	0.702	0.598	0.735	0.502	0.490	0.843	0.589	0.387	0.446

注：括号内的数字表示 z 值，** 、 *** 分别表示在 5%、1% 的统计水平上显著。限于篇幅未报告中介变量和控制变量的空间滞后项。

从表 2-8 列（2）可以看出，在事中环境规制手段下，环境规制的系数为负且显著。东部地区的地方政府能够快速贯彻中央关于环境治理的政策方针，在追求经济高质量发展的同时，地方政府会更注重环境绩效考核，对于中小型企业会给予更多资金支持来帮助其达到排污标准。东部地区拥有研发类人才优势，在治污能力上更强。大多数工业企业也有足够的经济基础去做好各个环节的防治措施。这也充分体现了东部地区为工业污染减排作出了很大的贡献。

从表 2-8 列（4）~ 列（6）可以发现，中部地区的环境规制系数基本显著为正。这说明三种环境规制手段均不利于污染减排。此外，事前环境规制的滞后项系数显著为正，说明中部地区邻近区域事前环境规制强度的提高，也会加重本地的工业污染。从表2-10列（7）~列（9）可以发现，西部地区环境规制的系数基本显著为正，说明源头防治和末端治理，没有减轻污染型企业的排放强度，反而加重了工业污染排放强度。出现这一情况的原因可能是，西部地区的发展相较于东中部地区是缓慢的，于是西部地区会优先发展经济。在规制成本大于规制收益的作用下，企业会提前加快对资源的开发，进而提高工业污染排放强度。

中西部地区的环境规制保持在较高的水平，但减排效果却不如意，主要原因可能是隐性经济这一影响因素的存在。环境规制的加强会增加企业的环境治理成本，会迫使一些有污染的经济活动转向隐性经济的行列，进而不利于减排。因此，对中西部地区来说，不能盲目地加强环境规制，而要灵活运用规制工具；继续从多维度支持这些地区的经济；了解并控制好影子经济的规模，让其处于地方政府的监管范围内。

2.3.2.5 门槛效应检验

由前文实证分析可知，三种类型的环境规制对工业污染排放强度的影响呈现出地区差异性，而经济发展状况或许能对此差异性给出一定的解释。考虑到经济发展状况在环境规制作用于工业污染排放强度的过程中可能存在门槛效应，本节以门槛面板回归模型为基础，从经济发展水平的门槛角度来考察环境规制作用于污染排放的过程中是否可能存在多个"门槛"，也以此检验二者之间的关系是否具有空间异质性。

1. 门槛模型设定

门槛模型是为了检验核心的因变量是否会伴随门槛值的变化而发生改变。基于面板门槛效应模型来探究不同经济发展状况下各类型环境规制对工业污染排放强度的作用，以经济发展状况作为门槛变量。此处以单门槛模型为例，双重门槛以上的模型可以以此类推。模型设定如下：

$$\ln PE = u_i + \beta_1 \ln ER \times I(q_{it} \leq \gamma) + \beta_2 \ln ER \times I(q_{it} \geq \gamma) + \varphi X_{it} + \varepsilon_{it}$$

（2-15）

其中，q_{it} 和 γ 分别为门槛变量和门槛值；指示性函数 I（·）为 0 或者 1，若 I（$q_{it} \leqslant \gamma$），则 $I = 1$，反之，则 $I = 0$。其余变量的含义同之前保持一致。

2. 结果分析

首先要确定门槛的个数以及门槛效应的存在性。本节假定依次存在 1 个、2 个和 3 个门槛值，使用自抽样方法，得到了对应的门槛检验结果及门槛值的估计结果（见表 2-9 和表 2-10）。

表 2-9　　　　　　　三种类型环境规制的门槛效应检验

解释变量	门槛变量	门槛数	P 值	F 值	临界值		
					1%	5%	10%
ER_1	ln$pgdp$	单一门槛	0.026**	37.26	28.687	33.476	42.367
		双重门槛	0.458	511.37	22.376	29.460	41.563
ER_2		单一门槛	0.272	15.27	22.967	27.461	44.717
ER_3		单一门槛	0.058*	29.72	24.449	31.368	49.253
		双重门槛	0.548	10.02	21.994	26.069	37.423

注：括号内的数字表示 z 值，*、** 分别表示在 10%、5% 的统计水平上显著。限于篇幅未报告中介变量和控制变量的空间滞后项。

表 2-10　　　　　　　　门槛值的估计结果

解释变量	门槛变量	模型	门槛估计值	95% 置信区间
ER_1	ln$pgdp$	单一门槛模型	10.396	[10.359, 10.400]
ER_3		单一门槛模型	10.268	[10.251, 10.271]

可以看出，事前环境规制通过了单门槛的检验，而双门槛的统计量是不显著的。因此，可以认为事前环境规制下的模型具有单门槛效应，门槛值为 10.396。而 ER_2 未能通过单一门槛检验，由此推断在不同经济发展状况下，事中环境规制不具有门槛特征。事后环境规制接受了单门槛检验，但没有通过双重门槛效应检验，因而可以认为事后规制下的模型具有单门槛特征，其门槛值是 10.268。

在经过门槛效应检验后，本节对模型作出了回归估计，如表 2-11 所示。可以看出，事前环境规制的一个门槛值可以将门槛变量划分为两个区段：ln$pgdp$ 低于 10.396，高于 10.396。也就是说，在经济发展水平下，事前环境规制影响系数逐渐减小。这表明随着经济的发展，事前环境规制对工业污染排放强度的促增效应逐渐降低。

表 2 - 11　　　　　　　　　面板门槛回归结果

解释变量	事前环境规制	事后环境规制
ER_1（q ≤ 10.396）	0.329 *** (0.053)	
ER_1（q > 10.396）	0.170 *** (0.035)	
ER_3（q ≤ 10.268）		0.235 *** (0.070)
ER_3（q > 10.268）		0.100 * (0.055)
控制变量	是	是
N	330	240
R^2	0.667	(0.620)

注：括号内的数字表示 z 值，* 、*** 分别表示在 10%、1% 的统计水平上显著。限于篇幅未报告中介变量和控制变量的空间滞后项。

当经济发展处于较低水平（ln$pgdp$ 低于 10.396）时，事前环境规制是正向作用于工业污染排放强度的。这些省份大多属于中西部地区，资金实力相较不足，而当环境规制的成本效应保持主导地位时，工业企业承受成本的能力有限，导致企业没有足够多的资金投向控制排污。此外，工业行业内部实施清洁生产策略，但激励动力不足，导致开展清洁生产的主动性不高。这些地区的产业规模不断扩大，而技术驱动效应不能很快显现，形成污染排放未能控制住的局面。根据前述的空间溢出效应分析可知，事前环境规制下的工业污染排放具有正向的空间溢出效果，即相邻区域的排污水平会影响到本地区的排污水平。即使本地区事前环境规制执行力度较好，但仍然避免不了受到邻近区域污染排放的影响。

当经济发展水平位于第二阶段（lnpgdp 高于 10.396）时，事前环境规制强度与工业污染排放虽显著正相关，但系数降低。这表明随着经济的发展，事前环境规制对工业污染排放强度的促增效应逐渐降低。在经济较好地区，地方政府为了应对生态绩效考核，在企业生产活动开始之前，就颁布一些环境方面的法规制度，并做好前端预防。而工业企业为了能够在市场中获得更多的份额，也会主动选择进行生产技术创新。因此，事前环境规制对工业污染排放强度的促增效应降低。同理可得，随着经济的发展，事后环境规制对工业污染排放强度的促增效应逐渐降低。

2.4　主要结论及对策

2.4.1　主要结论

本章在梳理环境规制与工业污染排放强度之间内在机理的基础上，将空间面板杜宾模型同中介效应检验模型相结合，考察了环境规制对我国工业污染排放强度的直接影响效果、空间溢出效应以及间接影响效果，从门槛效应检验和分地区检验两个方面，探究了环境规制对工业污染排放强度影响的区域异质性。得出以下主要研究结论：

第一，工业污染排放强度具有显著且正向的空间关联性。根据局部莫兰散点图，我国各省份主要体现在 LL（低－低）和 HH（高－高）集聚类型。同时，高污染集聚的省份数量逐渐减少，这很好地反映了我国在污染减排方面所做的持续努力。

第二，事前环境规制对工业污染排放强度的影响在总体上有正向的空间溢出效应。周边地区的事前环境规制水平越高，本地区的污染状况越严重，形成"逐底竞争"的态势，而事中环境规制的溢出效应在总体上是不显著的。事后环境规制对工业污染排放强度的影响在总体上有负向的空间溢出效应，即周边地区的事后环境规制水平缓解了本地区的工业污染。

第三，三种类型的环境规制对工业污染排放强度的影响效果是有差异的。从全国层面上来看，事中、事后环境规制工具能直接作用于工业污染排放强度，其影响效果分别为负向和正向的。在间接影响效果上，事前环境规制可以抑制技术创新进而促进工业污染排放强度的增加，而事后环境规制可以借助技术创新进而降低工业污染。事中和事后环境规制均可借助产业结构来间接作用于工业污染排放强度，但这种间接作用是正向的。事中环境规制可通过扩大外商直接投资加重本地工业污染排放。

第四，环境规制对工业污染排放强度的影响具有区域异质性。在中东部地区，三种环境规制基本均不利于污染减排。门槛检验时发现，事中环境规制未能接受以 $lnpgdp$ 作为门槛变量的门槛效应检验，而事前、事后环境规制都具有单门槛特征。随着经济发展水平提高，事前和事后环境规制对工业污染排放的促增效应逐渐降低。

2.4.2　主要对策

基于上述研究结论，提出以下对策建议：

第一，对于高污染集聚的省份，要进行跨区域联合减排。工业污染排放强度高的地区因缺乏环保激励而使得单方努力失效。借鉴京津冀地区联合治污的经验，结合西北地区的现实状况，制定区域性的治污规划，让各省份能够在区域整体利益上形成共识，积极突破以往行政划分的界限，在环境规制的制定与执行等方面，实施协同联动策略。同时，积极引导区域内相近或同类型的产业集聚到工业园区，以提高治污技术的溢出水平以及治污的规模效应。

第二，灵活使用环境规制工具，实行差异化的规制策略。各种类型的环境规制手段都有自身的侧重点，而在推动工业污染减排的过程中，需要多种规制手段结合起来使用，及时改进并调整事前和事后环境规制措施，发挥其在整体层面上的减排作用。要继续完善事中环境规制工具，加强公众的参与力度以及培养致力于环保的大量人才。此外，环境规制策略的制定还需要因地制宜。对于东部地区，继续发挥社会公众对于企业排污行为的监督作用。在西部地区，则应采取坚持以事中环境规制为主的策略手段，要在人力、技术、资金等要素上给予西部地区相应的支持，让西部地区成为减排的重要力量。就中部地区而言，要积极改进与调整各类型环境规制工具，也要探索最适合本地区减排的环境规制手段；实行多项激励政策，以激发工业行业开展清洁生产的主动性，避免因追求经济效益而放松对迁入企业的环境门槛限制。

第三，激发技术创新的内在动力，提升创新成果转化率。考虑到研发活动存在周期较长、前期投入较大等特征，政府可以为企业提高财政补贴额度和提供其他方面的优惠政策，以此缓解企业的研发资金负担。要想缩短研发创新的周期，政府应当协助工业企业完善高技术人才储备机制，提升团队的研发效率。而且，研发强度较大的企业应及时将创新成果应用到生产领域，在短期内发挥污染治理的前端预防效果。

第四，工业产业结构调整仍是今后制定环境规制策略要关注的重点。工业在我国经济发展的过程中有着不可替代的地位，而结构升级与调整有助于产业高效发展。积极引导在环境规制约束下的产业结构优化能够向着改善环境的方向发展。在进行环境规制的策略设计时，应严格要求高污染企业就地进行升级，而且相邻省份之间要保持规制策略的协同，以避免高污染企业借助向其他地区转移来实现本地的污染减排。此外，在政策扶持上，可以选取几个在绿色化改造上成果显著的企业作为典型，以点带面，推动整个区域内产业的绿色发展；帮助高能耗企业将更多优质资源和要素投入清洁生产环节中，鼓励企业调整产品结构，建立环境友好型的生产结构，这些也可以带动环保等新产业的发展，提升工业企业创造的经济效益的同时，实现污染减排目标。

第 3 章

环保督察与大气污染治理

3.1　引言

上一章提到，为解决日益严重的环境问题，《国务院办公厅关于加强环境监管执法的通知》、生态环境部办公厅印发的《关于进一步强化生态环境保护监管执法的意见》、生态环境部印发的《关于优化生态环境保护执法方式提高执法效能的指导意见》等一系列政策法规，对于加强和规范地方政府环境监管执法工作作出了明确指示。通过政策"组合拳"的方式，政府部门改变了过去偏松、偏软的环境监管态势，使得我国环境监管执法力度不断增强、环境监管约束逐渐"硬化"成为一种常态（严兵和郭少宇，2022）。本章对常态化、严格化的环保督察制度进行分析，检验环保督察对大气污染影响方面的演化博弈分析与作用效果，这有助于对环保督察制度中包括企业在内的各参与主体的互动过程进行刻画，深入把握环保督察制度对改善环境质量的作用机制与影响效果，从而最大限度地发挥环保督察制度的积极影响，为完善环境保护相关政策制定提供科学参考。

我国的环保督察起始于 2002 年，彼时以"督企"为特征，中央政府将企业作为重点监察对象，督促污染严重的企业限期整改，但此时督察制度忽略了地方政府的主体性作用，且由于污染企业给地方带来大量的财政收入，督察受到地方保护主义的影响，初始阶段督察效果不理想。截至 2008 年，我国已建立起华北、华东、华南、西北、西南、东北六个地区的环保监察中心，实现环保区域督察全覆盖，从各自为政走向区域治理，治理初见成效。2013 年启动了全国首个"环保综合督察"，首次将督察对象从企业延伸到地方党委政府，建立健全了环保督察的机制体制。

2014 年底，环境保护部发布了《环境保护部综合督查工作暂行办法》，环保督察对象开始了从"督企"向"督政"的转变。2015 年 7 月，中央全面深化改革领导小组通过了《环境保护督察方案（试行）》，明确建立了环保督察机制，规定由中央环保督察组负责组织实施，并向部分地方党委和政府下移，要求全面落实"党政同责"和"一岗双责"，此后基本形成了"党政企"全覆盖的督察模式，法治化、规范化水平显著提升。2016 年全国刮起"环保风暴"，中央环保督察由国务院成立工作领导小组，由省部级领导带队督察，首次环保督察试点设在河北，随后中央督察组分别进驻各个省份，基本覆盖了 31 个省份。同时，为了巩固督察成果，追踪后续整改情况，完成第一轮督察后，又开展了环保督察"回头看"行动。根据环保督察制度 2002～2020 年的演进情况，本章以督察主体为分类标准，分成以"督企""督政""党政企同督同责"三个阶段，并梳理了每个阶段的特点，如图 3-1 所示。现阶段形成的三个督察层面是指中央环保督察、专项督察和例行检查，行政约谈制度是重要载体，通过约谈加强地方的环境保护意识，事前防范，事后问责，八个压力惩罚机制是区域限批、移交移送、行政问责、立案处罚、挂牌督办、公开曝光和事后督察，形成全链条式的压力传导机制。

2015 年以来，我国已经形成较为完善的环保督察制度，并呈现出常态化监管趋势，以"党政企"为主要督察对象，工作模式如图 3-2 所示。

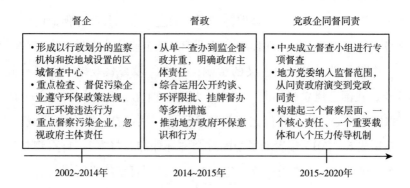

图 3-1 环保督察演进历程

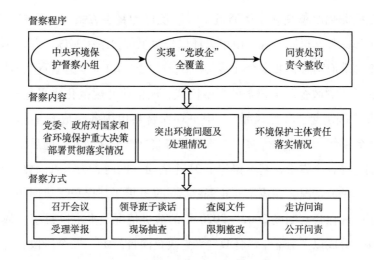

图 3-2 环保督察制度工作框架

在督察过程中，中央督察组以问题为导向，对污染情况严重和群众反映强烈的重点问题开展督察，综合采取多种手段，包括：领导班子谈话、查阅文件、走访问询、受理举报、现场抽查；对污染企业罚款、挂牌督办；对失职官员问责、拘留；在督察进驻期间，信息公开并全程受理群众举报；等等。

3.2　作用机制与演化博弈分析

3.2.1　环保督察的作用机制

3.2.1.1　委托－代理关系下大气污染治理困境

作为大气污染治理的主要主体，厘清中央和地方政府之间关系十分有必要。随着"放管服"改革的深入，地方政府掌握了地区经济发展的主动权。中央政府和地方政府之间的委托代理关系满足以下三个约束条件：一是从信息获取渠道来看，地方政府作为地区的直接管理者更易获得信息，相较于中央政府具有信息优势，因此存在信息不对称情况；二是从双方契约关系来看，中央政府通过系列政策对地方政府环境治理行为进行激励，委托地方政府执行各类政策；三是从各自收益情况来看，中央政府通过机制设计，激励地方政府完成任务，地方政府为求自身收益最大化，会采取各种不同的措施。

在委托－代理关系下，中央政府目标的多元化和地方政府对经济追求的单一化，导致双方目标出现偏差，地方政府在大气污染治理过程中会隐瞒污染情况或与企业"合谋"，异化执行政策、放松污染监管。如图 3－3 所示，当地方政府异化执行政策时，收益曲线由 OC 变成 OM 或者 ON，地方政府收益为 OE 时，中央政府收益为 BN，此时中央政府收益小于地方政府，OE 与 BN 的差就是政策执行中的科层制损耗。从环保督察结果来看，地方政府环保责任不落实、监管不到位，企业环评违规情况突出、秸秆禁烧工作不力、扬尘污染问题突出等现象仍然未根本解决。

地方政府的行为出于两个角度的考虑，一是大气污染具有外溢性，部分地方政府出于成本考虑，乐于"搭便车"，让治理成本由周边地区共同分担，减轻本地区经济发展压力。二是经济考核指标下，地方政府和企业

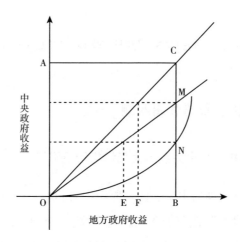

图 3 - 3　中央政府和地方政府目标偏差

利益绑定，导致地方政府成为污染企业的庇护，发展成地方保护主义和本位主义，对污染行为放松监管，降低环保标准，给企业"开绿灯"。在现行的行政框架下，由于部门之间职责划分不清，导致监管问责困难。在传统的监管体制中，各级环保部门对地方政府缺乏强制力，约束力低。因此，中央政府需要切实从问题出发，针对治理困境，明确各主体责任，加强激励和监管，纠正环境治理中的错误观念。

3.2.1.2　微观作用机制：以"惩罚"为主，辅以"震慑"和"动员"

环保督察制度形成了"一件事、全链条、全闭环"的压力传导机制，中央环保督察组向地方政府施加压力，强化地方政府的环境主体责任，通过要求地方政府履行职责并立案处罚，对"散、乱、污"企业挂牌督办、限期整改，从源头上解决污染问题。环保督察的微观作用机制如图 3 - 4 所示。从图 3 - 4 来看，环保督察的实施实现了环境压力的二次传导，环保督察小组直接进驻污染城市，能够有效获得第一手信息，监管信息链的建立改善了中央与地方政府之间的信息不对称性，开展党政问责可以有效避免"条块分离"机制下环境治理疲软和低效。

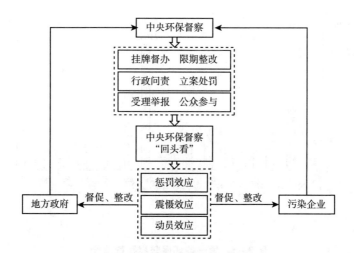

图 3 - 4 环保督察制度作用机制

中央层面直接督察，实现"党政企"全覆盖，将环境保护与政绩挂钩，在干部绩效考核体系中增加环境指标的权重，对地方政府具有"震慑"作用。从环保督察的演进历程可以看出，其创新之处在于问责对象和问责程度的变化。问责对象从企业到各级官员，对于环保考核不合格的官员直接禁止其进一步晋升。对违法违规行为加大惩罚，对地方官员和企业处以严重的处罚，具有"惩罚"作用。环境惩罚一直是环境治理的重要手段之一，一般处以罚款，但是罚款程度难控制，金额过小对企业不起作用，部分企业宁愿为污染买单也不愿减排，反之金额过大不利于企业发展。为达到惩治效果，环保督察制度增加了行政拘留和约谈问责惩罚等措施，2015～2017年第一轮环保督察罚款情况如图3-5所示、拘留情况如图3-6所示。双管齐下的惩治措施，堪称史上最严督察。

此外，在督察过程中鼓励公众参与，接受群众举报，并公开曝光典型案例，对全民参与起到了很好的"动员"作用。公众参与下，拓宽了信息获取渠道，有效解决了信息不对称问题，推动了环保督察制度的有效实施。

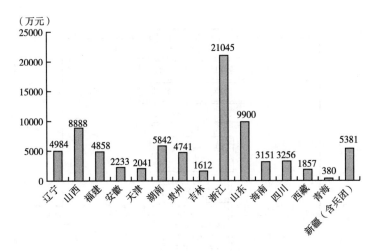

图3-5 第一轮环保督察罚款情况

资料来源：生态环境部官方网站（http://www.mee.gov.cn/）及各市政府门户网站。

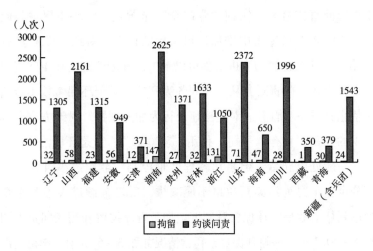

图3-6 第一轮环保督察拘留和问责情况

资料来源：生态环境部官方网站（http://www.mee.gov.cn/）及各市政府门户网站。

3.2.2 环保督察影响的演化博弈分析

如前所述，环保督察是中央层面推动的对地方政府环保政策落实、污染企业违法排污控制的制度创新，主要通过立案处罚和问责约谈等政治处罚自上而下传导负向激励，达到大气污染由地方政府监管和企业整改共同作用的理想策略组合。本节构建中央政府、地方政府和污染企业三主体演化博弈模型，探究加入监管主体，以及在政治惩罚和环境指标考核政策下能否有效地实现大气污染治理。

3.2.2.1　模型假设

以中央政府、地方政府和污染企业为研究对象，本节提出演化博弈模型基本假设如下：

1. 博弈策略假设

中央政府负责督察地方政府和污染企业是否根据环境法规要求对大气污染进行治理，并防止后两者隐瞒污染事实，中央政府的策略选择为"督察"和"不督察"。地方政府对污染企业行为负责，污染企业选择遵守环境法规或与地方政府合谋规避环境法规（张明等，2023）。由于政府部门和企业通常处于不对等地位，环境法规执行的信息不对称使得利益相关方产生博弈关系。当中央政府选择"督察"时，地方政府和污染企业需要执行或遵守环境法规，否则它们将遭受因串通或单方面违约而导致的处罚。在这种情况下，地方政府有两种策略选择，即"监管"和"不监管"，污染企业也有两种策略选择，即"整改"和"不整改"。

初始阶段，污染企业进行整改的概率为 X，则污染企业不进行整改或消极整改的概率为 $1-X$；地方政府监管污染企业的概率为 Y，则地方政府选择不监管或消极监管的概率为 $1-Y$；中央政府督察地方政府的概率为 Z，则中央政府选择不督察或消极督察的概率为 $1-Z$；X，Y，$Z \in [0, 1]$，均为时间 t 的函数。

2. 主体理性假设

通过对行动策略成本与收益进行计算，并结合目标偏差采取行动策略的应对、模仿或学习，中央政府、地方政府和污染企业表现出博弈主体有限理性特点。

3. 博弈支付假设

中央政府、地方政府和污染企业在大气污染治理博弈中的收益矩阵由它们的净收益（收益－成本）组合而成（张明等，2020）。对于污染企业来说，其收益和成本主要包括清洁生产所带来的经济收益、大气污染治理成本，以及需要缴纳的一定数量的环境税费。对于地方政府来说，其收益和成本主要包括大气污染治理的环境收益和经济收益，以及监管成本、可能的政治处罚等。其中，经济绩效和环境收益由属地政府和中央政府共享，故属地经济和环境收益按照一定的影响系数纳入模型；政绩考核是影响地方政府是否进行监管决策的重要因素，一旦地方官员被督察到污染治理不作为、乱作为或存在违法乱纪行为，就会受到中央政府对其实施的问责约谈处罚。对于中央政府来说，组建督察工作领导小组、入驻被督察地方、开展督察行动，均会产生一定费用，但考虑到中央环保督察主要采取现场抽查工作方式，尽管督察范围包括全国各省份，也难以覆盖全部样本，中央政府督察成本将小于地方政府监管成本，且督察成本、环境税费、政治处罚等还会受到自身督察力度系数的影响。此外，污染企业是承担治理费用的直接主体，地方政府监管成本小于污染企业的整改成本。当中央政府、地方政府和污染企业均选择大气污染治理不作为时，它们各自的成本支付为零。具体模型参数及释义见表 3 - 1。

表 3 - 1 模型参数及释义

参数	参数含义
C_1	污染企业选择进行整改的成本
R_1	污染企业选择进行整改的经济收益
R_2	污染企业选择不进行整改的经济收益
ΔR	污染企业选择进行整改的大气污染治理净收益
C_2	地方政府选择监管的成本
F_1	污染企业选择整改时所缴纳的环境税费
F_2	污染企业选择不整改时所缴纳的环境税费

参数	参数含义
α	地方政府环境税费占比影响系数
β	地方政府大气污染治理环境收益占比影响系数
C_3	中央政府开展环保督察的成本
γ	中央政府开展环保督察的力度影响系数
K	中央政府督察到地方政府不作为时给予的政治处罚
δ	大气环境质量指标在地方政府政绩考核中的权重系数
H	污染企业选择整改时的大气污染物排放削减量
P	污染企业选择不整改时的大气污染物排放增加量

3.2.2.2 模型构建

根据上述问题描述和研究假设，博弈主体的收益矩阵见表3-2。

表3-2 博弈收益矩阵

企业	中央政府督察（Z）		中央政府不督察（1-Z）	
	地方政府监管（Y）	地方政府不监管（1-Y）	地方政府监管（Y）	地方政府不监管（1-Y）
整改（X）	$\begin{bmatrix} -C_1+R_1-F_1 \\ -C_2+\alpha F_1+\Delta R \\ +\delta H \\ -C_3+(1-\alpha)F_1 \\ +\beta\Delta R \end{bmatrix}$	$\begin{bmatrix} -C_1+R_1-F_1 \\ \Delta R-K+\delta H \\ -C_3+F_1+\beta\Delta R \end{bmatrix}$	$\begin{bmatrix} -C_1+R_1-F_1 \\ -C_2+\alpha F_1+\delta\Delta R \\ +\delta H \\ -\gamma C_3+(1-\alpha)F_1 \\ +\beta\Delta R \end{bmatrix}$	$\begin{bmatrix} -C_1+R_1-\gamma F_1 \\ \delta\Delta R-K+\delta H \\ -\gamma C_3+\gamma F_1 \\ +\beta\Delta R \end{bmatrix}$
不整改（1-X）	$\begin{bmatrix} R_2-F_2 \\ -C_2+\alpha F_2-\delta P \\ -C_3+(1-\alpha)F_2 \end{bmatrix}$	$\begin{bmatrix} R_2-F_2 \\ -K-\delta P \\ -C_3+F_2 \end{bmatrix}$	$\begin{bmatrix} R_2-F_2 \\ -C_2+\alpha F_2-\delta P \\ -\gamma C_3+(1-\alpha)F_2 \end{bmatrix}$	$\begin{bmatrix} R_2-\gamma F_2 \\ -\gamma K \\ -\gamma C_3+\gamma F_2 \end{bmatrix}$

注：每个矩阵支付从上至下分别表示污染企业净收益、地方政府净收益和中央政府净收益。

1. 污染企业的复制动态方程

污染企业选择整改策略和不整改策略的期望收益分别记为U_X、$U_{\bar{X}}$，平均期望收益记为$\overline{U_X}$。污染企业选择整改策略的期望收益为：

$$U_X = YZ[-C_1 + R_1 - F_1] + (1-Y)Z[-C_1 + R_1 - F_1]$$
$$+ Y(1-Z)[-C_1 + R_1 - F_1]$$
$$+ (1-Y)(1-Z)[-C_1 + R_1 - \gamma F_1]$$
$$= (YZ - Z - Y)[(1-\gamma)F_1] - C_1 + R_1 - \gamma F_1$$

污染企业选择不整改策略的期望收益为：

$$U_{\bar{X}} = YZ[R_2 - F_2] + (1-Y)Z[R_2 - F_2] + Y(1-Z)[R_2 - F_2]$$
$$+ (1-Y)(1-Z)[R_2 - \gamma F_2]$$
$$= (YZ - Y - Z)[(1-\gamma)F_2] + R_2 - \gamma F_2$$

污染企业的平均期望收益为：

$$\overline{U_X} = X U_X + (1-X) U_{\bar{X}}$$

则污染企业选择整改策略的复制动态方程为：

$$\frac{dX}{dt} = X(U_X - \overline{U_X})$$
$$= X(1-X)(U_X - U_{\bar{X}})$$
$$= X(1-X)[(YZ - Z - Y)(1-\gamma)(F_1 - F_2)$$
$$- C_1 + R_1 - R_2 - \gamma(F_1 - F_2)] \quad (3-1)$$

2. 地方政府的复制动态方程

地方政府选择监管策略和不监管策略的期望收益分别记为U_Y、$U_{\bar{Y}}$，

平均期望收益记为$\overline{U_Y}$。地方政府选择监管策略的期望收益为：

$$U_Y = XZ[-C_2 + \alpha F_1 + \Delta R + \delta H] + X(1-Z)[-C_2 + \alpha F_1$$
$$+ \Delta R + \delta H] + Z(1-X)[-C_2 + \alpha F_2 - \delta P]$$
$$+ (1-X)(1-Z)[-C_2 + \alpha F_2 - \delta P]$$
$$= X[\alpha F_1 + \Delta R + \delta H - \alpha F_2 + \delta P] - C_2 + \alpha F_2 - \delta P$$

地方政府选择不监管策略的期望收益为：

$$U_{\bar{Y}} = XZ[\Delta R - K + \delta H] + X(1-Z)[\Delta R - K + \delta H]$$
$$+ Z(1-X)[-K-\delta P] + (1-X)(1-Z)[-\gamma K]$$
$$= (XZ-Z)[(1-\gamma)K + \delta P] + X[\Delta R - (1-\gamma)$$
$$K + \delta H] - \gamma K$$

地方政府的平均期望收益为：

$$\overline{U_Y} = Y U_Y + (1-Y) U_{\bar{Y}}$$

则地方政府选择监管策略的复制动态方程为：

$$\frac{\mathrm{d}Y}{\mathrm{d}t} = Y(U_Y - \overline{U_Y})$$
$$= Y(1-Y)(U_Y - U_{\bar{Y}})$$
$$= Y(1-Y)\{(Z-XZ)[(1-\gamma)K + \delta P] + X[\alpha F_1$$
$$- \alpha F_2 + \delta P + (1-\gamma)K] - C_2 + \alpha F_2 - \delta P + \gamma K\}$$

$$(3-2)$$

3. 中央政府的复制动态方程

中央政府选择督察策略和不督察策略的期望收益分别记为 U_Z、$U_{\bar{Z}}$，

平均期望收益记为 $\overline{U_Z}$。中央政府选择督察策略的期望收益为：

$$U_Z = XY[-C_3 + (1-\alpha)F_1 + \beta \Delta R] + (1-X)Y[-C_3$$
$$+ (1-\alpha)F_2] + (1-Y)X[-C_3 + F_1 + \beta \Delta R]$$
$$+ (1-X)(1-Y)[-C_3 + F_2]$$
$$= XY[(-\alpha)(F_1 - F_2)] + X[F_1 - F_2 + \beta \Delta R]$$
$$+ Y[(-\alpha)F_2] - C_3 + F_2$$

中央政府选择不督察策略的期望收益为：

$$U_{\bar{Z}} = XY[-\gamma C_3 + (1-\alpha)F_1 + \beta \Delta R] + (1-X)Y[-\gamma C_3$$
$$+ (1-\alpha)F_2] + (1-Y)X[-\gamma C_3 + \gamma F_1 + \beta \Delta R]$$

65

$$+ (1 - X)(1 - Y)[-\gamma C_3 + \gamma F_2]$$
$$= XY[(1 - \alpha - \gamma)(F_1 - F_2)] + X[\gamma F_1 - \gamma F_2 + \beta \Delta R]$$
$$+ Y[(1 - \alpha - \gamma)F_2] - \gamma(C_3 - F_2)$$

中央政府的平均期望收益为：

$$\overline{U_z} = Z U_z + (1 - Z) U_{\bar{z}}$$

则中央政府选择督察策略的复制动态方程为：

$$\frac{\mathrm{d}Z}{\mathrm{d}t} = Z(U_z - \overline{U_z})$$

$$= Z(1 - Z)(U_z - U_{\bar{z}})$$

$$= Z(1 - Z)\{(X - XY)(1 - \gamma)(F_1 - F_2)$$

$$- Y(1 - \gamma)F_2 - (1 - \gamma)(C_3 - F_2)\} \qquad (3-3)$$

联立式（3-1）~式（3-3），得到中央政府、地方政府和污染企业选择理想策略组合时的复制动态系统：

$$\begin{cases} \dfrac{\mathrm{d}X}{\mathrm{d}t} = X(1 - X)[(YZ - Z - Y)(1 - \gamma)(F_1 - F_2) - C_1 + R_1 \\ \qquad - R_2 - \gamma(F_1 - F_2)] \\ \dfrac{\mathrm{d}Y}{\mathrm{d}t} = Y(1 - Y)\{(Z - XZ)[(1 - \gamma)K + \delta P] + X[\alpha F_1 \\ \qquad - \alpha F_2 + \delta P + (1 - \gamma)K] - C_2 + \alpha F_2 - \delta P + \gamma K\} \\ \dfrac{\mathrm{d}Z}{\mathrm{d}t} = Z(1 - Z)\{(X - XY)(1 - \gamma)(F_1 - F_2) \\ \qquad - Y(1 - \gamma)F_2 - (1 - \gamma)(C_3 - F_2)\} \end{cases} \qquad (3-4)$$

为了简化运算过程，令 $-(1 - \gamma)(F_1 - F_2) = a$，$-C_1 + R_1 - R_2 - \gamma(F_1 - F_2) = b$，$(1 - \gamma)K - \delta P = c$，$\alpha F_1 - \alpha F_2 + \delta P + (1 - \gamma)K = h$，$-C_2 + \alpha F_2 - \delta P + \gamma K = e$，$(1 - \gamma)F_2 = f$，$-(1 - \gamma)(C_3 - F_2) = g$，代入（3-4）式，得到化简后的复制动态系统：

$$\begin{cases} \dfrac{\mathrm{d}X}{\mathrm{d}t} = X(1-X)\big[a(Y+Z-YZ)+b\big] \\[2mm] \dfrac{\mathrm{d}Y}{\mathrm{d}t} = Y(1-Y)\big[c(Z-XZ)+hX+e\big] \\[2mm] \dfrac{\mathrm{d}Z}{\mathrm{d}t} = Z(1-Z)\big[a(XY-X)-fY+g\big] \end{cases} \qquad (3-5)$$

3.2.2.3　稳定性分析

1. 污染企业的渐进稳定性分析

令 $F(X) = \dfrac{\mathrm{d}X}{\mathrm{d}t} = X(1-X)\big[a(Y+Z-YZ)+b\big] = 0$，可得 $X_1 = 0$，$X_2 = 1$，

$Y = \dfrac{-b-aZ}{a(1-Z)}$。其中，$X_1 = 0$，$X_2 = 1$ 是污染企业的可能稳定策略。对 $F(X)$

求偏导，有 $\dfrac{\mathrm{d}F(X)}{\mathrm{d}X} = (1-2X)\big[a(Y+Z-YZ)+b\big]$。根据复制动态方程的

稳定性定理可知，当 $F(X)=0, \dfrac{\mathrm{d}F(X)}{\mathrm{d}X}<0$ 时，此时 X 是污染企业的演化

稳定策略。具体讨论如下：

（1）当 $a(Y+Z-YZ)+b=0$ 时，$F(X)=0$，对所有的 $X\in[0,1]$ 均属
于稳定水平，即此时污染企业的选择策略不随时间变化而变化。

（2）当 $a(Y+Z-YZ)+b<0$ 时，不整改是污染企业的演化稳定策略。

证明：当 $a(Y+Z-YZ)+b<0$ 时，代入 $\dfrac{\mathrm{d}F(X)}{\mathrm{d}X} = (1-2X)\big[a(Y+Z-$

$YZ)+b\big]$，可知：

$\dfrac{\mathrm{d}F(X)}{\mathrm{d}X}\big|_{X=0}<0$，即 $X_1=0$ 是污染企业的演化稳定策略，污染企业选择
不整改。

$\dfrac{\mathrm{d}F(X)}{\mathrm{d}X}\big|_{X=1}>0$，即 $X_2=1$ 不是污染企业的演化稳定策略，污染企业选
择不整改。

（3）当 $a(Y+Z-YZ)+b>0$ 时，整改是污染企业的演化稳定策略。

证明：当 $a(Y+Z-YZ)+b>0$ 时，代入 $\dfrac{\mathrm{d}F(X)}{\mathrm{d}X}=(1-2X)[a(Y+Z-YZ)+b]$，可知：

$\dfrac{\mathrm{d}F(X)}{\mathrm{d}X}|_{X=0}>0$，即 $X_1=0$ 不是污染企业的演化稳定策略，污染企业选择整改。

$\dfrac{\mathrm{d}F(X)}{\mathrm{d}X}|_{X=1}<0$，即 $X_2=1$ 是污染企业的演化稳定策略，污染企业选择整改。

因此，污染企业选择进行整改的成本 C_1、选择进行整改的经济收益 R_1、选择不进行整改的经济收益 R_2、选择整改时所缴纳的环境税费 F_1、选择不整改时所缴纳的环境税费 F_2 以及中央政府开展环保督察的力度系数 γ 均是影响污染企业策略选择的主要因素。

2. 地方政府的渐进稳定性分析

令 $F(Y)=\dfrac{\mathrm{d}Y}{\mathrm{d}t}=Y(1-Y)[c(Z-XZ)+hX+e]$，可得 $Y_1=0$，$Y_2=1$，$X=\dfrac{cZ+e}{cZ-h}$。其中，$Y_1=0$，$Y_2=1$ 是地方政府的可能稳定策略。对方程 $F(Y)=0$ 求偏导，有 $\dfrac{\mathrm{d}F(Y)}{\mathrm{d}Y}=(1-2Y)[c(Z-XZ)+hX+e]$。根据复制动态方程的稳定性定理可知，当 $F(Y)=0$，$\dfrac{\mathrm{d}F(Y)}{\mathrm{d}Y}<0$ 时，此时 Y 是地方政府的演化稳定策略。具体讨论如下：

（1）当 $c(Z-XZ)+hX+e=0$ 时，$F(Y)=0$，对所有的 $Y\in[0,1]$ 均属于稳定水平，即此时地方政府的选择策略不随时间变化而变化。

（2）当 $c(Z-XZ)+hX+e<0$ 时，不监管是地方政府的演化稳定策略。

证明：当 $c(Z-XZ)+hX+e<0$ 时，代入 $\dfrac{\mathrm{d}F(Y)}{\mathrm{d}Y}=(1-2Y)[c(Z-XZ)+hX+e]$，可知：

$\dfrac{\mathrm{d}F(Y)}{\mathrm{d}Y}\big|_{Y=0}<0$，即 $Y_1=0$ 是地方政府的演化稳定策略，地方政府选择不监管。

$\dfrac{\mathrm{d}F(Y)}{\mathrm{d}Y}\big|_{Y=1}>0$，即 $Y_2=1$ 不是地方政府的演化稳定策略，地方政府选择不监管。

（3）当 $c(Z-XZ)+hX+e>0$ 时，监管是地方政府的演化稳定策略。

证明：当 $(Z-XZ)+hX+e>0$ 时，代入 $\dfrac{\mathrm{d}F(Y)}{\mathrm{d}Y}=(1-2Y)\big[c(Z-XZ)+hX+e\big]$，可知：

$\dfrac{\mathrm{d}F(Y)}{\mathrm{d}Y}\big|_{Y=0}>0$，即 $Y_1=0$ 不是地方政府的演化稳定策略，地方政府选择监管。

$\dfrac{\mathrm{d}F(Y)}{\mathrm{d}Y}\big|_{Y=1}<0$，即 $Y_2=1$ 是地方政府的演化稳定策略，地方政府选择监管。

因此，地方政府选择监管的成本 C_2、污染企业选择整改时所缴纳的环境税费 F_1、污染企业选择不整改时所缴纳的环境税费 F_2、中央政府开展环保督察的力度系数 γ、中央政府督察到地方政府不作为时给予的政治处罚 K、大气环境质量指标在地方政府政绩考核中的权重系数 δ、污染企业选择整改时大气污染物排放削减量 H、污染企业选择不整改时大气污染物排放增加量 P 均是影响地方政府策略选择的主要因素。

3. 中央政府的渐进稳定性分析

令 $F(Z)=\dfrac{\mathrm{d}Z}{\mathrm{d}t}=Z(1-Z)\big[a(XY-X)-fY+g\big]$，则可得 $Z_1=0$，$Z_2=1$，$X=\dfrac{fY-g}{a(Y-1)}$。其中，$Z_1=0$，$Z_2=1$ 是中央政府的可能的稳定策略。对方程 $F(Z)$ 求偏导，有 $\dfrac{\mathrm{d}F(Z)}{\mathrm{d}Z}=(1-2Z)\big[a(XY-X)-fY+g\big]$。根据复制动态方程的稳定性定理可知，当 $F(Z)=0$，$\dfrac{\mathrm{d}F(Z)}{\mathrm{d}Z}<0$ 时，此时 Z 是中央

政府的演化稳定策略。具体讨论如下：

（1）当 $a(XY-X)-fY+g=0$ 时，$F(Z)=0$，对所有的 $Z\in[0,1]$ 均属于稳定水平，即此时中央政府的选择策略不随时间变化而变化。

（2）当 $a(XY-X)-fY+g<0$ 时，不督察是中央政府的演化稳定策略。

证明：当 $a(XY-X)-fY+g<0$ 时，代入 $\dfrac{\mathrm{d}F(Z)}{\mathrm{d}Z}=(1-2Z)[a(XY-X)-fY+g]$，可知：

$\dfrac{\mathrm{d}F(Z)}{\mathrm{d}Z}\big|_{Z=0}<0$，即 $Z_1=0$ 是中央政府的演化稳定策略，中央政府选择不督察。

$\dfrac{\mathrm{d}F(Z)}{\mathrm{d}Z}\big|_{Z=1}>0$，即 $Z_2=1$ 不是中央政府的演化稳定策略，中央政府选择不督察。

（3）当 $a(XY-X)-fY+g>0$ 时，督察是中央政府的演化稳定策略。

证明：当 $a(XY-X)-fY+g>0$ 时，代入 $\dfrac{\mathrm{d}F(Z)}{\mathrm{d}Z}=(1-2Z)[a(XY-X)-fY+g]$，可知：

$\dfrac{\mathrm{d}F(Z)}{\mathrm{d}Z}\big|_{Z=0}>0$，即 $Z_1=0$ 不是中央政府的演化稳定策略，中央政府选择督察。

$\dfrac{\mathrm{d}F(Z)}{\mathrm{d}Z}\big|_{Z=1}<0$，即 $Z_2=1$ 是中央政府的演化稳定策略，中央政府选择督察。

因此，中央政府开展环保督察的督察成本 C_3、污染企业选择整改时所缴纳的环境税费 F_1、污染企业选择不整改时所缴纳的环境税费 F_2、中央政府开展环保督察的力度系数 γ、中央政府督察到地方政府不作为时给予的政治处罚 K、大气环境质量指标在地方政府政绩考核中的权重系数 δ、污染企业选择整改时大气污染物排放削减量 H、污染企业选择不整改时大气污染物排放增加量 K 均是影响中央政府策略选择的主要因素。

4. 混合策略均衡点分析

对于三维动力系统，可能存在 1 个混合策略。当 X，Y，$Z \in (0, 1)$ 时，若 $a(Y + Z - YZ) + b = 0$，$c(Z - XZ) + hX + e = 0$，$a(XY - X) - fY + g = 0$，则 $\dfrac{\mathrm{d}X}{\mathrm{d}t} = 0$，$\dfrac{\mathrm{d}Y}{\mathrm{d}t} = 0$，$\dfrac{\mathrm{d}Z}{\mathrm{d}t} = 0$ 同样成立，求解可得混合策略 (X^*, Y^*, Z^*)。

根据李雅普诺夫（Lyapunov）稳定性理论，雅可比（Jacobian）矩阵的特征值可以用来判断系统均衡点的稳定性。三维动力系统的雅可比矩阵见式 (3-6)：

$$
J = \begin{bmatrix}
\dfrac{\mathrm{d}F(X)}{\mathrm{d}X} & \dfrac{\mathrm{d}F(X)}{\mathrm{d}Y} & \dfrac{\mathrm{d}F(X)}{\mathrm{d}Z} \\[2mm]
\dfrac{\mathrm{d}F(Y)}{\mathrm{d}X} & \dfrac{\mathrm{d}F(Y)}{\mathrm{d}Y} & \dfrac{\mathrm{d}F(Y)}{\mathrm{d}Z} \\[2mm]
\dfrac{\mathrm{d}F(Z)}{\mathrm{d}X} & \dfrac{\mathrm{d}F(Z)}{\mathrm{d}Y} & \dfrac{\mathrm{d}F(Z)}{\mathrm{d}Z}
\end{bmatrix}
$$

$$
= \begin{bmatrix}
(1-2X)\big[a(Y+Z-YZ)\big]+b & aX(1-X)(1-Z) & aX(1-X)(1-Y) \\[2mm]
(-cZ+h)Y(1-Y) & (1-2Y)\big[c(Z-XZ)+hX+e\big] & cY(1-Y)(1-X) \\[2mm]
-aZ(1-Z)(1-Y) & (aX-f)Z(1-Z) & (1-2Z)\big[a(XY-X)-fY+g\big]
\end{bmatrix}
$$

$$(3-6)$$

由李雅普诺夫稳定性条件可知：稳定点的条件是雅可比矩阵的特征值符号全部为负，此时这个点是渐进稳定的，也称"汇"；不稳定点的条件是雅可比矩阵特征值的符号全部为正，此时这个点是不稳定的，会随着约束条件的变化而变化，也称"源"；当特征值符号为一正两负或者一负两正时，此时的均衡点称"鞍点"。博弈模型的纯策略均衡点及其特征值见表 3-3。

表 3-3 三维动力系统的纯策略均衡点及其特征值

均衡点	特征值			渐进稳定性（条件）
	λ_1	λ_2	λ_3	
$E_1(0,0,0)$	b	e	g	$b<0,\ e<0,\ g<0$
$E_2(0,0,1)$	$a+b$	$c+e$	$-g$	$a+b<0,\ c+e<0,\ -g<0$
$E_3(0,1,0)$	$a+b$	$-e$	$g-f$	$a+b<0,\ -e<0,\ g-f<0$
$E_4(1,0,0)$	$-b$	$h+e$	$g-a$	$-b<0,\ h+e<0,\ g-a<0$
$E_5(0,1,1)$	$a+b$	$-c-e$	$f-g$	不稳定
$E_6(1,0,1)$	$-a-b$	$h+e$	$a-g$	$-a-b<0,\ h+e<0,\ a-g<0$
$E_7(1,1,0)$	$-a-b$	$-h-e$	$g-f$	$-a-b<0,\ -h-e<0,\ g-f<0$
$E_8(1,1,1)$	$-a-b$	$-h-e$	$f-g$	不稳定

根据表 3-3，以 $E_1(0,0,0)$ 为例讨论渐进稳定点满足的条件。此时雅可比矩阵的特征值为 $\lambda_1=b$，$\lambda_2=e$，$\lambda_3=g$，满足条件 $b<0$，$e<0$，$g<0$，则 $E_1(0,0,0)$ 为渐进稳定的，三主体博弈动态复制系统在均衡点 $E_1(0,0,0)$ 处的雅可比矩阵为：

$$J=\begin{bmatrix} b & 0 & 0 \\ 0 & e & 0 \\ 0 & 0 & g \end{bmatrix}$$

同理，根据各均衡点的特征值，分析其符号正负，判断各点的渐进稳定性，可以得到 $E_2 \sim E_8$ 各均衡点的渐进稳定性。$E_5(0,1,1)$ 和 $E_8(1,1,1)$ 的特征值 $\lambda_3=f-g=(1-\lambda_2)C_3<0$，因此，$E_5(0,1,1)$ 和 $E_8(1,1,1)$ 是不稳定点，为"源"。若 $\lambda_1>0$，$\lambda_2>0$，则 $E_5(0,1,1)$ 和 $E_8(1,1,1)$ 为不稳定点；若 $\lambda_1<0$ 或 $\lambda_2<0$，则 $E_5(0,1,1)$ 和 $E_8(1,1,1)$ 为"鞍点"。

3.2.2.4 仿真模拟

1. 基准仿真

本节模型系统中需要赋值的参数有 C_1、C_2、C_3、R_1、R_2、F_1、F_2、α、β、γ、K、δ、H、P。其中，C_1 是污染企业选择进行整改的成本，一般采

用"工业企业当年完成环保验收项目环保投资"数据赋值，按照参数比例
关系，令 $C_1 = 10$。C_2 是地方政府选择监管的成本，一般采用排污费收入进
行度量，令 $C_2 = 3$。中央政府选择开展环保督察的成本 C_3 小于地方政府选
择监管的成本 C_2，故令 $C_3 = 1$。F_1 是污染企业选择整改时所缴纳的环境税
费，根据我国的《环境保护税法》规定，纳税人排放应税大气污染物浓度
低于国家和地方规定的污染物排放标准的 50%，按 50% 征收环境保护税，
因此令 $F_1 = 0.5 F_2$。F_2 是污染企业选择不整改时所缴纳的环境税费，采用
排污费数据赋值，令 $F_1 = 2$，$F_2 = 4$。为了便于分析，本节设污染企业经济
收益等于成本，即 $R_1 = 10$，$R_2 = 1$。由于当 $\gamma = 0$ 或 $\gamma = 1$ 时，收益矩阵为
对称矩阵，设置步长为 0.1，则 $\gamma \in [0.1, 0.9]$，令初始状态 $\gamma = 0.5$。α
是地方政府环境税费占比影响系数，令其初始状态 $\alpha = 0.5$。K 是中央政府
督察到地方政府不作为时给予的政治处罚，一般采用约谈、问责等方式，
令其初始状态 $K = 1$。δ 是大气环境质量指标在地方政府政绩考核中的权重
系数，环保督察制度下大气污染治理的环境绩效直接与地方政府政绩考核
挂钩，令其初始状态 $\delta = 0.2$。H 是污染企业选择整改时大气污染物排放削
减量，P 是污染企业选择不整改时大气污染物排放增加量，采用"工业企
业主要污染物排放量"数据赋值，令 $H = 1$，$P = 2$。

　　基于初始情景的参数设定，本节得到系统演化的稳定性结果见表 3 - 4。
由表 3 - 4 可知，$E_6(1, 0, 1)$ 是初始情景下的系统稳定点，即当系统稳
定时，污染企业选择整改策略，地方政府选择不监管策略，中央政府选择
督察策略；此状态下的系统仿真演化趋势如图 3 - 7 所示。根据这一均衡
结果，初始情景下，中央政府督察对污染企业的整改策略实施激励有效，
对地方政府的监管策略实施激励失效。这与夏瑛等（2021）的观点一致，
反映即使面临中央政府带来的上级督察压力，地方政府在大气污染治理的
整改回应中仍然存在着强弱差异，并由此降低了督察政策工具的作用效
果。也就是说，一方面，中央环保督察制度执行对企业大气污染治理产生
了良好的直接效果，表现出对中央环保督察制度的肯定，另一方面，博弈
主体并未达到（不督察，监管，整改）的理想策略组合，表现出地方政府

尚未承担污染治理主体的环境责任，环保督察制度的积极效果可能只是短期的或暂时的。当初始情景下的假设条件和数值模拟发生变化时，博弈演化的稳定策略将随之发生变化。因此，制度设计需要寻求激励地方政府进行监管的政策工具以及有效条件，达到实现大气污染治理长效化的根本目的。

表3-4　　　　　　　　　　初始情景下系统演化稳定性结果

均衡点	E_1 $(0,0,0)$	E_1 $(0,0,0)$	E_3 $(0,1,0)$	E_4 $(1,0,0)$	E_5 $(0,1,1)$	E_6 $(1,0,1)$	E_7 $(1,1,0)$	E_8 $(1,1,1)$
λ_1	0	+	+	−	+	−	−	−
λ_2	−	−	−	−	+	−	+	+
λ_3	−	+	−	+	+	−	−	+
稳定性	鞍点	鞍点	鞍点	鞍点	不稳定点	稳定点	鞍点	鞍点

注："+"表示该值大于0，"−"表示该值小于0。

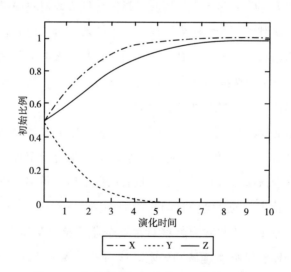

图3-7　初始情景下三主体演化稳定均衡点

2. 策略概率变化对系统演化速度和路径的影响

（1）污染企业和地方政府策略概率变化对中央政府演化路径影响。这里，其他参数保持不变，通过设置四组不同初始概率情景，对污染企业和地方政府策略初始概率变化影响中央政府演化路径的仿真结果进行比较分析。四组初始概率情景分别是：（a）$X=0.2$，$Y=0.5$；（b）$X=0.4$，$Y=0.5$；（c）$X=0.2$，$Y=0.4$；（d）$X=0.2$，$Y=0.2$。基于参数设置，当$Z=0.8$、0.6、0.4时，得到仿真模拟结果如图3-8所示。

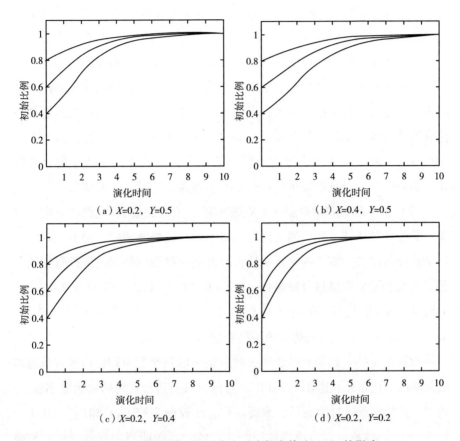

（a）$X=0.2$，$Y=0.5$ （b）$X=0.4$，$Y=0.5$

（c）$X=0.2$，$Y=0.4$ （d）$X=0.2$，$Y=0.2$

图3-8 初始概率不同对中央政府督察策略（Z）的影响

根据图3-8可知，污染企业和地方政府策略的初始概率均会对中央政府督察策略的演化路径和速度产生影响，且中央政府选择督察的初始概率越大，博弈到达稳定点的时间越短，速度越快。比较图3-8(a)和图3-8(b)，图3-8(b)的情景收敛速度快于图3-8(a)，表明当地方政府监管策略的初始概率不变时，污染企业整改策略的初始概率越大，中央政府演化到达督察策略的速度越快。比较图3-8(a)和图3-8(c)，图

3-8（c）的情景收敛速度快于图3-8(a)，表明当污染企业整改策略的初始概率不变时，地方政府监管策略的初始概率越小，中央政府演化到达督察策略的速度越快。比较图3-8(b) 和图3-8(d)，图3-8(d) 的情景收敛速度快于图3-8 (b)，表明当污染企业整改和地方政府监管策略的初始概率均较低时，中央政府演化到达督察策略的速度更快，即污染企业选择整改策略的初始概率较大，地方政府选择不监管策略的初始概率较小时，中央政府短时间内趋向于不督察策略，而后又以较快速度趋向于督察策略，这正体现了中央环保督察制度的设计初衷，通过对放松监管和不监管的地方政府加强环保督察，实现企业大气污染物减排的目标。据此，中央政府在制定大气污染治理政策时要结合具体情况，灵活作出合理安排，避免大气污染整治简单化——平时不作为，急时"一刀切"。

（2）中央政府和污染企业策略概率变化对地方政府演化路径影响。这里，其他参数保持不变，通过设置四组不同初始概率情景，对中央政府和污染企业策略初始概率变化影响地方政府演化路径的仿真结果进行比较分析。四组初始概率情景分别是：（a）$X=0.2$，$Z=0.5$；（b）$X=0.4$，$Z=0.5$；（c）$X=0.2$，$Z=0.4$；（d）$X=0.2$，$Z=0.2$。基于参数设置，当$Y=0.8$、0.6、0.4时，得到仿真模拟结果如图3-9所示。

根据图3-9，污染企业和中央政府策略的初始概率均会对地方政府监管策略的演化路径和速度产生影响，且地方政府选择监管的初始概率越小，博弈到达稳定点的时间越短，速度越快。比较图3-9(a) 和图3-9(b)，图3-9(a) 的情景收敛速度快于图3-9(b)，表明当中央政府督察策略的初始概率不变时，污染企业整改策略的初始概率越大，地方政府演化到达不监管策略的速度越慢。比较图3-9(a) 和图3-9(c)，图3-9(a) 的情景收敛速度快于图3-9(c)，表明当污染企业整改策略的初始概率不变时，中央政府督察策略的初始概率越小，地方政府演化到达监管策略的速度越慢。比较图3-9(b) 和图3-9(d)，图3-9(d) 的情景收敛速度快于图3-9 (b)，表明当污染企业整改和地方政府监管策略的初始概率均较低时，中央政府演化到达督察策略的速度更快，即中央政府选择督察策

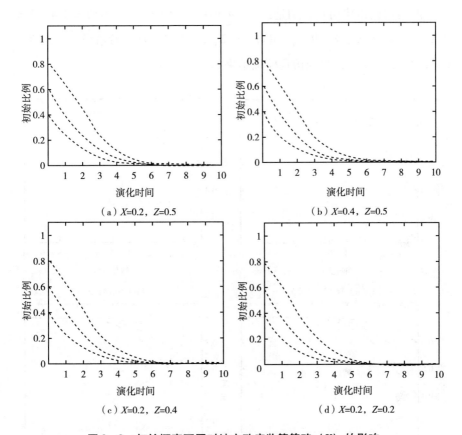

图 3-9 初始概率不同对地方政府监管策略 (Y) 的影响

略的初始概率较低时,地方政府更快速地趋向于不监管策略,而污染企业选择整改策略的初始概率较低时,地方政府也会出于经济层面因素的考虑而选择采取不监管策略。据此,实现大气污染治理的长效性,制度设计需要在激励地方政府更好发挥监管作用上下功夫;也就是说,尽管中央环保督察制度在一定程度上有效促进了企业实施大气污染减排,但在如何督促地方政府发挥监管作用方面,还存在一定的完善空间。

(3)中央政府和地方政府策略概率变化对污染企业演化路径影响。这里,其他参数保持不变,通过设置四组不同初始概率情境,对中央政府和地方政府策略初始概率变化影响污染企业演化路径的仿真结果进行比较分析。四组初始概率情景分别是：（a）$Y=0.2$，$Z=0.5$；（b）$Y=0.4$，$Z=0.5$；（c）$Y=0.2$，$Z=0.4$；（d）$Y=0.2$，$Z=0.2$。基于参数设置，当 $X=0.8$，0.6，0.4 时，得到仿真模拟结果如图 3-10 所示。

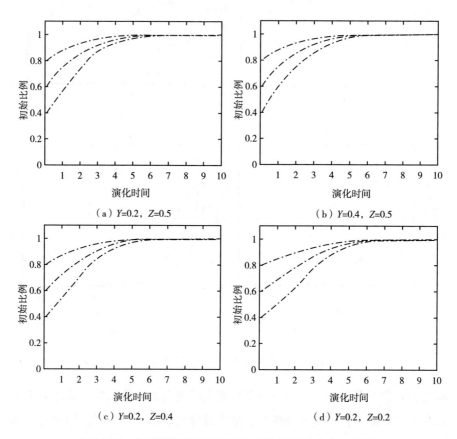

图 3-10　初始概率不同对污染企业整改策略（X）的影响

　　根据图 3-10，中央政府和地方政府策略的初始概率均会对污染企业整改策略的演化路径和速度产生影响，且污染企业选择整改的初始概率越大，博弈到达稳定点的时间越短，速度越快。比较图 3-10（a）和图 3-10（b），图 3-10（a）的情景收敛速度快于图 3-10（b），表明当中央政府督察策略的初始概率不变时，地方政府监管策略的初始概率越大，污染企业演化到达整改策略的速度越快，反映了中央环保督察的制度设计能够起到很好的激励作用，从根本上扭转了大气污染治理的被动局面。比较图 3-10(a) 和图 3-10(c)，图 3-10(a) 的情景收敛速度快于图 3-10(c)，表明当地方政府监管策略的初始概率不变时，中央政府督察策略的初始概率越小，污染企业演化到达整改策略的速度越慢，反映了中央环保督察制度的实施与否，是污染企业选择是否进行污染物排放整改的重要原因之一。比较图 3-10(b) 和图 3-10(d)，图 3-10(b) 的情景收敛速度快于图 3-10(d)，表明当中央政府督察和地方政府监管策略的初始概率均较低时，污染企业演化到达整改策略的速度更慢，即中央政府督察和地方政府监管可以对污染企业起到较为显著的"震慑"和警示作用，有助于企业加快大气污染物排放的整改行动。据此，中央政府开展的自上而下的中央环保督察，借由其压力传导及负向惩罚机制设计，实现了对大气污染治理的基层倒逼，是我国改善大气污染治理的一项重要制度创新。

3. 政策工具变化对系统演化速度和路径的影响

分权治理下，地方政府和污染企业是大气污染治理的责任主体，中央政府的制度设计目标是要充分调动地方政府和污染企业的主动性和积极性，助力地方政府和污染企业突破固有思维和技术、人才瓶颈，形成可持续发展能力。因此，中央环保督察的理想目标是实现在无督察或督察成本为零的情况下，地方政府履行监管职责，提升监管质效，污染企业履行整改职责，确保排放达标。结合表 3-3，此时中央政府、地方政府和污染企业三主体演化博弈对应的稳定点是 $E_7(1, 1, 0)$；作为渐进稳定点，$E_7(1, 1, 0)$ 必须满足三个特征值均为负数，即 $-a-b<0$，$-h-e<0$，$g-f<0$。然而，前述基准分析和数值模拟结果显示，中央环保督察在一定程度上能够激励污染企业选择整改策略，但对于地方政府监管策略的激励失效，不能达到（不督察，监管，整改）的理想策略组合。这可能是因为目前中央环保督察制度还不够成熟，部分制度细节（比如政治处罚、督察成本）或者与其他环境治理工具（比如考核机制、环境税费）未能有效融合，导致对地方政府的激励作用不显著；而本节仿真模拟的参数设置均为平均值，亦可能导致一定的测度误差。接下来有必要调整参数设置，考察政策工具

等制度设计细节变化对中央环保督察作用效果产生的影响。

（1）政治处罚。这里，改变中央政府督察到地方政府不作为时给予政治处罚 K 的大小。在初始情景 $K=1$ 的基础上，以 0.5 为步长，令 $K=1.5$，$K=2$，$K=2.5$，$K=3$，其余参数值与基准情形一致，得到系统仿真模拟演化路径如图 3-11 所示。

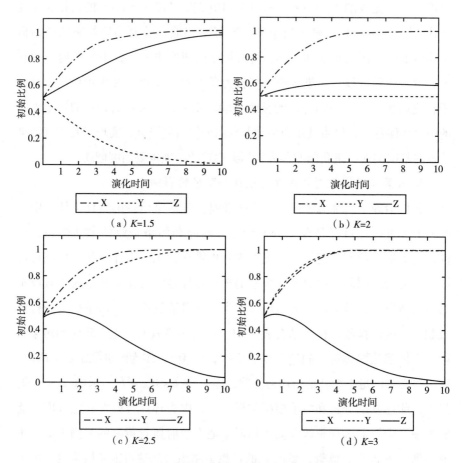

图 3-11 政治处罚对三主体策略选择的影响

根据图 3-11，当 $K=2.5$ 时，$E_7(1, 1, 0)$ 是三维动力系统的渐进稳定点。对比初始情景下的稳定均衡 $E_6(1, 0, 1)$ 可知，提高政治处罚能够改变地方政府的策略选择，使其从不监管策略转变为监管策略。进一步对比图 3-11(c) 和图 3-11(d) 可知，随着政治处罚 K 增大，污染企业演化到整改策略的速度越快，地方政府演化到监管策略的速度和中央政府演化到不督察策略的速度也越快；总之，加大政治处罚力度对地方政府选择监管策略能够起到很好的激励作用。

（2）大气环境质量考核指标。这里，改变大气环境质量考核指标在地方政府政绩考核中的权重系数 δ 的大小。在初始情景 $\delta=0.2$ 的基础上，以 0.2 为步长，令 $\delta=0.4$，$\delta=0.6$，$\delta=0.8$，$\delta=1$，其余参数值与基准情形一致，得到系统仿真模拟演化路径如图 3-12 所示。

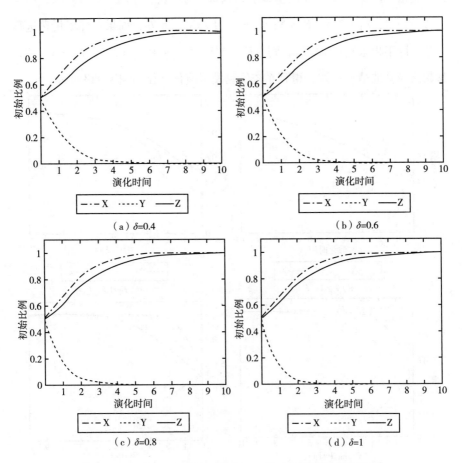

图 3-12　大气环境质量考核指标对三主体策略选择的影响

根据图3-12可知，随着大气环境质量考核指标系数逐渐增大，中央政府选择督察策略的演化速度变快，但是大气环境质量考核指标对地方政府和污染企业的策略选择影响不明显。可能的原因在于大气环境质量考核指标与污染物排放量和污染物增加量密切相关，单纯的权重系数增大带来的激励作用不显著。

（3）污染企业环境税费。这里，改变污染企业选择整改策略时所缴纳的环境税费F_1和污染企业选择不整改策略时所缴纳的环境税费F_2的大小。在初始情景$F_1=2$，$F_2=4$的基础上，以0.5为步长，令$F_1=1$，$F_2=2$；$F_1=1.5$，$F_2=3$；$F_1=2.5$，$F_2=5$；$F_1=3$，$F_2=6$。此外，如果对环境税费进行改革，即不再限定$F_2=2F_1$，则令$F_1=2.5$，$F_2=4$和$F_1=2.5$，$F_2=6$，其余参数值与基准情形一致，得到系统仿真模拟演化路径如图3-13所示。

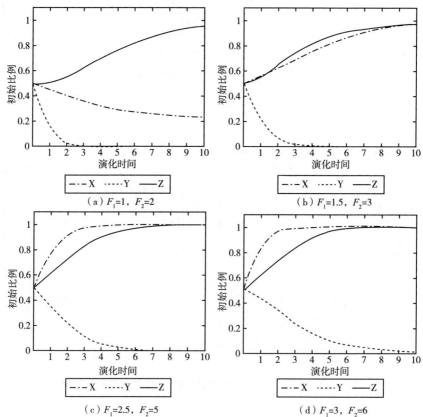

（a）$F_1=1$，$F_2=2$

（b）$F_1=1.5$，$F_2=3$

（c）$F_1=2.5$，$F_2=5$

（d）$F_1=3$，$F_2=6$

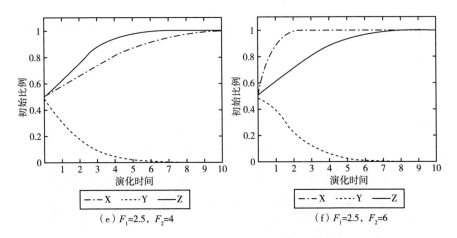

（e）F_1=2.5, F_2=4   （f）F_1=2.5, F_2=6

图3 – 13　污染企业环境税费对三主体策略选择的影响

　　根据图3 – 13，对比图3 – 13（a）和图3 – 13（b）可知，对于污染企业需要缴纳的环境税费而言，提高环境税费，企业出于最大利润考虑，将采取整改策略，但是策略选择与否与环境税率调整幅度的相关度较大，且环境税费调整可以有效调动地方政府的监管积极性，地方政府选择不监管策略的演化速度变慢，更倾向于选择监管策略。同样对比图3 – 13（b）和图3 – 13（c），当环境税费额度增大，污染企业难以承受这一成本支出时，便更快地向着整改策略进行演化。并且，由图3 – 13（d）可知，此时随着环境税费的进一步提高，污染企业倾向于采取整改策略的时间进一步缩短，速度进一步加快。对于中央政府和地方政府而言，低环境税费收益时，双方分别选择不督察和不监管，但是一旦环境税费提高到一定阈值，双方均会改变各自原本的策略，中央政府更趋向于选择督察策略，以此获取更多的收益，地方政府选择不监管策略的速度变慢，更倾向于选择监管策略，从中获取收益。

　　（4）中央政府督察成本。这里，改变中央政府开展环保督察的成本C_3的大小。在初始情景C_3 =1的基础上，以1为步长，令C_3 =2，C_3 =3，C_3 =4，C_3 =5，其余参数值与基准情形一致，得到系统仿真模拟演化路径如图3 – 14所示。

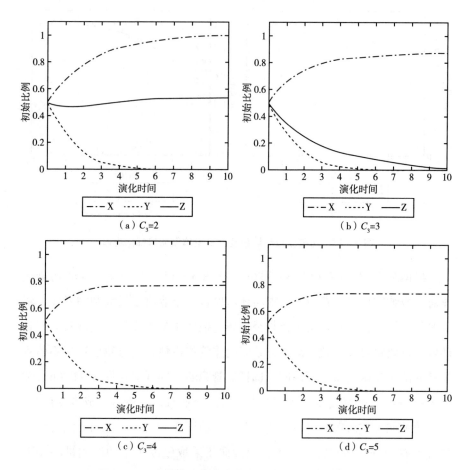

图3-14 中央政府督察成本对三主体策略选择的影响

根据图3-14，环保督察成本是中央政府选择督察策略与否的一个主要影响因素，高的督察成本将不利于中央政府开展环保督察。对比图3-14(a) 和图3-14(b) 可知，随着督察成本的提高，中央政府选择督察策略的时间变长，速度变慢，当督察成本增加到一定程度时，如图3-14(c) 和图3-14(d)，中央政府的最优策略演化为不督察，督察成本成为制约制度效果的主要因素。不难理解，当督察成本高于大气污染治理与监督带来的收益，中央政府就没有主动参与这一制度设计的积极性。中

央政府的这一不督察策略，也会传导到污染企业和地方政府，对它们的
策略选择产生影响，污染企业将由整改策略演化为不整改策略，地方政
府将由监管策略演化为不监管策略。也就是说，一旦督察成本过高，中
央政府、地方政府和污染企业都可能选择放弃大气污染治理；治理大气
污染，合理的督察成本是环境政策工具执行过程中需要考虑的一项重要
内容。

3.3　影响效果分析

　　根据前文对环保督察影响的演化博弈模型的构建和分析，本章已经从
理论上佐证了这一制度的有效性。本节的主要目的是通过实证检验，进一
步研究此种规制工具的实施能否改善环境质量，以及这种改善效应是否可
持续。本节主要运用断点回归分析法（简称 RDD），以环保督察覆盖的
290 个地级市为研究对象，讨论环保督察政策前后 50 天内的政策效果，并
通过对第一轮环保督察和环保督察"回头看"的对比研究，验证其长效机
制，对环境督察的环境改善效果进行总体评估。

3.3.1　模型构建与变量选取

3.3.1.1　模型构建

　　为统筹抓好环境政策的落实，从 2015 年底在河北开展试点到 2018 年
新疆、西藏等地督察工作的结束，中央第一轮环保督察涉及 330 余个城
市，基本覆盖了 31 个省份。以中央督察组进驻当天为开始时间，表 3 - 5
展示了第一轮环保督察和"回头看"行动的开始时间。由于部分数据难以
获得，本章采用 290 个地级市的数据进行研究。

表 3 – 5 各省份环保督察开始时间

第一轮环保督察				环保督察"回头看"	
省份	开始时间	省份	开始时间	省份	开始时间
河北	2016.1.4	福建	2017.4.24	黑龙江	2018.5.30
宁夏	2016.7.12	湖南	2017.4.24	河北	2018.5.31
内蒙古	2016.7.14	辽宁	2017.4.25	江西	2018.6.1
江西	2016.7.14	贵州	2017.4.26	河南	2018.6.1
广西	2016.7.14	安徽	2017.4.27	宁夏	2018.6.1
江苏	2016.7.15	天津	2017.4.28	江苏	2018.6.5
云南	2016.7.15	山西	2017.4.28	广东	2018.6.5
河南	2016.7.16	四川	2017.8.7	云南	2018.6.5
黑龙江	2016.7.19	青海	2017.8.8	内蒙古	2018.6.6
重庆	2016.11.24	海南	2017.8.10	广西	2018.6.7
湖北	2016.11.26	山东	2017.8.10		
上海	2016.11.28	浙江	2017.8.11		
广东	2016.11.28	新疆	2017.8.11		
陕西	2016.11.28	吉林	2017.8.11		
北京	2016.11.29	西藏	2017.8.15		
甘肃	2016.11.30				

对于某些研究，随机实验实际上是不可能的，或者理论上是不合理的，断点回归设计把断点附近的局部区域视为随机试验，给出了非随机但严格基于条件分配的条件，可以对作用效果进行无偏估计。因此，断点回归设计作为一种识别变量因果关系的研究方法，近年来被广泛应用于政策评估的实证研究中。根据断点处个体受到处理概率的不同，可以将断点回归设计分为两类。第一类，断点处概率直接从 0 变化到 1，适用于精确断点回归；第二类，断点处的概率逐渐从 a 变化到 b，且 $0<a<b<1$，此时适用于模糊断点回归。

对于大气污染治理来说，环保督察制度是突然实施的环境政策，具有外生性，在政策实施的前后，如果除政策本身，其他的变量在此期间都是连续的，那么这一政策就可以被认定为影响这一时期空气质量的主要因素,即环保督察制度对大气治理产生了一定的作用。因此,通过构造一个断点,可以评估外生的政策变换对大气污染的影响,本节建立 SRD 模型分析 2015 年以来环保督察制度建立的一段时间内大气污染治理的局部效应。选择 SRD 模型主要基于两个方面的思考。一方面,针对局部区域的估计可以避免多项环保政策的交叉效应,从局部有效估计环保督察政策的作用效果;另一方面,环保督察制度和"回头看"行动之间的时间间隔较小,SRD 模型可以很好地检验短期内的效果,识别被督察城市两次督察活动时的变化趋势。从实证角度来看,本模型可以评估环保督察制度的有效性,以此回答"环保督察制度真的有效吗?"这一问题。因此,为探究第一轮环保督察制度对大气污染治理的有效性,本书构建以下 SRD 模型:

$$Y_{it} = \beta_0 + \beta_1 Yuetan_1 + \beta_2 f(x) + \beta_3 Yuetan_1 \times f(x) + X_{it} + v_i + \varepsilon_{it}$$

$$(3-7)$$

式(3-7)中,Y_{it} 为被解释变量,本节所使用的空气质量标准为空气质量指数(air quality index,AQI),AQI 是定量描述空气质量状况的无量纲指数。i 代表各个城市,t 代表年份,$Yuetan_1$ 也叫政策虚拟变量,代表第一轮环保督察,表明某个城市 i 在 t 时期被督察,督察小组到达之前,该变量取零值,在督察小组到达之后,该变量取值为 1;v_i 代表每个城市的地区固定效应;X_{it} 是其他控制变量,气象变化是影响大气质量的直接因素,为了确保政策因素不受其他变量干扰,本节加入了督察城市的日度气象状况,主要包括最高气温(H_temp)、最低气温(L_temp)、是否有雨雪(ROS)、最大风速(Windh)、最低风速(Windl)、是否是周六周日(Weekday),用来控制天气因素变化对空气质量的影响。

式(3-7)中,x 是执行变量,用来表示距离中央督察小组到达各个城市当天的天数,督察当天为 0,督察之后大于 0,督察之前小于 0。本节主要关心的变量是 β_1,它表示环保督察政策对地方城市的空气污染的影响,度量了在督察起始日的空气质量跳跃的幅度,捕获了督察前后空气质量的差异。其中,$f(x)$ 是以 x 为自变量的多项式函数,一般为低阶多项式，本节根据各污染物的局部变化趋势特征，选择一阶多项式。如果环保督察制度确实有助于空气污染的治理，对大气治理产生了积极作用，那么断点回归的结果 β_1 应该是负数，说明它显著降低了空气质量指数；如果断点回归结果为正数，说明环保督察制度的作用失效，在研究期间内，此制度无法有效地改善大气质量。

在讨论环保督察"回头看"行动时，由于其与督察的内容不同，政策执行间隔不重叠。因此，为探究环保督察"回头看"行动对大气污染治理的影响，本节建立以下回归模型：

$$Y_{it} = \alpha_0 + \alpha_1 Yuetan_2 + \alpha_2 Yuetan_2 \times f(x) + X_{it} + v_i + \varepsilon_{it} \qquad (3-8)$$

其中，$Yuetan_2$ 代表环保督察"回头看"，其余变量设置同模型式（3-7），不再赘述。

3.3.1.2 变量选取

AQI 数据的测算是根据空气中各种物质的比重、不同的空气污染程度和空气质量状况，将 AQI 分级表示，取值范围为 0~500，数值越大表明污染越严重，总体来说，AQI 较适合于表示城市的短期空气质量状况和变化趋势。因此，本节选取空气质量指数作为主要结果变量。此外，为了避免结果的偶然性，保证实证结果的稳定和可靠，本节还选取了六种主要单项污染物，$PM_{2.5}$、PM_{10}、SO_2、NO_2、CO 和 O_3，作为辅助的结果变量进行回归分析。此部分数据均来自我国的生态环境部。对我国 290 个地级市的日度数据进行分析，基本涵盖第一轮环保督察的全部时期和环保督察"回头看"的全部时期。本节环保督察省份开始时间的数据主要来源于生态环境部官方网站（http://www.mee.gov.cn）及各市政府门户网站。

全样本变量的描述性统计结果见表 3-6，AQI、$PM_{2.5}$ 和 PM_{10} 的均值分别为 74.36 ug/m³、44.62 ug/m³ 和 78.41 ug/m³，均保持在较高水平。但是，AQI 的最小值为 9，最大值为 500；$PM_{2.5}$ 的最小值为 1，最大值为 530ug/m³；PM_{10} 的最小值为 0 ug/m³，最大值为 775ug/m³；说明我国各地级市之间空气质量水平存在较大差异，各地大气治理的任务落实程度受到质疑。

表 3 - 6 　　　　　　　　　变量的描述性统计结果

变量	单位	数量	均值	标准差	最小值	最大值
AQI	无	163207	74.3628	44.8270	9	500
$PM_{2.5}$	微克/立方米	163207	44.6229	37.1714	1	530
PM_{10}	微克/立方米	163207	78.4084	58.0415	0	775
SO_2	微克/立方米	163207	18.1750	21.3425	1	579
NO_2	微克/立方米	163207	29.8815	17.5906	0	187
CO	微克/立方米	163207	0.9817	0.5359	0	12.31
O_3	微克/立方米	163207	60.5199	29.8882	1	255
Weekday	虚拟变量	163207	0.2858	0.4518	0	1
H_temp	摄氏度	163207	19.9843	11.1955	−32	48
L_temp	摄氏度	163207	10.7652	11.7790	−42	37
ROS	虚拟变量	163207	0.3663	0.4818	0	1
Windh	千米/时	163207	2.3003	1.4008	1	12
Windl	千米/时	163207	1.6967	1.1057	1	12

3.3.2　实证检验与结果分析

3.3.2.1　断点分析

根据假设，断点模型是否适用首先要判断 AQI 在 0 处空气质量是否有显著断点，本节以环保督察开始实施为断点，以 200 天的观察期，研究了 AQI 指数在断点附近的变化趋势。作为可视化演示，环保督察的断点情况如图 3 - 15 所示，（a）为第一轮环保督察回归拟合图，（b）为环保督察"回头看"回归拟合图。从图 3 - 15(a) 可以看出，第一轮环保督察之前，290 个地级市的日度 AQI 呈 W 形状，随后呈小幅上升趋势，在环保督察政策实施之后，AQI 在断点处发生了明显的向下跳跃，表明 AQI 在此处有急剧下降，第一轮环保督察实施之后，AQI 又呈 N 形状，有回弹之势。从图 3 - 15(b) 可以发现，环保督察"回头看"开始之前，AQI 呈倒 U 形状，在断点附近出现下降趋势，而后又以 U 形状有略微上升趋势。从这两个图来看，AQI 的变化趋势都在断点附近跳跃，环保督察前后存在明显的分界线，初步证实了断点回归模型在拟合局部处理效应时的适用性。

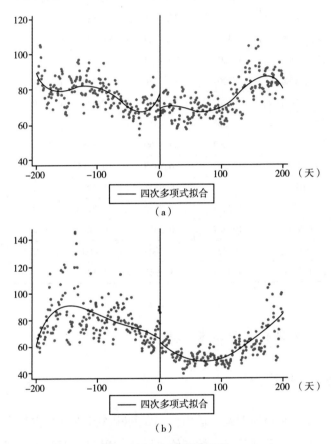

（a）

（b）

图 3 - 15　AQI 断点回归

3.3.2.2　基准回归分析

对于第一轮环保督察和环保督察"回头看"行动的回归结果见表 3 - 7 和表 3 - 8。M1 和 M3 是 OLS 回归结果，如果只使用简单的 OLS 回归，则变量将被忽略，即回归结果可能不准确，因此，有必要用断点回归来消除内生性问题，M2 和 M4 分别是第一轮环保督察和环保督察"回头看"的断点回归结果。

表 3 – 7　　　　　　　　　　第一轮环保督察制度回归结果

变量	M1		M2	
	AQI	AQI	AQI	AQI
$Yuetan_1$	– 2.111 * （ – 0.2690）	– 2.226 * （ – 0.2571）	– 4.486 * （ – 0.5198）	– 4.616 * （ – 0.4853）
Weekday		1.886 * （ – 0.2840）		1.881 * （ – 0.2838）
H_temp		0.617 * （ – 0.0410）		0.673 * （ – 0.0419）
L_temp		– 1.586 * （ – 0.0385）		– 1.589 * （ – 0.0386）
ROS		– 13.760 * （ – 0.2765）		– 13.620 * （ – 0.2779）
Windh		1.411 * （ – 0.3035）		1.513 * （ – 0.3058）
Windl		– 5.193 * （ – 0.3879）		– 5.252 * （ – 0.3891）
带宽		200	200	

注：括号内的数字表示 z 值，＊表示在 10%的统计水平上显著。

表 3 – 8　　　　　　　环保督察制度"回头看"回归结果

变量	M3		M4	
	AQI	AQI	AQI	AQI
$Yuetan_2$	– 21.170 * （ – 0.3729）	– 15.260 * （ – 0.3878）	– 0.134 （ – 0.8974）	– 25.000 * （ – 0.5832）
Weekday		1.823 * （ – 0.3999）		1.859 * （ – 0.3969）
H_temp		1.636 * （ – 0.0633）		2.179 * （ – 0.0665）
L_temp		– 1.884 * （ – 0.0597）		– 2.033 * （ – 0.0602）

续表

变量	M3		M4	
	AQI	AQI	AQI	AQI
ROS		-11.790* (-0.3776)		-9.148* (-0.3893)
Windh		7.449* (-0.4094)		10.920* (-0.3906)
Windl		-9.220* (-0.5126)		-12.630* (-0.4924)
带宽			200	200

注：括号内的数字表示 z 值，* 表示在 10% 的统计水平上显著。

对于第一轮环保督察来说，M1 表明在无控制变量的情况下，第一轮环保督察使 AQI 显著降低了 2.111，在加入控制变量后，第一轮环保督察使 AQI 降低了 2.226；但是断点回归 M2 结果表明，在无控制变量的情况下，第一轮环保督察使 AQI 显著降低了 4.486，在加入控制各项变量后，第一轮环保督察使 AQI 降低了 4.616。所以 OLS 回归低估了环保督察制度对空气质量的改善效果。对于环保督察"回头看"来说，M4 表明环保督察"回头看"使得 AQI 在 10% 的显著性水平上显著降低。两次环保督察均对空气质量产生良好的改善效应，对比两次回归结果，环保督察"回头看"的治理程度更强，对空气质量的改善效果更好。原因在于：对于第一轮环保督察，部分地方政府可能存在"搭便车"或者侥幸的心理，对环保任务不作为或者少作为，整改不到位；而针对整改不明显、空气质量不达标的地方进行二次督察，会对当地政府的声誉造成不良影响。因此，环保督察"回头看"的"震慑"作用更强，各地政府在二次督察后进行环境治理的决心更大，更加重视环境保护问题。

表 3-9 报告了最优带宽下，第一轮环保督察对主要单项污染物的回归结果。第一轮环保督察在 10% 的显著性水平下对 $PM_{2.5}$ 和 PM_{10} 有显著的负面影响，环保督察水平每提高 1%，$PM_{2.5}$ 的平均浓度就降低 3.298ug/m^3。

同时，第一轮环保督察使得 PM_{10} 的平均浓度显著降低了 6.825ug/m³，对于 SO_2、NO_2 浓度也有显著的降低作用，对 CO 浓度的降低作用不显著，使得 O_3 浓度有显著增加。

表 3 – 9　　　　　　　　　第一轮环保督察对主要单项污染物回归结果

变量	$PM_{2.5}$	PM_{10}	SO_2	NO_2	CO	O_3
$Yuetan_1$	– 3.298 * (– 0.4024)	– 6.825 * (– 0.6268)	– 1.730 * (– 0.1961)	– 0.984 * (– 0.1875)	– 0.002 (– 0.0062)	1.939 ** (– 0.7694)
$Weekday$	1.480 * (– 0.2383)	2.420 * (– 0.3664)	0.452 * (– 0.1452)	0.547 * (– 0.1085)	0.007 ** (– 0.0035)	– 4.346 * (– 0.3085)
H_temp	– 0.615 * (– 0.0346)	1.451 * (– 0.0553)	0.539 * (– 0.0206)	– 0.202 * (– 0.0154)	– 0.006 * (– 0.0005)	– 4.346 * (– 0.3085)
L_temp	– 0.354 * (– 0.0314)	– 2.652 * (– 0.0519)	– 1.237 * (– 0.022)	– 0.236 * (– 0.0146)	– 0.010 * (– 0.0005)	– 4.346 * (– 0.3085)
ROS	– 10.400 * (– 0.2302)	– 17.250 * (– 0.3565)	– 3.824 * (– 0.1199)	– 5.870 * (– 0.1065)	– 0.087 * (– 0.0034)	– 4.346 * (– 0.3085)
$Windh$	1.976 * (– 0.2597)	– 0.031 (– 0.3829)	2.335 * (– 0.1695)	0.450 * (– 0.1178)	0.015 * (– 0.0040)	– 4.346 * (– 0.3085)
$Windl$	– 6.992 * (– 0.3265)	– 3.820 * (– 0.4910)	– 4.536 * (– 0.2214)	– 2.962 * (– 0.1493)	– 0.103 * (– 0.0050)	– 4.346 * (– 0.3085)
带宽	200	200	200	200	200	200

注：括号内的数字表示 z 值，＊、＊＊分别表示在 10%、5% 的统计水平上显著。

环保督察"回头看"对主要单项污染物的回归结果见表 3 – 10。对比可知，环保督察"回头看"的效果优于第一轮环保督察。环保督察"回头看"在 10% 的显著性水平下使得 $PM_{2.5}$ 和 PM_{10} 的浓度分别降低了 20.150ug/m³ 和 38.720ug/m³，而第一轮环保督察在相同的显著性水平下使 $PM_{2.5}$ 和 PM_{10} 的浓度分别降低了 3.298ug/m³、6.825ug/m³，这表明环保督察"回头看"对于 $PM_{2.5}$ 和 PM_{10} 的降低作用更强。与第一轮环保督察作用效果相同，环保督察"回头看"也显著降低了 SO_2、NO_2 和 CO 的浓度，增加了 O_3 的浓度。

表 3 – 10   环保督察"回头看"对主要单项污染物回归结果

变量	$PM_{2.5}$	PM_{10}	SO_2	NO_2	CO	O_3
$Yuetan_2$	– 20. 150 * (– 0. 4065)	– 38. 720 * (– 0. 7701)	– 1. 346 * (– 0. 1483)	– 7. 742 * (– 0. 2525)	– 0. 124 * (– 0. 0061)	1. 959 * (– 0. 5374)
$Weekday$	1. 707 * (– 0. 3162)	1. 380 * (– 0. 4887)	– 0. 061 (– 0. 0924)	0. 153 (– 0. 1598)	0. 007 * (– 0. 004)	0. 076 (– 0. 2516)
H_temp	0. 778 * (– 0. 0507)	3. 655 * (– 0. 0878)	0. 498 * (– 0. 0171)	0. 762 * (– 0. 0255)	0. 013 * (– 0. 0007)	1. 720 * (– 0. 0384)
L_temp	– 0. 696 * (– 0. 0447)	– 3. 469 * (– 0. 0800)	– 0. 570 (– 0. 0156)	– 0. 643 * (– 0. 0234)	– 0. 012 * (– 0. 0006)	– 1. 053 * (– 0. 0356)
ROS	– 4. 734 * (– 0. 2987)	– 9. 963 * (– 0. 4808)	– 1. 385 * (– 0. 0858)	– 3. 141 * (– 0. 1565)	0. 021 * (– 0. 0037)	– 12. 220 * (– 0. 2798)
$Windh$	8. 654 * (– 0. 3045)	13. 930 * (– 0. 4819)	2. 494 * (– 0. 0875)	2. 285 * (– 0. 1677)	0. 050 * (– 0. 0039)	1. 612 * (– 0. 2623)
$Windl$	– 11. 380 * (– 0. 3841)	– 15. 490 * (– 0. 6122)	– 3. 520 * (– 0. 1102)	– 3. 325 * (– 0. 1989)	– 0. 110 * (– 0. 0049)	1. 703 * (– 0. 3075)
带宽	200	200	200	200	200	200

注：括号内的数字表示 z 值，* 表示在 10% 的统计水平上显著。

3. 3. 2. 3   稳健性检验

为了支持前述检验结果，本节接下来进行一系列稳健性检验，包括带宽检验和控制变量的连续性检验。

1. 带宽检验

研究表明，带宽越小，样本的随机性越大，但是带宽并非越小越好，带宽小会导致样本量减少，从而影响估计结果的无偏性。因此，为了检验上述结果是否受到环保督察制度前后设置的带宽影响，避免带宽长度造成的估计结果失真，本节选择第一轮环保督察和环保督察"回头看"前后 50 天和 150 天两种带宽，对估计结果的稳健性展开进一步的讨论。对于第一轮环保督察对 AQI 指数和主要单项污染的带宽检验如表 3 – 11 所示，环保督察"回头看"对 AQI 和主要单项污染物的带宽检验结果如表 3 – 12

所示。对于不同的带宽，AQI 的估计结果几乎都在统计意义上显著为负，即空气质量因环保督察得到了显著改善，$PM_{2.5}$、PM_{10}、SO_2、NO_2 和 CO 均有不同程度的减少，这与基准回归结果一致，表明前述结果是准确的。根据以上分析可知，不同带宽估计结果与基准回归结果无差异，这从侧面验证了带宽的选择并不会影响本章的结论，本章关于第一轮环保督察制度和环保督察制度"回头看"具有显著的降低效应的结论是稳健的。

表 3 – 11　　　　　　　　　第一轮环保督察带宽检验结果

变量	AQI	$PM_{2.5}$	PM_{10}	SO_2	NO_2	CO	O_3
$Yuetan_1$	– 1. 172 (– 0. 9500)	– 0. 641 (– 0. 7652)	– 2. 968 ** (– 1. 2952)	– 1. 176 * (– 0. 3466)	– 0. 698 * (– 0. 3618)	– 0. 068 * (– 0. 0126)	2. 482 * (– 0. 6083)
带宽	50	50	50	50	50	50	50
$Yuetan_1$	– 3. 634 * (– 0. 4871)	0. 915 ** (– 0. 4543)	– 3. 776 * (– 0. 7239)	– 0. 101 (– 0. 2340)	– 1. 350 * (– 0. 2154)	0. 004 (– 0. 0072)	– 0. 599 * (– 0. 3546)
带宽	150	150	150	150	150	150	150
控制变量	是	是	是	是	是	是	是

注：括号内的数字表示 z 值，*、** 分别表示在 10%、5% 的统计水平上显著。

表 3 – 12　　　　　　　　环保督察"回头看"带宽检验结果

变量	AQI	$PM_{2.5}$	PM_{10}	SO_2	NO_2	CO	O_3
$Yuetan_2$	– 3. 832 * (– 1. 0158)	– 0. 538 (– 0. 5481)	– 2. 971 ** (– 1. 3835)	– 0. 002 (– 0. 2435)	1. 155 * (– 0. 4237)	0. 027 * (– 0. 0101)	14. 490 * (– 1. 0178)
带宽	50	50	50	50	50	50	50
$Yuetan_2$	– 11. 090 * (– 0. 6139)	– 7. 440 * (– 0. 4152)	– 23. 600 * (– 0. 7939)	0. 500 (– 0. 3836)	0. 417 (– 0. 6591)	0. 032 ** (– 0. 0157)	24. 370 * (– 1. 6073)
带宽	150	150	150	150	150	150	150
控制变量	是	是	是	是	是	是	是

注：括号内的数字表示 z 值，*、** 分别表示在 10%、5% 的统计水平上显著。

2. 控制变量的连续性检验

控制变量的连续性回归要求选定的控制变量必须在断点处连续进行，因此，在通过断点回归检验后，为进一步观察控制变量的连续性，表 3－13 报告了多项式阶次为一次时回归方程的结果。由表 3－13 可知，6 个气象因素的控制变量结果均不显著，这表明在断点处控制变量可以被视为是连续变化的，没有发生显著跳跃，天气条件的概率分布是基本相同的。据此，RDD 方法是适用于本研究的，并且研究所得到的结果是可靠的。

表 3－13   伪结果变量回归结果

变量	Weekday	H_temp	L_temp	ROS	Windh	Windl
$Yuetan_1$	0.008 （－0.0075）	0.344 （－0.3031）	－0.049 （－0.3234）	－0.102 （－0.0082）	－0.053 （－0.0458）	－0.058 （－0.0363）
$Yuetan_2$	0.017 （－0.0118）	0.251 （－0.2330）	0.304 （－0.2713）	－0.029 （－0.0193）	－0.149 （－0.0344）	0.090 （－0.0699）

注：括号内的数字表示 z 值。

3.4　主要结论和对策

3.4.1　主要结论

针对日益严重的环境问题，环保督察创造了一种新的治理模式。本章对环保督察制度的作用机制进行了分析，通过构造三主体的演化博弈模型，证实了中央政府的环保督察系列政策在刺激地方政府监管和企业整改中的重要作用，探索了环保督察制度的理论逻辑。在此基础上，本章对第一轮环保督察制度和环保督察"回头看"所覆盖的 290 个地级市进行了实证研究，运用断点回归模型评估了环保督察对大气污染治理的实际作用效果，并通过两次督察活动结果对比，分析了环保督察制度长效性。得到的主要结论如下：

第一，当前中央环保督察制度能够有效激励污染企业采取整改策略治理大气污染排放，但是对于地方政府的监管策略激励作用失效；地方政府的监管持续缺位，容易导致大气污染治理的长效性受到质疑。

第二，环保督察成本是制约督察制度效果的重要因素，成本过高，将迫使中央政府、地方政府和污染企业均选择大气污染治理不作为；提高政治处罚可以实现中央政府不督察、地方政府监管、污染企业整改的理想策略组合，对大气污染治理起到很好的激励效果；与提高政治处罚相比，增大大气环境质量考核指标系数，对地方政府和污染企业的策略选择影响不明显，提高环境税费有助于促使污染企业趋向于选择整改策略，并且可一定程度上提升中央政府督察和地方政府监管的策略演化速度。

第三，在短时间内，第一轮环保督察和"回头看"活动明显改善了空气质量，显著降低了 $PM_{2.5}$ 和 PM_{10} 等主要单项污染物。同时，与第一轮环保督察相比，环保督察"回头看"的大气污染治理水平更高，效果更好，具有更强的"震慑"作用，但也表明环保督察制度的改善仅显示短期效果，长效作用不显著。

3.4.2　主要对策

基于上述研究结论，提出以下对策建议：

第一，降低督察成本，推动督察体系实现常态化建设。在我国目前的污染治理主体责任体系下，中央政府和地方政府环境治理目标分歧加剧了大气污染治理困境，地方政府为谋取自身利益最大化，异化执行环境政策甚至与污染企业合谋，因此中央政府的监督决策是破题关键。中央环保督察制度通过"党政同责"和"一岗双责"的制度核心，自上而下传递环保压力。为提高大气污染治理效果，中央环保督察应当坚持问题导向，突出抓好重点区域污染治理，全力做好督察整改工作，深入剖析督察整改过程中出现的各类问题，加强"回头看"以巩固治理效果，避免陷入执行困境。通过强化落实问责机制调动地方政府监管积极性，提高基层主体环保意识，实行环保问题终身追责，让地方官员心生畏惧，不产生侥幸心理，不敢越线行事，做到"问责一个警醒一片、打击一处震慑一方"，以此来降低督察成本。同时，中央环保督察应当实现制度常态化运作，既要细化和完善现行工作程序，分类施策，差别化管理，避免各主体、各部门责权不匹配或不对等的情况，也要推动督察法治化建设，将督察机制纳入法治框架，建立健全环境保护督察整改的长效机制。

第二，奖罚多措并举，探索客观有效的环境政策工具。提高政治处罚有助于提升中央环保督察的制度效力，但现阶段中央环保督察以负向惩罚为突出特点，不能有效调动地方政府的监管积极性，因此，探索奖罚多措并举的环境政策工具，有效发挥政策激励作用十分关键。成本收益是影响地方政府和企业决策的首要因素，要切实发挥督察效果，中央环保督察应当考虑分担因大气污染治理带来的经济压力，减轻基层环保责任主体的成本负担，如加大对污染企业技术改造、人才培养支持，对采取减排行为的企业给予财政资金支持和适当的税收减免，建立环境投资融资体制以弥补企业治理资金不足等。此外，将大气环境治理考核指标纳入地方政府绩效考核是行之有效的激励方法，但现阶段具体考核内容和标准不明确，存在钻空子、谎报信息、敷衍应对、政企合谋排污等现象。为此，制度设计应当细化考核内容，设定考核标准，提升环境质量考核比重，将其与问责约谈等督察制度细节有机融合，执行到位。

第三，政策灵活透明，构建协同参与的环境监管体系。大气污染治理是一个系统工程，其改善成效非一日之功，中央政府与地方政府间及地方政府与污染企业间委托代理关系下的信息不对称问题仅依靠进驻督察小组来获取信息，渠道过于单一，效果也难免受限。为此，中央环保督察应当借助社会力量，点面结合，拓宽参与渠道，鼓励公众、媒体、公益组织和其他第三方机构主动参与，构建起"党委领导、政府主导、社会协同、公众参与、法治保障"的立体大气污染治理体系。要做到这一点，一方面，中央环保督察应当建立社会参与综合网络，推进信息公示公开共享，让公众有完全的知情权，保障公众参与的权利，同时完善举报平台，提供信访、电话、平台受理等多种方式，并建立起高效的问题反馈机制，形成发现问题、解决问题的闭环；另一方面，制度设计应当广泛宣传引导，扭转环保认识误区，充分调动和激发基层决策主体的积极主动性，营造社会共同参与治理的良好氛围，促进中央环保督察向理想决策集合加速演进。

第4章

环境规制与企业绿色创新

4.1　引言

毋庸置疑，企业的绿色创新行为对于我国实现"双碳"目标和促进社会可持续发展有着举足轻重的作用。然而，对于企业而言，完全依靠市场以及企业主体自身很难实现绿色创新（王班班和齐绍洲，2016）。一方面，绿色创新行为所特有的创新知识正外部性与环境负外部性使得企业进行绿色创新的收益与成本不对称，且绿色创新行为本身具有较高的风险与不确定性；另一方面，企业所造成的环境污染往往会由全社会共同承担，在缺乏有效监管的情况下，企业不会因其对环境的破坏而得到应有的处罚。因此，企业自身没有足够的动力进行绿色创新。

政府的环境规制是推动企业进行绿色创新的重要手段。波特假说指出，适度的环境规制能够激励企业技术创新。然而，政府所制定的一系列环境规制政策能否有效推动企业绿色创新进而减少环境污染，往往取决于企业自身究竟采取何种应对策略。虽然我国在绿色专利领域的专利申请数量上已处于世界领先地位，但与美国等发达国家相比，我国在绿色专利领域存在核心专利较少、专利商业化率较低等问题（张杰等，2016）。尤其是政府对绿色科技企业提供了大量的专利优惠、财政补贴和专利奖励等政策，部分企业为了获得政府扶持与政策利益，刻意迎合监管，追逐专利数量，忽视了真正有利于企业竞争和技术进步的专利研发（Lian et al.，2022）。然而，现有文献多从创新内容和创新强度角度对企业创新行为进行分类（黎文靖和郑曼妮，2016），细化至绿色创新领域，则更少有文献基于创新动机视角分析企业的绿色创新行为。

事实上，企业出于不同的创新动机所作出的绿色创新行为，其本质完全不同，一般可以分为实质性绿色创新与策略性绿色创新。实质性绿色创新即为传统认知上的绿色创新，此时企业的创新动机是减少环境污染与提高企业竞争力，且这种创新形式需要投入大量的人力物力资源，具有较长的研发周期与较高的技术水平，一般产出多为绿色发明专利；而策略性绿色创新则完全不同，此时企业的创新动机仅仅为了获取政府扶持或政策利益，企业会综合现有知识与技术，做简单的整合或粗糙的改造，进而在短时间内获得成果，一般产出形式多为绿色实用新型专利。因此，政府往往更希望能够推动企业进行实质性绿色创新行为。

鉴于此，本章基于企业绿色创新动机视角，挖掘环境规制对企业异质性绿色创新行为的影响机理与效果，以期丰富波特假说的相关研究，为推动企业实质性绿色创新以及最终实现经济社会可持续发展提供科学依据与建议。

4.2 环境规制对企业绿色创新的影响机理分析

本节首先从理论层面构建环境规制对企业绿色创新的影响框架，然后，基于演化博弈模型探究环境规制对企业绿色创新的影响机理。

4.2.1 影响框架的构建

4.2.1.1 影响效应

从广义上讲，企业绿色创新是指可用于应对环境问题的技术创新。绿色创新具有"双重外部性"的特点，其准公共品属性决定了企业层面供给的自然短缺。并且，与一般创新相比，绿色创新具有技术要求更高、盈利周期更长、投资更多、风险更高的特点（Aghion et al., 2012），这使得企业需要有长期稳定的资金支持来激励它们进行绿色创新活动。因此，在没有政府政策干预的情况下，追求利润最大化的企业普遍缺乏绿色创新的意愿。鉴于此，亟须政府对企业绿色创新活动施加外部干预，而环境规制政策已成为企业绿色创新的重要驱动（刘金科和肖翊阳，2022；王馨和王营，2021；袁礼和周正，2022）。已有研究表明，环境规制对企业绿色创新的影响机制包括资源效应、倒逼效应和挤出效应（李青原和肖泽华，2020）。

1. 资源效应

新古典学派认为，企业由于需要为其生产过程中产生的污染排放支付排污费，因此环境规制增加了企业的规制遵循成本，使得企业原本从事于绿色技术创新的资源被挤占（Petroni et al., 2019），即资源挤占效应。因此，在企业的现金流以及投资者的双重压力下，管理者会迫于压力放弃这种盈利周期更长、投资更多、风险更高的绿色创新。相反，也有研究表明政府环境规制对企业绿色创新有积极促进的作用（Montmartin & Herrera，2015；李青原和肖泽华，2020），即资源补偿效应。当环境规制为企业绿色创新进行财政激励时，会减少企业的绿色创新成本，有利于降低管理者对绿色创新投资的不确定担忧（Stiglitz，2015），促使企业将更多的资源投入绿色创新活动。

2. 倒逼效应

利益相关者理论通常用于解释企业可持续发展的动机（Peng & Liu，

2016）。该理论认为，企业管理者有义务满足消费者、投资者、政府、竞争对手、供应商和其他利益相关者的需求，以确保自身的生存和竞争优势。同时，波特假说认为，适宜的环境规制会倒逼企业进行绿色创新，促使企业开发节能环保技术，产生绿色创新的"收入补偿效应"（Porter & Linde，1995）。因此，在内部激励和外部环境规制压力下，企业会积极进行绿色创新，从而提高市场竞争优势、降低融资成本，并促使企业利益相关者增强对企业发展的信心，提升企业产品价值和客户价值（刘金科和肖翊阳，2022）。

3. 挤出效应

政府干预的"掠夺之手"理论认为，企业在获得政府扶持之后会主动迎合政府的要求，甚至进行不合理的资源配置（Shleifer & Vishny，1994）。近年来，政府逐渐开始采取市场手段来激励企业绿色创新，包括税收抵免、环保补贴以及其他激励或惩罚措施等。企业为了获得政府的扶持，会主动迎合政府的意愿进行环保投资等环境治理行为，挤占企业用于绿色创新的资源。同时，管理层的机会主义动机容易导致资源流入管理层带来的私人领域（Roychowdhury，2006），从而"挤出"企业用于绿色创新的资源。

4.2.1.2 企业绿色创新行为

现有研究中，大多学者根据绿色创新内容（Qiu et al.，2020；Cui et al.，2022）或绿色创新强度（Liao et al.，2020；Cui et al.，2022）对企业绿色创新进行分类，在此基础上进一步探讨环境规制对企业绿色创新的影响。然而，创新之间的差异不仅仅体现在创新内容或创新强度上的差异，更体现在创新动机上的差异。实际上，企业创新的目的并不局限于推动技术进步和增强竞争优势，企业也有可能会为了迎合政府政策和满足需求，开展一些创新活动以获得其他利益（如政府补贴、税收优惠和金融支持）。随着研究的深入，越来越多的研究证明，我国有大量企业在进行策略性创新（Luo & Sun，2020；Jiang & Bai，2022），即企业的一些创新活动可能是促进技术进步和增强竞争优势的策略性行为而不是实质性创新（Tong et al.，2014；朱于珂等，2022）。大多数研究通过专利来衡量企业创新水平（Yuan & Li，2021；Ma et al.，2021）。根据专利的特点，将发明专利、实用新型专利和外观设计专利分为实质性绿色创新和战略性绿色创新两大类。依据《中华人民共和国专利法》，发明专利必须具有突出的实质性特征和比现有技术重大的改进，并且在授权过程中必须经过实质性审查。因此，发明专利具有较高的申请难度和技术价值等特点，通常用于衡量一个企业真正的创新水平，即实质性创新（Guo et al.，2016；赵娜，2021）。而实用新型专利和外观设计专利等在如此严格的条件下是不被授予发明专利的，它们经常被企业用作迎合投资者和政府监管的创新行为，即策略性创新（郭玥，2018）。

作为理性的"经济人"，企业通常会根据自身情况作出自己的选择：退出重污染行业还是就地开展绿色创新（Liu et al.，2021）。如果选择退出重污染行业，之前建设和维护工厂、开发当地市场、维护客户群的成本将成为沉没成本（Hu et al.，2021），同时，进入新行业的企业可能面临高昂的相关成本。因此，只有少数企业选择退出高污染行业。环境规制虽然可以诱导重污染企业开展绿色创新，但其对绿色创新的补偿止于环境治理成本的上限，容易导致部分企业满足于绿色创新活动的达标，从而缺乏对其绿色创新质量的有效激励。当相关激励机制不完善，企业无法从市场上获得更多补偿时，企业的寻租行为就会不期而至（Xie et al.，2019；陶锋等，2021）。因此，环境规制可能会对企业绿色创新行为造成扭曲。

首先，环境规制有效激励企业绿色创新的前提之一是政府需要掌握企业绿色创新活动的准确信息，但政府在获取企业各类绿色创新的真实信息方面具有先天劣势（Zhang et al.，2023）。一旦政府只能根据企业释放的某种信号（如绿色专利数量）来决定政策的奖励对象，就会出现企业的策略性绿色创新行为（郭玥，2018）。由于欠发达地区的企业发展基础较为薄弱，因此这些企业会有更强的动机去开展策略性绿色创新活动，如将企业资源投入门槛较低但地方政府会给予补贴的实用新型专利等。

其次，绿色创新需要包括与污染物处理或减缓全球气候变化相关的技术，这意味着它们比非绿色技术要求更高、难度更大，需要更多的资金投入（吕海童，2022）。同时，实质性绿色专利创新回报周期长、不确定性风险高、执行难度大（Liu et al.，2021），而策略性绿色专利创新成本低、开发周期短、实用性强（Tong et al.，2014）。面对政府环境规制实施带来的合规成本增加，寻求"最优"选择的企业往往会在短期内增加绿色创新数量，从事难度较小的策略性绿色创新活动，以获得更多的政策倾斜。这在创新资源不丰富的企业中可能更为明显，因为其自身的创新资源不足以支撑企业进行实质性绿色创新，而实施策略性绿色创新的成本相对较小（陶锋等，2021；Liu et al.，2021）。

最后，拥有不同创新能力的企业，其绿色创新动机也存在显著的差异（Noailly & Smeets，2015）。一方面，拥有较强创新能力的企业，其绿色创新活动具有可持续性特征。尤其是在绿色发展成为核心竞争力的环境下，绿色创新更能带来新的竞争优势。另一方面，创新能力弱的企业创新资源有限，因此这些企业的绿色创新行为是随机的，且绿色创新活动更容易受到外部因素（例如，绿色贷款和政府补贴）的影响。因此，在环境规制的约束下，这些企业更有可能进行策略性绿色创新活动。

4.2.1.3　理论框架

综上所述，环境规制对企业绿色创新影响的理论框架可以用图 4 - 1来表示。

4.2.2　博弈模型分析

4.2.2.1　模型假设

在前述影响框架的基础上，本节进一步通过演化博弈模型探究环境规制对企业绿色创新的影响机理。依据利益相关者理论，政府、企业以及公

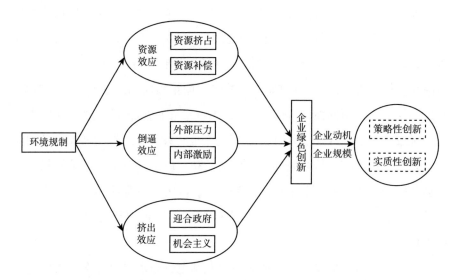

图 4 - 1　环境规制对企业绿色创新的影响框架

众都是企业绿色创新策略选择的关键利益主体。在考虑自身实际财政的基础上，政府面临着"双碳"目标实现以及保障居民基本生活质量的双重压力，因此其需要合理选择环境规制的执行强度，以推动企业进行实质性绿色创新。然而，企业的逐利特征往往会导致其缺乏社会责任意识，过于考虑自身利润最大化进而对社会整体利益带来损害。公众作为企业绿色创新行为与政府环境规制行为的最终受益者，同时也是政府与企业行为的监督者，其监督行为势必会对政府或企业的策略选择造成影响。

政府作为环境规制执行的主体，其利益诉求对规制手段及强度具有重要影响。我国政府高度重视创新对经济发展的重要作用，并将地区创新水平纳入地方政府的政绩考核中。在此背景下，地方政府会格外关注地方创新投入与产出，且地方政府用以补贴的资金多为专项拨款。因此，政府可能会选择宽松环境规制策略，不去区分企业绿色创新背后的动机与实质，将企业的策略性绿色创新视同实质性绿色创新，并给予其补贴。但当政府将创新补贴给予策略性绿色创新的企业时，整个社会获得的经济或环境收益很少。因此，在宽松环境规制下，地方政府往往对企业的实质性或策略性绿色创新给予相同的补贴，而这种做法最终通过"挤出效应"抑制企业的实质性绿色创新。

实质性绿色创新能够带来实际的经济产出与环境效益，而策略性绿色创新不仅不能改善环境质量，还会影响企业的长远发展，从而降低企业进行实质性绿色创新的意愿。因此，当地方政府面临中央政府的环境任务或应公众需求而不得不重视环境治理时，就需要遏制企业的策略性绿色创新行为。在此背景下，政府需要付出一定的成本对企业的绿色创新行为进行识别并不再随意发放补贴。同时，对实质性绿色创新的企业要给予更多的创新补贴与环境税优惠，并对策略性绿色创新的企业处以一定的经济处罚和征收高额的环境税，从而鼓励与推动企业减少策略性回应并进行实质性绿色创新。此时，政府的绿色创新补贴会通过资源效应影响企业的绿色创新选择。

企业的绿色创新行为具有周期长、风险高、不确定性强等特征，尤其是绿色创新行为的正外部性使得企业的绿色创新收益难以得到有效保障。但政府的环境规制与社会公众的监督都会倒逼企业进行绿色创新活动。因此，企业就有可能会进行策略性绿色创新。由于政府与企业间的信息不对称，政府需要付出大量成本去了解企业绿色创新行为的实际经济与环境价值。当企业捕捉到政府不愿付出成本去识别绿色创新的实质时，企业就会为了利润最大化而进行成本较低的策略性绿色创新。即对于企业而言，如果政府不采取严格的环境规制并加强对策略性绿色创新行为的处罚与对实质性绿色创新行为的奖励，那么企业实质性绿色创新动机就会较弱。

随着社会发展，公众对环境质量的要求越来越高，其对政府的环境规制行为和企业的绿色创新行为的监督作用日渐加强。由公众组成的环保组织，专门负责收集环境信息、监督企业的污染排放行为、宣传环境保护等工作，因此公众监督是改善政府与企业在环境治理方面信息不对称问题的有效手段。尤其绿色创新区别于传统创新，减少污染排放是其重要特征，虽然政府难以实时监控企业的污染排放情况，但公众能够切实感受到其居住地区企业的排污行为。实质性与策略性绿色创新最本质的不同就是其能否切实改善环境质量，因此公众对企业策略性绿色创新行为的监督逻辑与传统研究是一致的，都是由于对企业排污行为的不满，而向政府举报。一旦政府选择宽松环境规制，那么企业的策略性绿色创新行为就很可能骗取到政府的创新补贴进而用以其他目的，这势必会损害公众的利益。那么，公众对政府不作为的不满势必会损害政府的公信力，影响政府的声誉，进而推动政府进行严格的环境规制。当政府严格执行环境规制时，公众监督到企业的排污行为并向政府举报，这时如果政府发现企业在进行策略性绿色创新，就会处罚企业并给予公众一定的奖励。此时，公众的监督行为与政府规制会通过倒逼效应影响企业绿色创新。

基于此，本节构建政府 – 企业 – 公众为主体的三方博弈模型，并提出以下假设：

（1）演化博弈主体为政府、企业与公众。各博弈主体均为有限理性，拥有学习能力，并会选择使自身利益最大化的策略行为。政府主体的策略行为集为｜严格环境规制，宽松环境规制｝，严格环境规制是指政府付出更多的规制成本识别企业的绿色创新行为与鼓励公众的监督行为，从而合理配置创新资源，改善环境。企业主体的策略行为集为｜实质性绿色创新，策略性绿色创新｝，策略性绿色创新是指企业为应对政府的环境规制，或是为获得研发补贴与税收优惠等作出的策略性措施，其本质上无法改善环境质量或提高企业实际竞争力。公众主体的策略行为集为｜监督，不监督｝。

（2）在整个博弈过程中，各主体在不断试错与学习中找到各自的演化稳定策略，从而使整个系统达到均衡。设定政府选择严格环境规制的概率为 x，选择宽松环境规制的概率为 $1-x$；公众选择监督策略的概率为 y，选择不监督策略的概率为 $1-y$；企业选择实质性绿色创新的概率为 z，选择策略性绿色创新的概率为 $1-z$。x，y，z 都是时间 t 的函数，即 $x=x(t)$，$y=y(t)$，$z=z(t)$，且 $0 \leqslant x \leqslant 1$，$0 \leqslant y \leqslant 1$，$0 \leqslant z \leqslant 1$。

（3）政府环境规制手段为公共环保宣传、绿色创新补贴与征收环境污染税。当政府选择宽松环境规制策略时，政府对于企业绿色创新行为的实质不做识别，对企业的实质性绿色创新与策略性绿色创新给予相同的专项创新补贴。当政府选择严格环境规制策略时，政府需要付出更多的规制成本用以识别企业绿色行为背后的动机，并使用公共环保宣传以及对监督到企业策略性创新行为的公众给予奖励。具体而言，政府对进行实质性绿色创新的企业给予更多的绿色创新补贴与征收更低的环境税费，而对采取策略性绿色创新行为的企业削减其绿色创新补贴、增加环境税征收税率，并处以一定的罚款。

（4）企业选择实质性绿色创新策略需要付出更多的创新成本，但也会因此获得额外的经济收益。当政府选择宽松环境规制时，策略性绿色创新和实质性绿色创新的企业都能获得相同的创新补贴。但当政府选择严格环境规制策略时，实质性绿色创新策略能够为企业带来更高的补贴与较低的环境税。同样，当公众进行监督时，采取实质性绿色创新行为的企业能够获得额外收益，即良好社会声誉。

（5）当公众选择监督策略时，会付出一定的监督成本。同时，当政府选择严格环境规制时，公众能够获得环保宣传收益，且当公众举报企业的策略性绿色创新行为时，也能为公众带来政府的奖励。此外，企业的实质性绿色创新策略能够为公众带来环境收益，而策略性绿色创新策略则会为公众带来环境损失。

因此，面对企业和公众的策略选择，政府应对策略有两种，分别为严格环境规制与宽松环境规制，当政府选择执行严格环境规制时，需要付出规制成本 C_1，而宽松环境规制的执行成本为 C_2，且 $C_1 > C_2$。面对企业与公众的策略回应，政府获得的收益分别为 R_1，R_2，R_3。其中，R_1 为政府完成补贴任务时所获取的政绩收益，R_2 为企业进行实质性绿色创新所带来的环境收益，R_3 为在公众监督时，政府选择严格环境规制同时企业选择实质性绿色创新所带来的声誉收益。反之，当公众监督、企业选择策略性绿色创新时，选择宽松环境规制的政府会得到公众损失 S_1，即政府公信力下降带来的损失。

企业具有策略性绿色创新与实质性绿色创新两种策略，其中实质性绿色创新能够切实减少企业污染排放且有利于提高企业竞争力，但这种创新具有投入周期长，实际价值高等特点，因此假设企业进行实质性绿色创新的成本为 C_3，进行策略性绿色创新的成本为 C_4，且 $C_3 > C_4$。

政府的环境规制手段为补贴、环境税与公共环保宣传，当政府选择宽松环境规制时，企业不论选择策略性绿色创新抑或是实质性绿色创新，政府都会给予企业相同的专项创新补贴 r。然而，当政府选择严格环境规制时，企业进行实质性绿色创新才能够获得绿色创新补贴，此时企业的环境税费为 t_2Q_d，企业选择策略性绿色创新时，环境税费为 t_1Q_c，其中 $t_1Q_c > t_2Q_d$。政府在选择严格环境规制时会进行公共环保宣传 γA，并对监督到企业策略性绿色创新行为的公众给予奖励 H，公众选择监督策略时会支付一定的监督成本 C_5。无特殊说明，各模型参数均大于 0，具体参数及含义见表 4-1。

表 4-1　　　　　　　　　　模型参数及含义

参数	参数含义
C_1	政府严格环境规制时的规制成本
C_2	政府宽松环境规制时的规制成本
R_1	企业的绿色创新行为为政府带来的政绩收益
R_2	政府从企业的实质性绿色创新行为中获得的环境收益
R_3	公众选择监督且企业选择实质性绿色创新时政府获得的声誉收益
S_1	企业选择策略性绿色创新时政府的环境损失
S_2	公众选择监督但企业选择策略性绿色创新时政府获得的公众声誉损失
γA	政府严格环境规制给予公众监督的环保宣传
t_1Q_c	政府严格规制时对策略性绿色创新企业征收的环境税
t_2Q_d	政府严格规制时对实质性绿色创新企业征收的环境税
r	政府对企业绿色创新行为的专项补贴
βJ	政府严格规制时对企业实质性绿色创新的补贴
C_3	企业实质性绿色创新的成本
C_4	企业策略性绿色创新的成本
ΔR	企业实质性绿色创新的经济收益
R_4	公众监督时企业实质性绿色创新行为的额外收益
P_1	政府严格环境规制时企业策略性绿色创新的损失

续表

参数	参数含义
P_2	公众监督时企业策略性绿色创新的声誉损失
C_5	公众的监督成本
R_5	企业实质性绿色创新行为带给公众的环境收益
S_3	企业策略性绿色创新行为带给公众的环境损失
H	公众监督到企业的策略性绿色创新行为，政府严格环境规制策略给予的奖励

4.2.2.2　模型构建

基于上文对各主体的分析，下面以政府、企业、公众为主体构建三方演化博弈模型。通过计算各主体的策略选择收益，最终得到各主体的收益矩阵，见表4-2和表4-3所示。收益矩阵中自上而下分别是政府、企业与公众策略选择对应的收益。

表 4-2　各博弈主体在政府严格环境规制（x）下的收益矩阵

公众	企业	
	实质性绿色创新（y）	策略性绿色创新（$1-y$）
监督（z）	$-C_1 - \beta J + t_2 Q_d + R_2 + R_3 - \gamma A$ $-C_3 + \beta J - t_2 Q_d + R_4 + \Delta R$ $-C_5 + R_5 + \gamma A$	$-C_1 + t_1 Q_c - S_1 - H - \gamma A + P_1$ $-C_4 - t_1 Q_c - P_1 - P_2$ $-C_5 - S_3 + H + \gamma A$
不监督（$1-z$）	$-C_1 - \beta J + t_2 Q_d + R_2$ $-C_3 + \beta J - t_2 Q_d + \Delta R$ R_5	$-C_1 + t_1 Q_c - S_1 + P_1$ $-C_4 - t_1 Q_c - P_1$ $-S_3$

表 4-3　各博弈主体在政府宽松环境规制（$1-x$）下的收益矩阵

公众	企业	
	实质性绿色创新（y）	策略性绿色创新（$1-y$）
监督（z）	$-C_2 - r + R_1 + R_2$ $-C_3 + r + R_4 + \Delta R$ $-C_5 + R_5$	$-C_2 - r + R_1 - S_1 - S_2$ $-C_4 + r - P_2$ $-C_5 - S_3$

公众	企业	
	实质性绿色创新（y）	策略性绿色创新（$1-y$）
不监督（$1-z$）	$-C_2-r+R_1+R_2$ $-C_3+r+\Delta R$ R_5	$-C_2-r+R_1-S_1$ $-C_4+r$ $-S_3$

依据收益矩阵，本节进一步使用复制动态方程来模拟各主体的演化博弈过程。

1. 政府的复制动态方程

政府选择严格环境规制策略的期望收益为：

$$U_{A1} = yz(-C_1-\beta J+t_2Q_d+R_2+R_3-\gamma A)$$
$$+y(1-z)(-C_1-\beta J+t_2Q_d+R_2)$$
$$+(1-y)z(-C_1+t_1Q_c-S_1-H-\gamma A+P_1)$$
$$+(1-y)(1-z)(-C_1+t_1Q_c-S_1+P_1)$$
$$=y(-\beta J+t_2Q_d-t_1Q_c+R_2+S_1-P_1)-z(H+\gamma A)$$
$$+yz(H+R_3)-C1+t_1Q_c-S_1+P_1$$

政府选择宽松环境规制策略的期望收益为：

$$U_{A2} = yz(-C_2-r+R_1+R_2)+y(1-z)(-C_2-r+R_1+R_2)$$
$$+(1-y)z(-C_2-r+R_1-S_1-S_2)$$
$$+(1-y)(1-z)(-C_2-r+R_1-S_1)$$
$$=y(S_1+R_2)-zS_2+yzS_2-C_2-r+R_1-S_1$$

政府的平均期望收益为：

$$\overline{U_A} = xU_{A1}+(1-x)U_{A2}$$

那么政府选择严格环境规制策略的复制动态方程为：

$$\frac{\mathrm{d}x}{\mathrm{d}t} = x(U_{A1} - \overline{U_A})$$

$$= x[U_{A1} - xU_{A1} - (1-x)U_{A2}]$$

$$= x(1-x)(U_{A1} - U_{A2}) \tag{4-1}$$

$$= x(1-x)\begin{bmatrix} y(-\beta J - t_1 Q_c + t_2 Q_d - P_1) + z(S_2 - H - \gamma A) \\ + yz(H - S_2 + R_3) + C_2 - C_1 + t_1 Q_c + P_1 + r - R_1 \end{bmatrix}$$

2. 企业的复制动态方程

企业选择实质性绿色创新策略的期望收益为:

$$U_{B1} = xz(-C_3 + \beta J - t_2 Q_d + R_4 + \Delta R)$$

$$+ x(1-z)(-C_3 + \beta J - t_2 Q_d + \Delta R)$$

$$+ (1-x)z(-C_3 + r + R_4 + \Delta R)$$

$$+ (1-x)(1-z)(-C_3 + r + \Delta R)$$

$$= x(\beta J - r - t_2 Q_d) + zR_4 - C_3 + r + \Delta R$$

企业选择策略性绿色创新策略的期望收益为:

$$U_{B2} = xz(-C_4 - t_1 Q_c - P_1 - P_2) + x(1-z)(-C_4 - t_1 Q_c - P_1)$$

$$+ (1-x)z(-C_4 + r - P_2) + (1-x)(1-z)(-C_4 + r)$$

$$= x(-r - t_1 Q_c - P_1) - zP_2 - C_4 + r$$

企业的平均期望收益为:

$$\overline{U_B} = yU_{B1} + (1-y)U_{B2}$$

那么企业选择实质性绿色创新策略的复制动态方程为:

$$\frac{\mathrm{d}z}{\mathrm{d}t} = z(U_{B1} - \overline{U_B})$$

$$= y[U_{B1} - yU_{B1} - (1-y)U_{B2}]$$

$$= y(1-y)(U_{B1} - U_{B2}) \tag{4-2}$$

$$= y(1-y)\begin{bmatrix} x(\beta J - t_2 Q_d + t_1 Q_c + P_1) \\ + z(R_4 + P_2) - C_3 + C_4 + \Delta R \end{bmatrix}$$

3. 公众的复制动态方程

公众选择监督策略的期望收益为：

$$U_{C1} = xy(-C_5 + R_5 + \gamma A) + x(1-y)(-C_5 + H + \gamma A - S_3)$$
$$+ (1-x)y(-C_5 + R_5) + (1-x)(1-y)(-C_5 - S_3)$$
$$= -xyH + x(H + \gamma A) + y(R_5 + S_3) - C_5 - S_3$$

公众选择不监督策略的期望收益为：

$$U_{C2} = xyR_5 + x(1-y)(-S_3) + (1-x)yR_5$$
$$+ (1-x)(1-y)(-S_3)$$
$$= y(S_3 + R_5) - S_3$$

公众的平均期望收益为：

$$\overline{U_C} = zU_{C1} + (1-z)U_{C2}$$

那么公众选择监督策略的复制动态方程为：

$$\frac{dy}{dt} = z(U_{C1} - \overline{U_C})$$
$$= z[U_{C1} - yU_{C1} - (1-y)U_{C2}] \qquad (4-3)$$
$$= z(1-z)(U_{C1} - U_{C2})$$
$$= z(1-z)[-xyH + x(H + \gamma A) - C_5]$$

联立方程式（4-1）~式（4-3），可得政府、企业与公众的复制动态方程组：

$$\begin{cases} \dfrac{dx}{dt} = x(1-x)\begin{bmatrix} y(-\beta J - t_1 Q_c + t_2 Q_d - P_1) + z(S_2 - H - \gamma A) \\ + yz(H - S_2 + R_3) + C_2 - C_1 + t_1 Q_c + P_1 + r - R_1 \end{bmatrix} \\ \dfrac{dy}{dt} = y(1-y)\begin{bmatrix} x(\beta J - t_2 Q_d + t_1 Q_c + P_1) \\ + z(R_4 + P_2) - C_3 + C_4 + \Delta R \end{bmatrix} \\ \dfrac{dz}{dt} = z(1-z)[-xyH + x(H + \gamma A) - C_5] \end{cases}$$

$$(4-4)$$

为简化运算过程，此处令 $a = -\beta J - t_1 Q_c + t_2 Q_d - P$，$b = S_2 - H - \gamma A$，$c = H - S_2 + R_3$，$j = C_2 - C_1 + t_1 Q_c + P_1 + r - R_1$，$e = \beta J - t_2 Q_d + t_1 Q_c + P$，$f = R_4 + P_2$，$g = -C_3 + C_4 + \Delta R$，$h = H + \gamma A$。复制动态方程组（4-14）可以简化为：

$$\begin{cases} \dfrac{\mathrm{d}x}{\mathrm{d}t} = x(1-x)(ya + zb + yzc + j) \\[2mm] \dfrac{\mathrm{d}y}{\mathrm{d}t} = y(1-y)(xe + zf + g) \\[2mm] \dfrac{\mathrm{d}z}{\mathrm{d}t} = z(1-z)(-xyH + xh - C_5) \end{cases} \qquad (4-5)$$

4.2.2.3 稳定性分析

1. 政府的演化策略稳定性分析

令 $\dfrac{\mathrm{d}x}{\mathrm{d}t} = F(x)$，则 $F(x) = x(1-x)(ya + zb + yzc + j)$。令 $F(x) = 0$，得到政府的演化稳定点，即 $x = 0$，$x = 1$，$ya + zb + yzc + d = 0$。对 $F(x)$ 求导可得：$\dfrac{\mathrm{d}F(x)}{\mathrm{d}x} = (1-2x)(ya + zb + yzc + j)$。根据复制动态方程的稳定性定理可知，当 $F(x) = 0$，$\dfrac{\mathrm{d}F(x)}{\mathrm{d}x} < 0$ 时，x 是政府的演化稳定策略，即政府的演化稳定策略取决于 $(ya + zb + yzc + j)$。具体讨论如下：

当 $ya + zb + yzc + j = 0$ 时，此时 $F(x) \equiv 0$ 成立，即 $x \in [0, 1]$ 上任意一点都是政府的演化稳定点。

当 $ya + zb + yzc + j < 0$ 时，$\dfrac{\mathrm{d}F(x)}{\mathrm{d}x}|x = 1 > 0$，即 $x = 1$ 不是政府的演化稳定策略；$\dfrac{\mathrm{d}F(x)}{\mathrm{d}x}|x = 0 < 0$，即 $x = 0$ 是政府的演化稳定策略，此时政府会选择宽松环境规制策略。

当 $ya + zb + yzc + j > 0$ 时，$\dfrac{\mathrm{d}F(x)}{\mathrm{d}x}|x = 1 < 0$，即 $x = 1$ 是政府的演化稳定策略；$\dfrac{\mathrm{d}F(x)}{\mathrm{d}x}|x = 0 > 0$，即 $x = 0$ 不是政府的演化稳定策略，此时政府会

选择严格环境规制策略。

2. 企业的演化策略稳定性分析

令 $\dfrac{\mathrm{d}y}{\mathrm{d}t} = F(y)$，则 $F(y) = y(1-y)(xe + zf + g)$。令 $F(y) = 0$，得到企业的演化稳定点，即 $y = 0$，$y = 1$，$xe + zf + g = 0$。对 $F(y)$ 求导可得：$\dfrac{\mathrm{d}F(y)}{\mathrm{d}y} = (1-2y)(xe + zf + g)$。根据复制动态方程的稳定性定理可知，当 $F(y) = 0$，$\dfrac{\mathrm{d}F(y)}{\mathrm{d}y} < 0$ 时，y 是企业的演化稳定策略。具体讨论如下：

当 $xe + zf + g = 0$ 时，此时 $F(y) \equiv 0$ 成立，即 $y \in [0, 1]$ 上任意一点都是企业的演化稳定点。

当 $xe + zf + g < 0$ 时，$\dfrac{\mathrm{d}F(y)}{\mathrm{d}y}|y = 1 > 0$，即 $y = 1$ 不是企业的演化稳定策略；$\dfrac{\mathrm{d}F(y)}{\mathrm{d}y}|y = 0 < 0$，即 $y = 0$ 是企业的演化稳定策略，此时企业会选择策略性绿色创新策略。

当 $xe + zf + g > 0$ 时，$\dfrac{\mathrm{d}F(y)}{\mathrm{d}y}|y = 1 < 0$，即 $y = 1$ 是企业的演化稳定策略；$\dfrac{\mathrm{d}F(y)}{\mathrm{d}y}|y = 0 > 0$，即 $y = 0$ 不是企业的演化稳定策略，此时企业会选择实质性绿色创新策略。

3. 公众的演化策略稳定性分析

令 $\dfrac{\mathrm{d}z}{\mathrm{d}t} = F(z)$，则 $F(z) = z(1-z)(-xyH + xh - C_5)$。令 $F(z) = 0$，得到公众的演化稳定点，即 $z = 0$，$z = 1$，$-xyH + xh - C_5 = 0$。对 $F(z)$ 求导可得：$\dfrac{\mathrm{d}F(z)}{\mathrm{d}z} = (1-2z)(-xyH + xh - C_5)$。根据复制动态方程的稳定性定理可知，当 $F(z) = 0$，$\dfrac{\mathrm{d}F(z)}{\mathrm{d}z} < 0$ 时，z 是公众的演化稳定策略。具体讨论如下：

当 $-xyH + xh - C_5 = 0$ 时，此时 $F(z) \equiv 0$ 成立，即 $z \in [0, 1]$ 上任意一点都是公众的演化稳定点。

当 $-xyH + xh - C_5 < 0$ 时，$\dfrac{\mathrm{d}F(z)}{\mathrm{d}z}|z = 1 > 0$，即 $z = 1$ 不是公众的演化稳定策略；$\dfrac{\mathrm{d}F(z)}{\mathrm{d}z}|z = 0 < 0$，即 $z = 0$ 是公众的演化稳定策略，此时公众会选择不监督策略。

当 $-xyH + xh - C_5 > 0$ 时，$\dfrac{\mathrm{d}F(z)}{\mathrm{d}z}|z = 1 < 0$，即 $z = 1$ 是公众的演化稳定策略；$\dfrac{\mathrm{d}F(z)}{\mathrm{d}z}|z = 0 > 0$，即 $z = 0$ 不是公众的演化稳定策略，此时公众会选择监督策略。

4. 三方演化策略的稳定性分析

令 $F(x) = 0$，$F(y) = 0$，$F(z) = 0$ 可得演化博弈系统的均衡点：（0，0，0），（1，0，0），（0，1，0），（0，0，1），（1，1，0），（1，0，1），（0，1，1），（1，1，1）以及其他可能存在的解。由于多群体演化博弈的渐进稳定状态一定是纯策略纳什均衡，因此，本节只需要考虑纯策略点的渐进稳定性。博弈系统均衡点的稳定性以及演化稳定均衡策略可通过雅可比矩阵进一步进行分析。对 $F(x)$、$F(y)$ 和 $F(z)$ 进行求导得到雅可比矩阵 J 为：

$$J = \begin{bmatrix} \dfrac{\mathrm{d}F(x)}{\mathrm{d}x} & \dfrac{\mathrm{d}F(x)}{\mathrm{d}y} & \dfrac{\mathrm{d}F(x)}{\mathrm{d}z} \\[2mm] \dfrac{\mathrm{d}F(y)}{\mathrm{d}x} & \dfrac{\mathrm{d}F(y)}{\mathrm{d}y} & \dfrac{\mathrm{d}F(y)}{\mathrm{d}z} \\[2mm] \dfrac{\mathrm{d}F(z)}{\mathrm{d}x} & \dfrac{\mathrm{d}F(z)}{\mathrm{d}y} & \dfrac{\mathrm{d}F(z)}{\mathrm{d}z} \end{bmatrix}$$

$$= \begin{bmatrix} (1-2x)(ya+zb+yzc+j) & x(1-x)(a+zc) & x(1-x)(b+yc) \\[2mm] y(1-y)e & (1-2y)(xe+zf+g) & y(1-y)f \\[2mm] z(1-z)(-yH+h) & z(1-z)(-xH) & (1-2z)(-xyH+xh-C_5) \end{bmatrix}$$

$$\qquad\qquad\qquad\qquad\qquad\qquad\qquad\qquad\qquad\qquad (4-6)$$

由于多主体演化博弈的渐进稳定状态一定是严格纳什均衡，即纯策略纳什均衡，因此，本节只考虑 $E_1(0, 0, 0)$，$E_2(0, 0, 1)$，$E_3(0, 1, 0)$，$E_4(1, 0, 0)$，$E_5(0, 1, 1)$，$E_6(1, 0, 1)$，$E_7(1, 1, 0)$，$E_8(1, 1, 1)$ 8 个纯策略点的渐进稳定性。由李雅普诺夫稳定性定理可知，当雅可比矩阵的特征值符号均为正时，均衡点为不稳定点且会随着条件的变化而变化；当雅可比矩阵的特征值符号均为负时，均衡点为渐进稳定点（ESS）；当雅可比矩阵的特征值符号为一正两负或者一负两正时，均衡点为鞍点。各均衡点的稳定性分析如表 4 - 4 所示。

表 4 - 4　　　　　　　　　　各均衡点的稳定性

均衡点	特征值			渐进稳定点条件
	λ_1	λ_2	λ_3	
$E_1(0, 0, 0)$	j	g	$-C_5$	$j < 0$，$g < 0$
$E_2(0, 0, 1)$	$b + j$	$f + g$	C_5	鞍点或不稳定点
$E_3(0, 1, 0)$	$a + j$	$-g$	$-C_5$	$a + j < 0$，$g > 0$
$E_4(1, 0, 0)$	$-j$	$e + g$	$h - C_5$	$j > 0$，$e + g < 0$，$h - C_5 < 0$
$E_5(0, 1, 1)$	$a + b + c + j$	$-f - g$	C_5	鞍点或不稳定点
$E_6(1, 0, 1)$	$-b - j$	$e + f + g$	$C_5 - h$	$-b - j < 0$，$e + f + g < 0$，$C_5 - h < 0$
$E_7(1, 1, 0)$	$-a - j$	$-e - g$	$h - H - C_5$	$-a - j < 0$，$-e - g < 0$，$h - H - C_5 < 0$
$E_8(1, 1, 1)$	$-a - b - c - j$	$-e - f - g$	$H + C_5 - h$	$-a - b - c - j < 0$，$-e - f - g < 0$，$H + C_5 - h < 0$

由于 $C_5 > 0$，所以 $E_2(0, 0, 1)$ 与 $E_5(0, 1, 1)$ 绝对不可能是渐进稳定点，即只要政府选择宽松环境规制策略，不论企业选择何种策略，公众都是不可能选择监督策略的。当政府对公众的监督行为不作回应时，公众很难自觉主动地选择监督策略。因此，只有当政府选择严格环境规制策略并付出一定的环保宣传与奖励时，公众才会趋于选择监督策略。

　　当 $j < 0$，$g < 0$ 时，博弈系统的稳定点为 $(0, 0, 0)$，即政府选择宽

松环境规制策略，企业选择策略性绿色创新策略，公众选择不监督策略。此时，政府严格环境规制收益低于宽松环境规制，应当加大对策略性绿色创新企业的环境税与罚金的金额。企业策略性绿色创新收益高于实质性绿色创新，政府应帮助企业降低实质性绿色创新成本并提高其经济收益。

当 $a+j<0$，$g>0$ 时，博弈系统的稳定点为（0，1，0），即政府选择宽松环境规制策略，企业选择实质性绿色创新策略，公众选择不监督策略。此时，企业实质性绿色创新所带来的经济收益能够抵消高昂的绿色创新成本，因此，即使没有政府与公众的介入，企业仍会自主选择进行实质性绿色创新。但现实中，这种情况很难发生，主要是因为在缺乏政府支持与公众监督的情况下，实质性绿色创新很难像传统创新行为一样为企业带来生产效率的提升与可观的经济利益。因此，政府与公众应该更多地关注并鼓励企业的实质性绿色创新行为。

当 $j>0$，$e+g<0$，$h-C_5<0$ 时，博弈系统的稳定点为（1，0，0）。此时，政府虽然选择严格环境规制策略，但由于其对企业的奖惩力度不够，不能有效激励企业选择实质性绿色创新；同时，公众获得的举报奖励较低，激励不足，因此企业仍选择策略性绿色创新，公众也选择不监督。鉴于此，政府应提高对企业进行实质性绿色创新的补贴和税收优惠，同时加强对策略性绿色创新行为的处罚力度。此外，政府要加强公共环保宣传与对公众的奖励强度，鼓励公众积极监督企业的环境治理行为。

当 $-b-j<0$，$e+f+g<0$，$C_5-h<0$ 时，博弈系统的稳定点为（1，0，1），即政府选择严格环境规制策略，企业选择策略性绿色创新策略，公众选择监督策略。此时，虽然政府的公共环保宣传工作能够有效推动公众积极监督企业环境行为，但对企业策略性绿色创新行为的处罚力度不足，且企业对其企业形象不够重视，因此才会在政府严格环境规制、公众监督的情况下选择策略性绿色创新。

当 $-a-j<0$，$-e-g<0$，$h-H-C_5<0$ 时，博弈系统的稳定点为（1，1，0），即政府选择严格环境规制策略，企业选择实质性绿色创新策略，公众选择不监督策略。此时，政府对企业的奖惩机制设计合理，能够

有效推动企业进行实质性绿色创新行为。然而，由于对公众监督行为激励不足，导致公众最终采取不监督行为。因此，政府需要加强公共环保宣传力度同时给予公众监督行为的适当补贴，进而引导公众积极监督企业环境行为。

当 $-a-b-c-j<0$，$-e-f-g<0$，$H+C_5-h<0$ 时，博弈系统的稳定点为 $(1，1，1)$，即政府选择严格环境规制策略，企业选择实质性绿色创新策略，公众选择监督策略。这是最优的策略组合，是整个博弈系统的理想状态，即在政府合理设置奖惩机制的情况下，企业会持续性进行实质性绿色创新，公众会积极监督。

4.2.2.4 仿真模拟

下面进一步使用系统动力学的理论方法构建三方博弈的系统动力学模型，同时采用 Vensim PLE 软件仿真分析各主体的稳定性行为，以期从系统角度更清晰地分析博弈系统的演化均衡点与各主体的动态演化路径。

1. 系统动力学模型构建

整个三方博弈系统由三个子系统组成，其一是政府环境规制子系统，其二是企业绿色创新子系统，其三是公众监督子系统。

（1）政府环境规制子系统。政府环境规制子系统由一个流位变量、一个速率变量、三个中间变量以及外部变量组成。其中，流位变量用以表示政府选择严格环境规制的概率，速率变量用以表示其变化率。三个中间变量分别为政府严格环境规制收益、政府宽松环境规制收益以及两者的收益差。政府环境规制子系统如图 4-2 所示。

（2）企业绿色创新子系统。企业绿色创新子系统由一个流位变量、一个速率变量、三个中间变量以及外部变量组成。其中流位变量用以表示企业选择实质性绿色创新的概率，其对应的变化率用速率变量表示，速率变量的大小决定了流位变量的变化。三个中间变量分别为企业实质性绿色创新收益、企业策略性绿色创新收益以及两者的收益差。企业绿色创新子系统如图 4-3 所示。

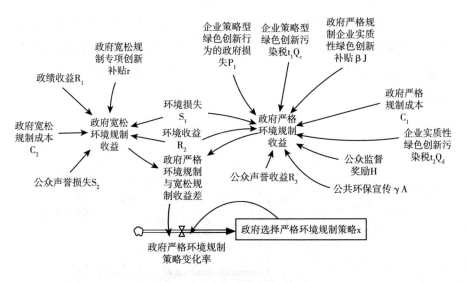

图 4 - 2　政府环境规制子系统

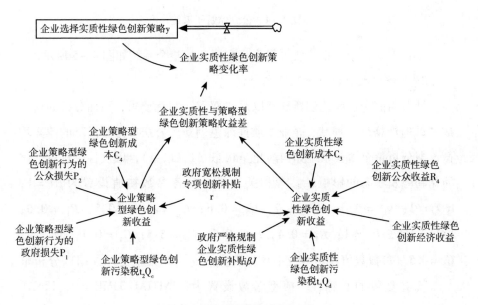

图 4 - 3　企业绿色创新子系统

（3）公众监督子系统。公众监督子系统由一个流位变量、一个速率变量、三个中间变量以及外部变量组成。其中，流位变量表示公众选择监督策略的概率，速率变量用以表示其变化率。三个中间变量分别为公众监督收益、公众不监督收益以及两者的收益差。公众监督子系统如图 4-4 所示。

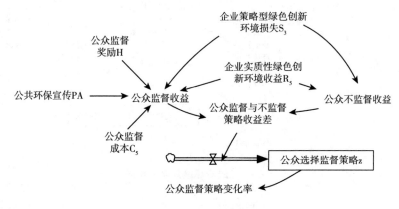

图 4-4　公众监督子系统

综合上述三个子系统便可得到三方博弈的整个系统如图 4-5 所示。

2. 系统参数赋值及初始状态分析

针对当前企业绿色创新现状以及"双碳"目标要求，下面分析如何形成"政府严格环境规制、企业实质性绿色创新、公众参与监督"的博弈均衡，即分析整个博弈系统如何演化至状态（1，1，1），以及各要素对整体演化趋势及状态的影响。参考相关文献，对各参数初值设置为 $\beta J = 1$；$t_2 Q_d = 2$；$\gamma A = 0.6$；$R_3 = 1.2$；$C_2 = 0.6$；$C_1 = 2$；$r = 0.5$；$R_1 = 0.6$；$t_1 Q_c = 2.5$；$P_1 = 1$；$R_4 = 0.4$；$P_2 = 0.5$；$C_3 = 5.5$；$C_4 = 0.4$；$\Delta R = 2$；$C_5 = 0.5$。参数数值设定本身不具有现实意义，其大小变化仅用以分析整个系统对参数的敏感性。模型参数设置为：INITIAL TIME = 0，FINAL TIME = 50，TIME STEP = 0.0078125。基本仿真结果如图 4-6 所示，可以看出，整个系统的最终稳定策略为政府严格环境规制、企业实质性绿色创新与公众选择环境监督策略。

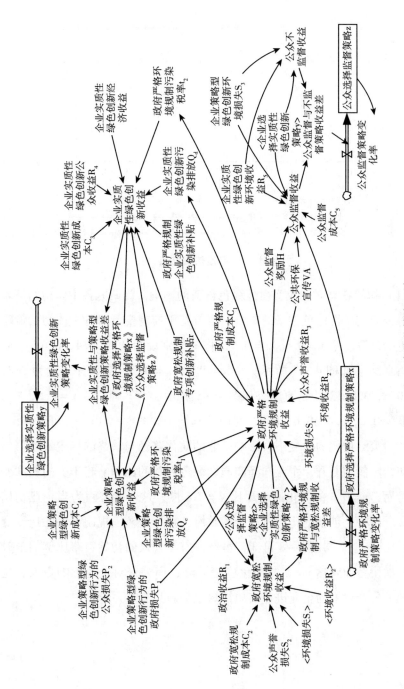

图 4-5 三方演化博弈系统

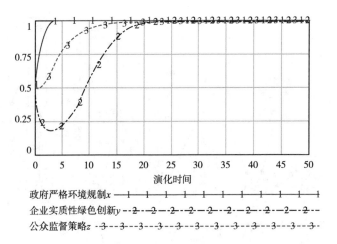

图4-6 基准仿真结果

（1）初始状态对企业实质性绿色创新的影响。为研究各主体初始策略选择对企业实质性绿色创新的影响，本节基于控制变量对各主体初始策略选择进行设置。令 $x = 0.5$，$z = 0.5$，将 y 分别设为 0.2，0.4，0.6，0.8，对应仿真结果如图 4-7 所示。令 $y = 0.5$，$z = 0.5$，将 x 分别设为 0.2，0.4，0.6，0.8，对应仿真结果如图 4-8 所示。令 $x = 0.5$，$y = 0.5$，将 z 分别设为 0.2，0.4，0.6，0.8，对应仿真结果如图 4-9 所示。可以看出，企业初始策略比例的改变不会影响企业的演化路径与最终的稳定策略，但随着初始比例的上升，企业选择实质性绿色创新的比例 y 趋于 1 的速度变快。然而，$y = 0.8$ 的演化速度却比 $y = 0.6$ 慢，这可能是因为当企业初始选择实质性绿色创新的比例过高会使政府选择严格环境规制策略的速度变慢。对比图 4-7 与图 4-8 可知，虽然政府与公众的初始策略比例的上升都能够加快企业到达 $y = 1$ 的演化稳定策略，但公众对企业影响更大，这也体现了公众对推动企业进行实质性绿色创新具有重要影响。

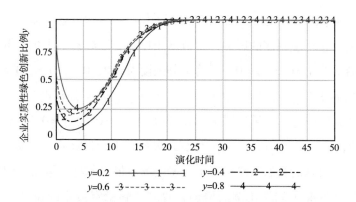

图 4 - 7　企业初值对企业策略选择的影响（x = 0.5，z = 0.5）

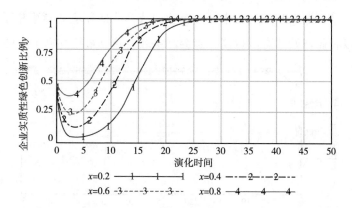

图 4 - 8　政府初值对企业策略选择的影响（y = 0.5，z = 0.5）

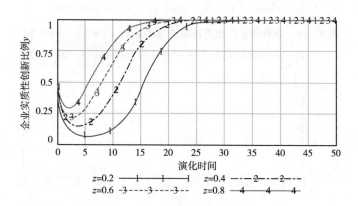

图 4 - 9　公众初值对企业策略选择的影响（x = 0.5，y = 0.5）

（2）初始状态对政府严格环境规制的影响。为研究各主体初始策略选择对政府严格环境规制的影响，本节基于控制变量对各主体初始策略选择进行设置。令 $y = 0.5$，$z = 0.5$，将 x 分别设为 0.2，0.4，0.6，0.8，对应仿真结果如图 $4-10$ 所示。令 $x = 0.5$，$z = 0.5$，将 y 分别设为 0.2，0.4，0.6，0.8，对应仿真结果如图 $4-11$ 所示。令 $x = 0.5$，$y = 0.5$，将 z 分别设为 0.2，0.4，0.6，0.8，对应仿真结果如图 $4-12$ 所示。可以看出，政府、企业与公众的初始策略选择不会影响政府最终的稳定策略，但随着企业初始实质性绿色创新比例的增加，政府达到稳定策略的速度反而会变慢。这可能是因为初始状态，如果已经有很多的企业主动选择了实质性绿色创新策略，那么政府为了小部分企业而选择严格环境规制策略是不经济的，所以企业初始状态值越高，越会减缓政府达到最终均衡策略的速度。

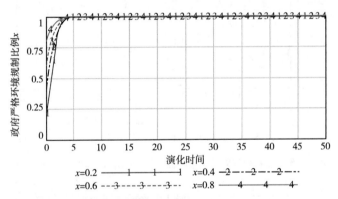

图 4 – 10   政府初值对政府策略选择的影响（y = 0.5，z = 0.5）

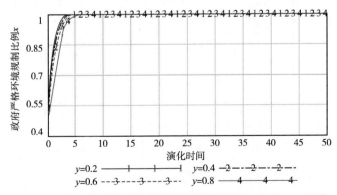

图 4 – 11   企业初值对政府策略选择的影响（x = 0.5，z = 0.5）

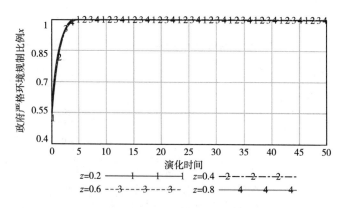

图 4 - 12　公众初值对政府策略选择的影响（x = 0.5，y = 0.5）

（3）初始状态对公众监督的影响。为研究各主体初始策略选择对公众监督的影响，本节基于控制变量对各主体初始策略选择进行设置。令 $x = 0.5$，$y = 0.5$，将 z 分别设为 0.2，0.4，0.6，0.8，对应仿真结果如图 4 - 13 所示。令 $y = 0.5$，$z = 0.5$，将 x 分别设为 0.2，0.4，0.6，0.8，对应仿真结果如图 4 - 14 所示。令 $x = 0.5$，$z = 0.5$，将 y 分别设为 0.2，0.4，0.6，0.8，对应仿真结果如图 4 - 15 所示。可以看出，政府、企业与公众的初始策略选择均不会影响公众最终的稳定策略。政府初始比例的增加会减慢公众达到最终均衡策略的速度，但会使公众的演化路径变得更加平缓。企业初始比例的增加会减慢公众达到最终均衡策略的速度，这可能是因为企业初始比例的增加会减慢政府策略的演化，从而影响到公众的策略选择。

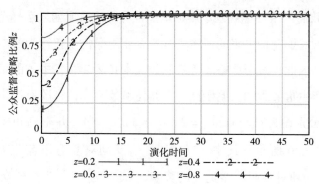

图 4 - 13　公众初值对公众策略选择的影响（x = 0.5，y = 0.5）

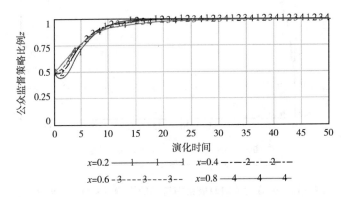

图 4－14　政府初值对公众策略选择的影响（y＝0.5，z＝0.5）

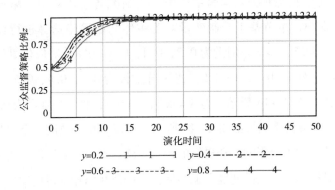

图 4－15　企业初值对公众策略选择的影响（x＝0.5，z＝0.5）

3. 参数敏感性分析

（1）政府严格环境规制成本的敏感性分析。政府如果选择严格环境规制策略，就需要花费更多的成本去分析企业的绿色创新行为的本质与其背后的动机。因此，政府严格环境规制的成本必然会对各主体的策略选择与动态演化产生重要影响。鉴于此，令其他参数不变，将政府严格环境规制的成本 C_1 分别设为 $C_1＝1$，$C_1＝2$，$C_1＝3$，$C_1＝4$，并得到相应的仿真结果，如图 4－16 所示。其中，（a）为 C_1 变动对政府策略选择的影响，（b）为 C_1 变动对企业策略选择的影响，（c）为 C_1 变动对公众策略选择的影响。

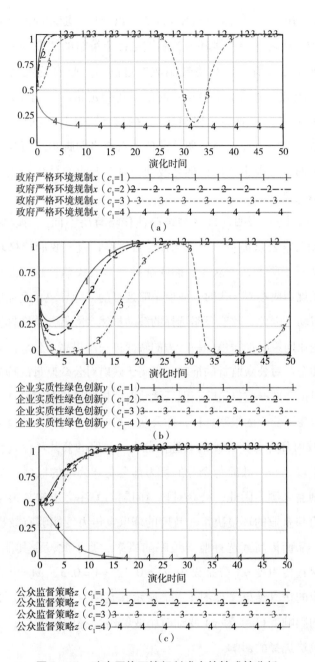

图 4-16 政府严格环境规制成本的敏感性分析

从图 4 – 16（a）中曲线 1 与曲线 2 可以看出，随着政府严格环境规制成本的增加，政府选择严格环境规制演化稳定策略的速度变慢；曲线 3 与曲线 4 表明，当政府严格环境规制成本过高时，政府的策略选择开始波动，严格环境规制策略也不再是政府的演化稳定策略。同样，从图 4 – 16（b）中可以看出，企业的策略演化与政府大致相同，政府严格环境规制成本的增加会减缓企业选择实质性绿色创新策略的脚步。当政府的策略选择开始波动时，企业也会同样随之波动，直至企业的最终演化稳定策略变成策略性绿色创新。

图 4 – 16（c）表明，公众的策略演化略有所不同。当政府的策略选择产生波动时，公众仍会坚定地选择监督策略，直至政府严格环境规制策略的概率进一步降低，公众才会彻底选择不监督策略。这可能是因为当政府严格环境规制成本 $C_1 = 3$ 时，政府策略选择的波动导致了企业的策略选择同样出现波动。因此，政府策略选择的波动虽然会降低公众选择监督策略的概率，但企业向策略性绿色创新行为的转变进一步提高了公众监督策略选择的概率，即企业对公众监督的推动效果高于政府对公众监督的抑制作用，因此公众此时仍会选择监督策略，但后续政府严格环境规制策略选择概率的降低则彻底改变了公众的策略选择，即公众开始倾向于选择不监督策略。

（2）政府环保宣传力度的敏感性分析。政府的公共环保宣传是重要的环境规制手段之一。政府与企业的行为都会受到公众的监督，公众更是企业重要的利益来源，因此，公众对环境问题的关注会影响其策略选择，进而影响政府与企业的环境决策。政府的环保宣传力度能够有效提高公众的环保意识，从而提高其选择监督策略的概率。鉴于此，令其他参数不变，将政府环保宣传力度 γA 分别设为 $\gamma A = 0.1$，$\gamma A = 0.3$，$\gamma A = 0.5$，$\gamma A = 1$，并得到相应的仿真结果，如图 4 – 17 所示，其中，（a）为 γA 变动对政府策略选择的影响，（b）为 γA 变动对企业策略选择的影响，（c）为 γA 变动对公众策略选择的影响。

从图 4 – 17（a）中可以看出，政府受公共环保宣传力度的影响不大，环保宣传成本越小，政府选择严格环境规制稳定策略的速度就会越快。但

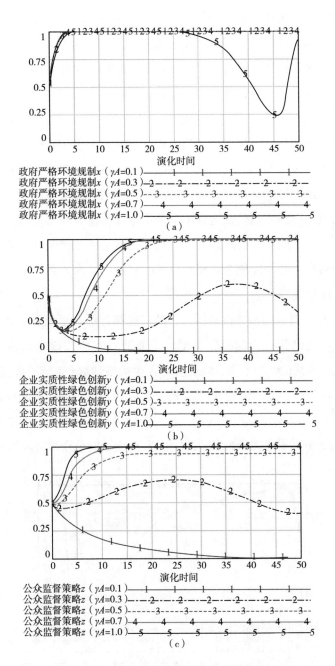

图 4 - 17　政府环保宣传力度的敏感性分析

当公共环保宣传力度过高，即随着环保宣传成本的增大，如图4-17（a）中曲线5所示，政府的环境规制策略选择会陷入波动中。

与此同时，图4-17（b）中的曲线5表明，政府环境规制策略选择的波动直接导致了企业的绿色创新策略选择同样出现了波动，这说明政府严格环境规制对企业收益有重要影响。从图4-17（b）与图4-17（c）中的曲线1与曲线2可以看出，当政府环保宣传力度偏低时，公众会倾向于选择不监督策略或陷入策略选择的波动中，进而导致企业选择策略性绿色创新策略或同样陷入策略选择的波动中，体现了公众策略选择对企业环境行为的重要影响。当公众选择不监督策略或在监督与不监督策略之间来回摆动时，企业的利益也随之变动，只有公众选择监督策略，企业的实质性绿色创新行为才能促使企业获得足够的利益，进而才会有动力持续性采取实质性绿色创新行为。

（3）政府罚金的敏感性分析。当政府选择严格环境规制策略时，对企业策略性绿色创新行为的处罚是倒逼企业进行实质性绿色创新的重要手段。因此，令其他参数不变，将政府对企业策略性绿色创新的罚金 P_1 分别设为 $P_1 = 0.5$，$P_1 = 1.0$，$P_1 = 1.5$，$P_1 = 2$，$P_1 = 2.5$，并得到相应的仿真结果，如图4-18所示，其中，（a）为 P_1 变动对政府策略选择的影响，（b）为 P_1 变动对企业策略选择的影响，（c）为 P_1 变动对公众策略选择的影响。

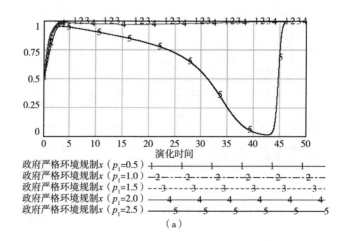

（a）

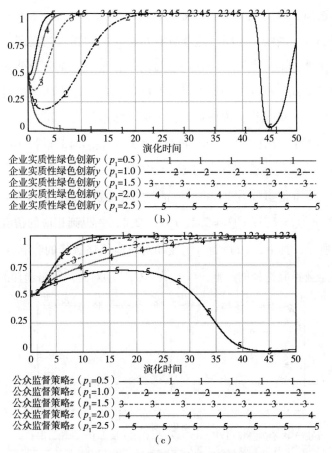

图 4-18 政府罚金的敏感性分析

从图 4-18（a）可以看出，政府征收的企业罚金大小对政府本身的策略选择影响不大，但当罚金数值过高时，政府的策略选择开始陷入波动。从图 4-18（b）中曲线 1 可以看出，政府对企业策略性创新行为的罚金过低时，即政府对企业策略性绿色创新行为的惩罚不够时，即使政府执行严格环境规制，企业也不会进行实质性绿色创新。由图 4-18（b）的曲线 2~曲线 4 可以看出，政府征收的罚金在一定范围内的增加会缩短企业选择实质性绿色创新时间的时间；图 4-18（b）中曲线 5 表明，政府征收的罚金过高，会导致企业最终选择策略性绿色创新行为。说明政府对企业不采取环境行为的适当处罚会引导企业进行实质性绿色创新。然而，公众策略选择受政府征收企业罚金的影响趋势与企业完全相反。图 4 - 18 (c) 中曲线 1 ~ 曲线 4 表明，随着政府对企业征收罚金的提高，公众到达监督稳定策略的时间变长；但在罚金过高时，政府、企业及公众的策略选择都出现了波动，此时整个博弈系统开始不稳定。这表明政府对企业策略性绿色创新行为的惩罚力度要适中，不能一味地加大惩罚。

（4）环境税的敏感性分析。政府严格环境规制时对进行实质性绿色创新企业的环境税优惠是激励企业选择实质性绿色创新策略的重要影响因素。因此，令其他参数不变，将政府征收的环境税 t_2Q_d 分别设为 $t_2Q_d = 1.6$，$t_2Q_d = 1.8$，$t_2Q_d = 2.0$，$t_2Q_d = 2.2$，$t_2Q_d = 2.4$，并得到相应的仿真结果，如图 4 - 19 所示，其中，（a）为 t_2Q_d 变动对政府策略选择的影响，（b）为 t_2Q_d 变动对企业策略选择的影响，（c）为 t_2Q_d 变动对公众策略选择的影响。

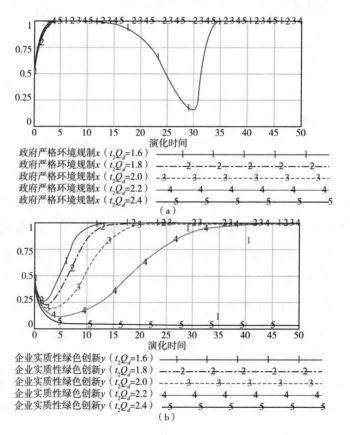

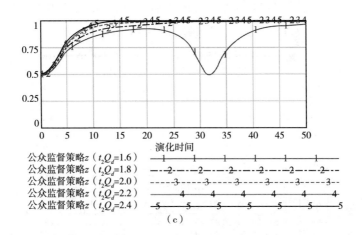

公众监督策略z（$t_2 Q_d$=1.6）
公众监督策略z（$t_2 Q_d$=1.8）
公众监督策略z（$t_2 Q_d$=2.0）
公众监督策略z（$t_2 Q_d$=2.2）
公众监督策略z（$t_2 Q_d$=2.4）

（c）

图 4 – 19 环境税的敏感性分析

从图 4 – 19 （a）中的曲线 1 可以看出，当政府给予实质性绿色创新企业过高的环境税优惠时，虽然能够让企业更快地选择实质性绿色创新策略，但政府出于自身利益最大化考虑，过高的税收优惠会导致其严格环境规制的收益降低，因此政府的策略选择会出现波动，而政府策略选择的波动进而会影响到企业与公众的策略选择，最终导致图 4 – 19 （b）和 （c）中曲线 1 的波动。图 4 – 19 （b）中曲线 2 ~ 曲线 4 表示，随着政府提供的税收优惠越高，企业到达实质性绿色创新稳定策略的时间越短，加快了企业策略选择的速度。图 4 – 19 （b）中曲线 5 表明，当政府提供的税收优惠过高时，企业的最终演化稳定策略会变为策略性绿色创新。由此可见，政府给予实质性绿色创新企业的环境税收优惠能够有效推动企业进行实质性绿色创新，但过高的税收优惠又会加重政府的财政负担。因此，政府应对企业实质性绿色创新行为的环境税收优惠保持在一个合理的范围，既推动了企业进行实质性绿色创新，又不至于给政府财政带来压力，进而影响政府环境规制的实施。

（5）公众监督成本的敏感性分析。公众监督成本的大小会直接影响到公众的策略选择，而公众的策略选择又会影响到政府与企业的策略选择。因此，令其他参数不变，将公众的监督成本 C_5 分别设为 $C_5 = 0.2$，$C_5 = 0.5$，$C_5 = 0.8$，$C_5 = 1.2$，并得到相应的仿真结果，如图 4 – 20 所示，其中，（a）为 C_5 变动对政府策略选择的影响，（b）为 C_5 变动对企业策略选择的影响，（c）为 C_5 变动对公众策略选择的影响。

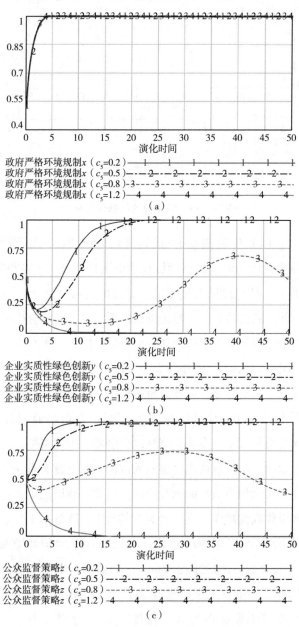

图 4-20　公众监督成本的敏感性分析

如图4-20（a）所示，公众监督成本的变化对政府的最终演化稳定策略及演化路径没有明显的影响。对公众而言，如图4-20（c）中曲线4所示，出于自身利益考虑，过高的监督成本会导致公众不得不选择不监督策略，而公众的不监督策略也会进而导致企业最终的演化稳定策略变为策略性绿色创新。图4-20（b）和（c）中的曲线1与曲线2表明，随着公众监督成本的降低，公众与企业到达演化稳定策略的时间也在变短，且最终演化稳定策略分别为监督策略与实质性绿色创新策略。然而，图4-20（b）和（c）中的曲线3表明，较高的监督成本会导致公众的策略选择陷入波动，而公众策略选择的波动也会导致企业的策略选择随之波动。由此可见，公众监督对促进企业实质性绿色创新有着重要作用。

（6）企业声誉损失的敏感性分析。当公众选择监督策略时，企业的策略性绿色创新行为会给企业带来声誉损失，当声誉损失过大时，企业为避免声誉受损，会倾向于选择实质性绿色创新。因此，本节令其他参数不变，将企业的声誉损失P_2分别设为$P_2=0$，$P_2=0.3$，$P_2=0.6$，$P_2=0.9$，$P_2=1.2$，并得到相应的仿真结果，如图4-21所示，其中，（a）为P_2变动对政府策略选择的影响，（b）为P_2变动对企业策略选择的影响，（c）为P_2变动对公众策略选择的影响。

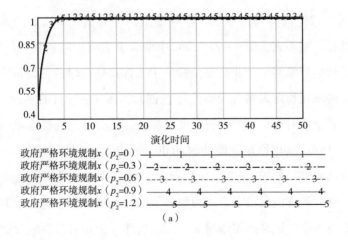

（a）

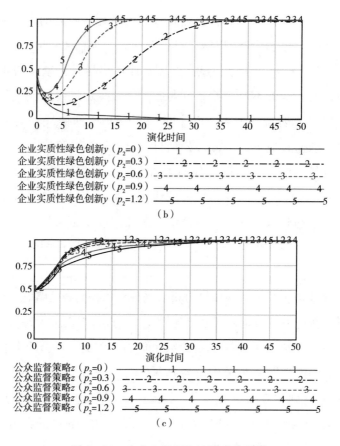

图 4 - 21　企业声誉损失的敏感性分析

由图 4 - 21（a）可以看出，企业受到的声誉损失对政府的策略选择与演化路径影响不大。图 4 - 21（b）中曲线 1 表明，当企业不在乎声誉，即企业的社会形象时，企业会完全倾向于选择策略性绿色创新策略，此时企业的最终演化稳定策略为策略性绿色创新。图 4 - 21 中曲线 2 ~ 曲线 5 表明，随着企业对声誉损失重视程度的提高，其会最终选择实质性绿色创新策略，且到达演化稳定策略的时间也会随着重视程度的提高而逐渐缩短。对公众而言，如图 4 - 21（c）所示，随企业对声誉损失重视程度的提高，公众的最终演化稳定策略为监督策略，且到达演化稳定策略的时间会随着重视程度的提高而逐渐增加。综上所述，企业对自身的社会形象越重视，其进行实质性绿色创新的意愿就越高。

（7）政绩收益的敏感性分析。本节令其他参数不变，将政府的政治收益 R_1 分别设为 $R_1 = 0$，$R_1 = 1$，$R_1 = 2$，$R_1 = 3$，并得到相应的仿真结果，如图 4 - 22 所示，其中，（a）为 R_1 变动对政府策略选择的影响，（b）为 R_1 变动对企业策略选择的影响，（c）为 R_1 变动对公众策略选择的影响。

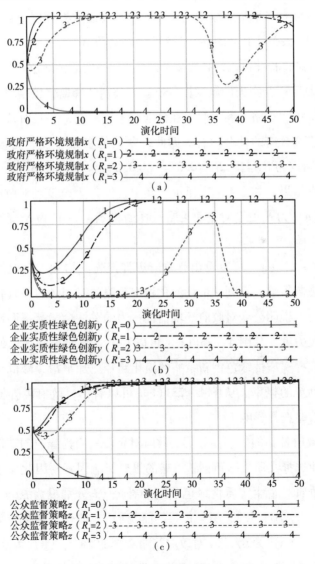

图 4 - 22　政绩收益的敏感性分析

从图 4 - 22（a）可以看出，政府对政绩收益越重视，其选择也就越倾向于宽松环境规制策略。政府策略选择的变动同样会影响到企业与公众的策略选择，如图 4 - 22（b）和（c）中的曲线 4 所示，企业将选择策略性绿色创新策略，公众选择不监督策略。因此，中央政府对地方政府的考察应该更加全面具体，不能简单地认为地方政府没能支出足够的补贴资金，就是政府对当地企业绿色创新行为的激励或重视程度不够，这样会导致地方政府不去关注企业的绿色创新行为到底是出于什么动机而盲目地进行绿色创新补贴，长此以往，必然会损害企业进行实质性绿色创新的意愿。

（8）政府声誉损失的敏感性分析。当公众选择监督策略时，政府采取的宽松环境规制策略不利于政府在公众心中的形象，并且对政府公信力造成损失，影响政府的社会声誉。因此，令其他参数不变，将政府的声誉损失 S_2 分别设为 $S_2 = 0$，$S_2 = 0.3$，$S_2 = 0.6$，$S_2 = 0.9$，$S_2 = 1.2$，并得到相应的仿真结果，如图 4 - 23 所示，其中，（a）为 S_2 变动对政府策略选择的影响，（b）为 S_2 变动对企业策略选择的影响，（c）为 S_2 变动对公众策略选择的影响。

从图 4 - 23（a）可以看出，政府声誉损失的增加，会促使政府选择严格环境规制策略，且到达最终演化稳定策略的时间随着声誉损失的增加而逐渐缩短。说明公众对政府环境治理行为的关注会显著提高政府环境规制的决心及力度。从图 4 - 23（b）可以看出，政府声誉损失的增加能够促使企业选择实质性绿色创新策略的演化路径更加平滑，降低企业选择策略性绿色创新的概率。从图 4 - 23（c）可以看出，政府声誉损失的变动对公众的策略选择影响不大。

（9）政府补贴的敏感性分析。政府对企业实质性绿色创新行为的补贴是激励企业选择实质性绿色创新策略的重要影响因素。因此，令其他参数不变，将政府对企业实质性绿色创新的补贴 βJ 分别设为 $\beta J = 0.6$，$\beta J = 0.8$，$\beta J = 1.0$，$\beta J = 1.2$，$\beta J = 1.4$，并得到相应的仿真结果，如图 4 - 24 所示，其中，（a）为 βJ 变动对政府策略选择的影响，（b）为 βJ 变动对企业策略选择的影响，（c）为 βJ 变动对公众策略选择的影响。

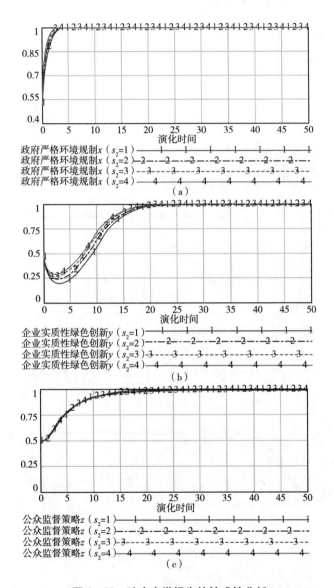

图 4 - 23 政府声誉损失的敏感性分析

从图 4 - 24（a）和（b）中可以看出，政府对企业实质性绿色创新的补贴对政府策略选择的影响并没有对企业的影响大，且影响趋势大致相同。从图 4 - 24（a）中曲线 1 ~ 曲线 4 的变化可以看出，随着政府对企业

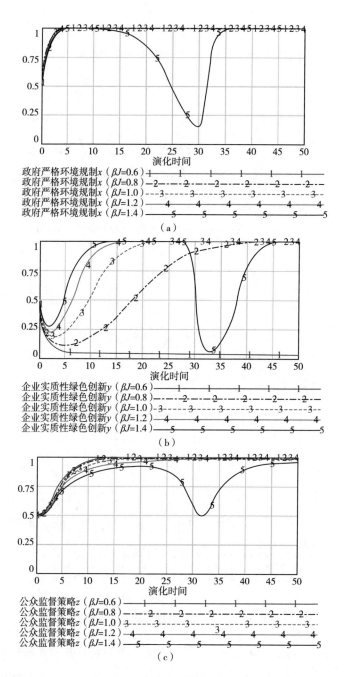

图 4-24　政府补贴的敏感性分析

实质性绿色创新行为补贴的增加，政府选择严格环境规制策略的演化时间也在变长，且当绿色创新补贴过高时，政府的策略选择会出现波动，这也解释了企业策略选择的波动性。这主要是因为过高的绿色创新补贴加剧了政府的财政压力，因此，政府会在宽松环境规制策略与严格环境规制策略选择中来回摇摆。

图 4 - 24（b）中曲线 3 表明，在该补贴强度下，企业最终演化稳定策略为实质性绿色创新。从图 4 - 24（b）中曲线 2 ~ 曲线 4 的变化可以看出，随着政府对企业实质性绿色创新补贴的增加，企业最终选择实质性绿色创新策略的速度变快。然后，图 4 - 24（b）的曲线 5 进一步表明，政府的实质性绿色创新补贴并不是越多越好。当实质性绿色创新补贴强度达到一定程度时，整个系统的稳定状态就会被打破，企业的演化路径出现不断波动现象，最终没有渐进稳定点。反之，图 4 - 24（b）的曲线 1 则说明当政府对企业实质性绿色创新补贴过低时，企业的演化稳定策略会变成策略性绿色创新。这表明政府应合理进行实质性绿色创新补贴，既要避免创新补贴过低导致企业没有足够动力去选择实质性绿色创新的情况，也要避免过高的实质性绿色创新补贴给政府带来的巨大财政压力，进而影响政府在严格环境规制策略与宽松环境规制策略之间的抉择，最终导致企业在策略性绿色创新与实质性绿色创新之间来回变动，影响创新补贴的激励效果。

图 4 - 24（c）为实质性绿色创新补贴对公众策略选择影响的敏感性分析。可以看出，实质性绿色创新补贴对公众策略选择的影响介于政府与企业之间，基本趋势与政府相同。图 4 - 24（c）中曲线 1 ~ 曲线 4 表明，随着政府对企业实质性绿色创新行为补贴的增加，公众选择监督稳定策略的演化时间也随之变长，且当补贴过高时，公众的策略选择出现波动。主要是因为公众的策略选择在很大程度上会受到政府策略选择的影响，所以当政府的策略选择出现波动时，公众的收益就会随之产生波动，此时公众获得的监督收益很难抵消其监督成本，因此才会出现公众的策略选择紧随政府策略选择的波动而波动的现象。

4.3　环境规制对企业绿色创新的影响效果分析

4.3.1　模型构建与变量选取

本节基于微观企业数据，进一步实证探究环境规制对企业绿色创新的影响效果。鉴于前文分析，我国环境规制政策在演变历程中愈发重视市场的作用，因此本节选择碳排放权交易政策这一"双碳"背景下最重要的环境规制设计为准自然实验，实证检验环境规制与企业绿色创新之间的关系。同时，进一步通过异质性分析探究企业所有制类型对企业绿色创新行为选择的影响。

4.3.1.1　政策背景

目前，我国是世界上碳排放大国。为了减少碳排放、促进经济高质量发展，2011年，基于"十二五"规划纲要关于"逐步建立碳排放交易市场"的要求，我国在北京、天津、上海、重庆、湖北、广东及深圳七个省市陆续启动了碳排放权交易试点工作，旨在探索如何运用市场机制来减少碳排放进而实现温室气体控制目标。碳排放权交易是通过对二氧化碳排放定价并允许排放者买卖减排义务而实施的排放交易计划（ETS）。碳排放较多的一方可以从碳排放水平较低的另一方购买碳排放权，由此形成碳交易市场。2013年，七个省市的试点碳市场陆续开始上线交易，碳交易量逐年增加，碳交易市场整体运行情况令人满意。

大量文献证明了碳市场政策的碳减排效应（吴茵茵等，2021），但深入分析其对企业绿色创新影响机制的文献仍然较少。尽管大量研究支持碳排放权交易政策的绿色创新效应，但现有结论并不一致（Chen et al., 2021；刘奎等，2022）。考虑到碳交易市场是由买卖双方组成的，那么整个交易机制对企业绿色创新的影响可以从买卖双方的角度分析。

基于碳排放权交易机制的卖方角度，碳交易市场对企业绿色创新的影响机制主要基于以下两个方面。第一，市场利益引导。当企业的碳排放量未超过政府给予的碳配额时，企业可以通过在碳交易市场中出售剩余的碳配额以获得额外收益。例如，对于部分技术密集型企业而言，其可通过将清洁绿色的工艺流程应用到生产过程中来降低企业的二氧化碳排放，并通过碳交易市场将多余的碳排放配额出售给高碳排放企业以获得额外收益。基于此，在市场利益的引导下企业会倾向于加速绿色创新的进程（Hu et al.，2021）。同时，为取得实际的碳减排效果，企业会选择进行高质量的实质性绿色创新。第二，政府支持引导。政府在碳交易市场中具有重要作用。对于低碳排放企业而言，政府可以提供绿色创新补贴或减税等政策支持。一方面，为企业的绿色创新投入提供资金支持，同时有效缓解企业融资约束问题（He et al.，2021）；另一方面，在政策的激励下，企业能够将更多的资源投入绿色创新活动中以实现更少的二氧化碳排放和更高的能源使用效率。然而，政府的选择性支持行为可能会导致企业的绿色创新动机存在差异，进而产生异质性绿色创新行为。如果政府能够付出足够的监管成本，对企业实际的碳减排效果和绿色创新实质进行甄别，并对企业的实质性绿色创新行为给予绿色创新补贴与减税支持，那么企业会倾向于选择实质性绿色创新。相反，如果政府不愿付出足够的监管成本，无法对企业的绿色创新行为背后的动机加以识别，并陷入"创新崇拜"的误区，那么企业很有可能会选择策略性绿色创新行为以骗取政府的绿色创新补贴和税收优惠等。

基于碳排放权交易机制的买方角度，碳交易市场对企业绿色创新的影响机制主要基于以下两个方面。第一，企业自身成本压力。由于政府根据企业自主申报与其往年碳排放的情况对企业进行初始碳配额的分配，一旦高碳排放企业面临扩大生产规模的需求，其碳排放配额不足，就需要向其他企业购买。一方面，这部分成本将包含在生产成本中，这无疑会加大企业的成本压力；另一方面，额外增加的成本可能会转嫁到产品价格上，而产品价格的上涨则会削弱企业竞争力。当碳配额在碳市场上交易时，其价格本身就具有不确定性，企业难以预估扩大生产带来的额外成本，这会影响企业的长期发展。因此，迫于成本压力，企业就会选择绿色创新以提高自身的减排能力，从而更灵活地应对市场变化（Li et al.，2023）。第二，技术创新能力。在碳排放权交易市场上购买的碳配额越多，企业进行技术创新的动力就越强。当碳排放配额的购买成本高于绿色创新成本时，企业就会意识到，碳减排能力已经成为制约企业长远发展的关键要素。因此，这些高碳排放企业将加大对绿色创新的投入，此时企业会进行实质性绿色创新。

碳排放权交易政策的制定和执行本身就是对市场发出了一个重要信号。随着碳排放权被定价，碳减排能力本身成为企业的一项重要资产，其盈利能力也会与日俱增（Zhang et al.，2022）。这就意味着，企业高碳资产将变成一种"负债"，妨碍企业的长远发展，同时，低碳资产成为促进企业绿色高质量发展的关键资源。在低碳经济背景下，企业绿色技术创新行为受到政府和市场双重激励的共同作用，从而导致企业更倾向于进行高投入的绿色技术研发活动以获得高额利润。总之，市场型环境规制手段——碳排放权交易政策对企业绿色创新行为具有显著的积极作用。

4.3.1.2 模型构建

双重差分（DID）模型被广泛应用于政策评估的实证研究中。该模型通过比较政策实施前后试点区（即实验组）与非试点区（即对照组）的差异，识别出不可观察且不随时间变化的其他因素，并将其从模型中剔除，从而分离出政策的处置效应，评估政策的实际影响效果。

我国的碳排放权交易政策先后在北京市、天津市、上海市、重庆市、湖北省、广东省和深圳市开展试点工作。其中除深圳市外，其他试点地区均为省或直辖市，且深圳市属于广东省的管辖范围，所以本节将深圳市并入广东省，从而获得试点的六个省市。本节利用双重差分法评估碳排放权交易试点政策对当地企业绿色创新的影响。北京市、天津市、上海市、重庆市、湖北省及广东省内的企业被视为实验组，而其他省份的企业视为对照组。关于试点时间的选择上，我国是在 2011 开始商讨与准备碳排放交易政策的试点工作，但其正式上线交易始于 2013 年。已有研究大多将 2013 年定为政策正式试点的时间（Qi et al.，2021；Zhang et al.，2022），但也有学者认为尽管我国在 2013 年批准了碳排放权交易政策施试点，但其实际实施时间是在 2014 年底至 2014 年上半年期间进行的，因此试点时间应定为 2014 年（Xuan et al.，2020）。基于上述研究，本节认为企业绿色创新的投入与回报周期较长，且 2011 年我国政府就已经开始商讨与准备碳交易政策的试点工作，因此极有可能存在预期政策效应，即企业在得知可能试点后就会加大对绿色创新的投入以及加快绿色创新的进程，以期在碳交易市场正式上线后先发制人。因此，本节将试点时间定为 2011 年（Gao et al.，2020；Shi et al.，2022），构建模型如下所示：

$$GTN_{it} = \alpha_0 + \alpha_1 time_{it} \times treat_{it} + \gamma_j X_{iij} + \mu_i + \lambda_t + \tau_a + \varepsilon_{it}$$
$$Gip_{it} = \alpha_0 + \alpha_1 time_{it} \times treat_{it} + \gamma_j X_{iij} + \mu_i + \lambda_t + \tau_a + \varepsilon_{it} \qquad (4-7)$$
$$Gup_{it} = \alpha_0 + \alpha_1 time_{it} \times treat_{it} + \gamma_j X_{iij} + \mu_i + \lambda_t + \tau_a + \varepsilon_{it}$$

其中，GTN_{it} 表示企业绿色创新，Gip_{it} 表示企业实质性绿色创新，Gup_{it} 表示企业策略性绿色创新。$treat_{it}$ 表示虚拟变量，其中实验组赋值为 1，对照组赋值为 0。$time_{it}$ 为时间虚拟变量，试点开始前均赋值为 0，开始后均赋值为 1。$time_{it} \times treat_{it}$ 交乘项即本节的核心解释变量，后文简写为 did。回归系数 α_1 为碳排放权交易政策试点对企业绿色创新影响的净效应，X_{iij} 为一系列控制变量，μ_i 表示城市固定效应，λ_t 表示时间固定效应，τ_a 表示行业固定效应，ε_{it} 为随机误差项。

4.3.1.3　变量选取

（1）被解释变量。目前企业绿色创新的衡量尚未形成统一、规范的国际标准，不同学者从不同角度对绿色创新进行了科学的量化。2010 年，世界知识产权组织（WIPO）依据联合国气候变化框架公约（UNFCCC）列出了一套绿色清单，该清单涵盖替代能源生产、交通运输、节能、废物管理、农林类、行政监管及设计、核能发电七大领域。根据国家知识产权局检索的企业绿色专利数据，按照此清单的标准，笔者统计出上市公司每年绿色专利的申请与获得数量。其中专利分为发明专利与实用新型专利，发明专利技术含量较高，研发难度大，因此本节使用企业的绿色发明专利数量来衡量其实质性绿色创新。而实用新型专利相对而言技术水平低，研发周期短，因此本节使用企业的绿色实用新型专利数量来表征其策略性绿色创新。此外，本节使用的专利数据均为企业当年获得的专利数据。

（2）解释变量为 $time_{it} \times treat_{it}$ 交乘项。$time_{it}$ 为取值为 0 或 1 的虚拟变量，碳排放权交易试点开始之前，即 2011 年以前取 0，试点时间 2011 年之后（包括 2011 年）取 1。企业位于试点地区（北京市、天津市、重庆市、上海市、湖北省和广东省）时，$treat_{it}$ 取值为 1，位于其他非试点地区时取值为 0。

（3）控制变量。企业规模（lnsize）。企业规模越大，其自身研发资本就越雄厚且能够吸引更多的人才，因此其绿色创新能力也就越强。同时，企业规模越大，企业高管的自信心也就越强，投入绿色创新的意愿也就越高。因此本节使用企业资产的对数来衡量企业规模。企业年龄（age）。企业年龄越大，即企业存活时间越长，其外部关系就越完善，这能够为企业带来充足的创新资源和资金支持。此外，先前的相关经验和知识对于公司的创新也至关重要。与年轻企业相比，对绿色创新的经验和知识，老企业更有可能拥有更多的绿色创新活动。因此，本节以企业成立年限来表征企业年龄。此外，本节还控制了资产负债率（debt），用企业当年负债与总资产的比值表示；营业收入增长率（grow），用当期营业收入与前期营业收入的差值比前期营业收入来衡量；资产利润率（roa），采用企业净利润与企业总资产的比值表示；股权集中度（concen），用第一大股东的持股比例衡量；地区经济发展（lngdp），使用地区当年生产总值的对数表示；地区产业结构（er），使用地区当年第二产业生产总值占 GDP 的比重表示。

本节以 2003~2020 年我国沪深 A 股上市公司的面板数据为研究对象，剔除了被 ST 或 *ST 的企业以及部分数据缺失的企业。此外，为保证研究结果的可靠性，本节还进一步剔除了金融行业的企业以及上市年限小于 1 年和样本期间终止上市的企业，最终获得 2748 家上市公司的 27617 个样本观测值。专利数据来源于国家知识产权局，城市层面数据来源于各省区市历年统计年鉴以及城市统计年鉴等，企业层面数据均来源于国泰安数据库（CSMAR）。变量的描述性统计见表 4-5 所示。可以看出，企业的绿色实用新型专利产出要远高于企业的绿色发明专利产出，说明企业的策略性绿色创新水平远高于实质性绿色创新水平。

表 4-5　　　　　　　　　描述性统计结果

变量	样本数	均值	标准差	最小值	最大值
GTN	27617	1.306	9.788	0.000	792.000
Gip	27617	0.456	4.206	0.000	249.000
Gup	27617	0.850	6.330	0.000	582.000
debt	27617	0.426	0.201	0.007	3.513
grow	27617	0.318	11.774	-0.982	1878.375
roa	27617	0.039	0.075	-1.919	0.542
lnsize	27617	22.105	1.308	18.349	28.636
age	27617	15.847	6.028	1.000	62.000
concen	27617	35.412	15.283	2.870	88.550
lngdp	27617	17.890	1.184	12.669	19.774
er	27617	42.640	11.142	15.050	85.920

4.3.2　实证检验与结果分析

4.3.2.1　基准回归分析

表 4-6 汇报了基准回归的结果。其中，列（1）和列（2）为碳排放

权交易试点对企业整体绿色创新行为的影响。可以发现，不论是否加入控制变量，其系数均显著为正，尤其在加入控制变量后，核心解释变量 *did* 的系数不仅提高，而且能够在 1% 的显著性水平下显著为正，说明碳排放权交易政策能够有效推动企业进行绿色创新，与已有研究结论基本一致 (Liu et al.，2022)。列（3）和列（4）为碳排放权交易试点对企业实质性绿色创新的影响。可以发现，不论是否加入控制变量，其系数均显著为正，且在加入控制变量后，核心解释变量 *did* 的系数有所提高。这说明碳排放权交易政策试点对企业的实质性绿色创新活动具有积极影响。可能是因为随着碳市场启动，碳排放权被定价，企业迫于成本压力或追逐市场利益，不得不开展实质性绿色创新以减少碳排放，以期降低生产成本或通过出售碳配额获利。列（5）和列（6）为碳排放权交易试点对企业策略性绿色创新的影响。可以发现，在加入控制变量后，核心解释变量的系数能够在 5% 的显著性水平下显著为正。这表明碳排放权交易政策对企业实用新型专利的数量有显著的促增作用。研究认为，虽然确实只有实质性绿色创新才能够切实减排，从而为企业降低成本或在碳市场上获取利润。但政府会基于企业的绿色专利产出情况来进行最初的碳配额分配，因此企业迫于政府压力或利益追求，会在实质性绿色创新的同时配合一定的策略性绿色创新来粉饰企业的绿色创新能力，以期在碳配额分配上获得一定利益 (Hu et al.，2020)。同时，随着碳市场建立，企业碳减排能力已成为企业的重要资产，所以企业可能会通过策略性绿色创新来加大绿色专利产出数量进而影响利益相关者的决策。

表 4 - 6　　　　　　　　　　　　基准回归结果

变量	(1)	(2)	(3)	(4)	(5)	(6)
	GTN	*GTN*	*Gip*	*Gip*	*Gup*	*Gup*
did	0.3455 * (1.8882)	0.6253 *** (2.7772)	0.2036 *** (2.6606)	0.3175 *** (3.3727)	0.1419 (1.1785)	0.3078 ** (2.1061)

续表

变量	（1）GTN	（2）GTN	（3）Gip	（4）Gip	（5）Gup	（6）Gup
debt		-0.6390 * (-1.6513)		-0.6769 *** (-3.7007)		0.0379 (0.1669)
grow		-0.0047 *** (-5.6096)		-0.0018 *** (-5.4756)		-0.0030 *** (-5.4806)
roa		-0.1723 (-0.2805)		-0.8015 *** (-2.7802)		0.6292 * (1.6621)
lnsize		1.7138 *** (8.8035)		0.7646 *** (9.3300)		0.9492 *** (7.7024)
age		0.0014 (0.0860)		-0.0009 (-0.1492)		0.0023 (0.2005)
concen		-0.0112 ** (-2.0852)		-0.0048 * (-1.9250)		-0.0064 ** (-1.9763)
lngdp		0.6476 (1.4165)		0.3467 * (1.7714)		0.3009 (0.9752)
er		-0.0103 (-0.9107)		-0.0110 * (-1.9217)		0.0007 (0.0971)
常数项	0.7442 (1.0963)	-43.3353 *** (-5.2047)	0.3102 (0.7213)	-19.6200 *** (-5.8422)	0.4340 (0.6730)	-23.7153 *** (-4.2312)
时间效应	是	是	是	是	是	是
城市效应	是	是	是	是	是	是
行业效应	是	是	是	是	是	是
N	27617	27617	27617	27617	27617	27617
R^2	0.0314	0.0666	0.0211	0.0565	0.0337	0.0613

注：括号内的数字表示 t 值，*、**、*** 分别表示在 10%、5%、1% 的统计水平上显著。

控制变量中，营业收入增长率（grow）均显著为负，表明企业营业收入增长率会削弱企业的绿色创新意愿，不论是实质性绿色创新，抑或是策略性绿色创新。这说明当企业处于高速增长期时，企业不太愿意将资金投入不确定性较高且未来收益较低的绿色创新活动中。企业规模（ln*size*）均显著为正，表明企业规模能够显著地促进企业进行实质性绿色创新与策略性绿色创新。基于资源型理论，企业绿色技术创新依赖于资金支持、高端研发人员、丰富的经验积累。大型企业在资金、技术和经验方面比小型企业具有先天优势（Zhang et al.，2019），因此大规模的企业更有能力也更有意愿进行绿色创新活动。股权集中度（*concen*）均显著为负，说明股权过于集中不利于企业绿色创新。可能是因为股权过于集中的企业更有可能基于私人利益限制管理人员行为，进而放弃绿色创新。

4.3.2.2 稳健性检验

1. 平行趋势检验

实验组与控制组在政策实施之前不存在显著差异或具有相同的时间趋势是采用双重差分模型评估政策效应的一个重要前提，即满足平行趋势假设。鉴于此，本节基于事件分析法检验实验组城市的企业在碳交易市场试点启动之前其绿色创新水平是否与未启动碳交易市场试点城市的企业有明显差异。

平行趋势检验结果见图4-25所示，其中，（a）为企业绿色创新总量的平行趋势检验结果，（b）为企业实质性绿色创新的平行趋势检验结果，（c）为企业策略性绿色创新的平行趋势检验结果。

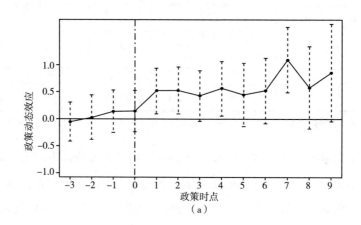

（a）

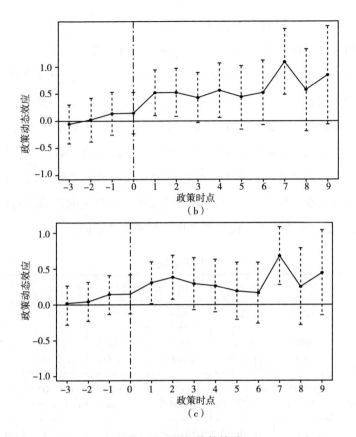

图 4 - 25　平行趋势检验

图 4 - 25 横轴表示碳交易市场试点政策实施前后的年数，例如 - 3 和 3 分别代表政策实施前后的第 3 年。图 4 - 25 表明，在碳排放权交易政策试点启动前 1 年至前 3 年，实验组和控制组的绿色创新的变动趋势满足平行趋势假设；在碳排放权交易政策试点启动之后，实验组与对照组的绿色创新出现了显著差异，这表明在启动碳排放权交易政策试点后，实验组城市的企业较对照组城市企业，其绿色创新水平出现缓慢上升，确实是碳排放权交易政策试点启动的结果，而非事前差异的结果。

2. 替换核心被解释变量与解释变量

前文均使用企业专利授权数据来表征企业的绿色创新水平，但从企业的专利申请到授权之间存在较长的审查周期。《2020 年世界五大知识产权局统计报告》指出，虽然 2020 年发明专利的平均审查周期已经较 2019 年缩短了很多，但仍有 20 个月之久，且部分企业可能在专利申请阶段就已将专利投入生产中。因此，本节使用企业当年申请的绿色专利数量来衡量企业的绿色创新水平。本节通过替换核心被解释变量的方式对基准回归做稳健性检验，回归结果见表 4 - 7 列（1）~ 列（3）。其中，列（1）是碳排放权交易试点政策对企业申请绿色专利数据总量的影响，列（2）是碳排放权交易试点政策对企业申请绿色发明专利总量的影响，列（3）是碳排放权交易试点政策对企业申请绿色实用型专利总量的影响。可以看出，*did* 估计系数均显著为正，说明基准回归结果依然稳健。

表 4 - 7　　　　　　　　　　稳健性检验

变量	(1)	(2)	(3)	(4)	(5)	(6)
	GTN	Gip	Gup	GTN	Gip	Gup
did	0.8083 ** (2.0919)	0.5351 ** (1.9890)	0.2733 ** (2.0069)	0.5814 ** (2.3938)	0.2376 ** (2.2749)	0.3438 ** (2.1951)
debt	- 0.9637 * (- 1.6720)	- 1.0859 *** (- 2.7375)	0.1222 (0.6089)	- 0.6498 * (- 1.6624)	- 0.6770 *** (- 3.6689)	0.0272 (0.1185)
grow	- 0.0077 *** (- 5.6144)	- 0.0048 *** (- 5.3225)	- 0.0029 *** (- 5.9632)	- 0.0047 *** (- 5.6206)	- 0.0018 *** (- 5.4757)	- 0.0030 *** (- 5.4982)
roa	1.7727 * (1.7393)	0.9035 (1.3094)	0.8692 ** (2.2794)	- 0.1737 (- 0.2829)	- 0.7979 *** (- 2.7666)	0.6242 * (1.6513)
lnsize	2.7855 *** (9.1571)	1.8798 *** (9.2636)	0.9057 *** (8.4851)	1.7141 *** (8.7916)	0.7642 *** (9.3136)	0.9499 *** (7.6950)
age	0.0221 (0.8485)	0.0190 (1.1339)	0.0031 (0.3103)	0.0015 (0.0892)	- 0.0009 (- 0.1529)	0.0024 (0.2071)
concen	- 0.0190 ** (- 2.2365)	- 0.0131 ** (- 2.3021)	- 0.0059 * (- 1.9487)	- 0.0111 ** (- 2.0784)	- 0.0047 * (- 1.9174)	- 0.0064 ** (- 1.9709)
lngdp	0.3707 (0.5840)	0.3861 (0.9258)	- 0.0154 (- 0.0620)	0.6147 (1.3625)	0.3347 * (1.7221)	0.2801 (0.9207)

续表

变量	(1)	(2)	(3)	(4)	(5)	(6)
	GTN	*Gip*	*Gup*	*GTN*	*Gip*	*Gup*
er	−0.0154 (−0.8374)	−0.0206 * (−1.6897)	0.0052 (0.7188)	−0.0133 (−1.1849)	−0.0130 ** (−2.3027)	−0.0003 (−0.0439)
常数项	−61.6417 *** (−5.2710)	−42.6605 *** (−5.4330)	−18.9812 *** (−4.4611)	−42.8115 *** (−5.2329)	−19.4003 *** (−5.8605)	−23.4112 *** (−4.2498)
N	27617	27617	27617	27617	27617	27617
R^2	0.0670	0.0614	0.0679	0.0667	0.0564	0.0613

注：括号内的数字表示 t 值，*、**、***分别表示在 10%、5%、1% 的统计水平上显著。

碳排放权交易试点政策是在 2013 年正式上线交易的，所以也有文献将试点时间定为 2013 年，因此，本节通过更换碳交易市场试点启动时间进行稳健性检验。回归结果见表 4 − 7 列（4）~ 列（6）。可以看出，*did* 估计系数均显著为正，显然支持了本章的主要结论。

3. 安慰剂检验

为避免碳排放权试点政策对企业绿色创新的影响受到一些不可观测的因素影响，本节采用实验分布随机化的安慰剂检验来排除其他不可观测因素的影响。具体而言，在所有样本城市中随机抽样六个试点省市，并将这六个省市的企业作为"伪实验组"，其余企业作为对照组。反复重复上述过程 500 次，进而得到 500 个"伪实验组"与政策时间交互的 *did* 估计系数。安慰剂检验结果见图 4 − 26，其中，（a）为企业绿色创新总量的安慰剂检验结果，（b）为企业实质性绿色创新的安慰剂检验结果，（c）为企业策略性绿色创新的安慰剂检验结果。可以看出，大部分回归系数集中在 0 附近，这表明，碳交易市场试点政策启动对企业绿色创新的政策效应并未受到其他不可观测特征或遗漏变量的干扰，即基准回归结果通过了安慰剂检验。

4. 基于倾向得分匹配的稳健性检验

双重差分法能够较好地分离"时间效应"和"政策效应"，并一定程

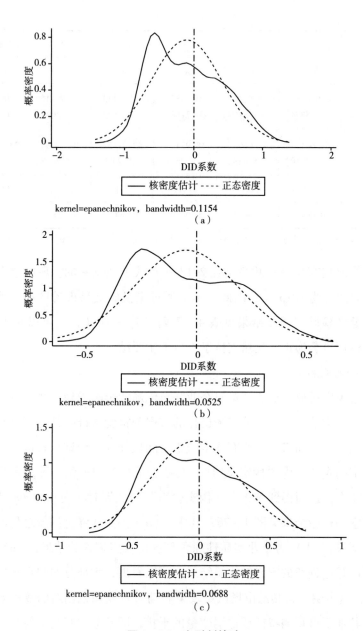

kernel=epanechnikov，bandwidth=0.1154

（a）

kernel=epanechnikov，bandwidth=0.0525

（b）

kernel=epanechnikov，bandwidth=0.0688

（c）

图 4 – 26　安慰剂检验

度上缓解内生性问题。然而，该方法仍存在一定局限，例如，不能有效地
解决样本选择偏差所造成的变量选择性问题，即该方法的使用需要满足前

提假设——在碳排放权交易试点政策实施之前，实验组和对照组的被解释变量具有相似的平行趋势。但实际中这一前提假设往往很难满足。因此，本节进一步采用倾向得分匹配（PSM）方法对模型进行稳健性检验。PSM方法能够有效降低样本选择偏误和混杂偏移而引起的内生性问题。具体而言，采用 Logit 模型，以 *treat* 为被解释变量，以资产负债率、企业规模、营业收入增长率、企业年龄、资产利润率和第一大股东持股比率作为相应的匹配变量，然后采用半径匹配的方法进行样本匹配。在进行配对之后，将匹配后的观测值重新进行估计。结果见表 4-8 所示。结果表明，*did* 估计系数均显著为正，显然与基准回归结果基本一致，支持了本章的主要结论。

表 4-8 　　　　　　　　　基于倾向得分匹配的稳健性检验

变量	(1)	(2)	(3)	(4)	(5)	(6)
	GTN	*GTN*	*Gip*	*Gip*	*Gup*	*Gup*
did	0.4563 ** (0.2188)	0.7002 *** (0.2631)	0.2662 *** (0.0920)	0.3536 *** (0.1106)	0.1901 (0.1427)	0.3466 ** (0.1698)
debt		-1.2198 *** (0.4666)		-0.8283 *** (0.2173)		-0.3915 (0.2754)
grow		-0.0047 *** (0.0008)		-0.0018 *** (0.0003)		-0.0029 *** (0.0005)
roa		-0.9218 (0.7217)		-1.1038 *** (0.3610)		0.1820 (0.4101)
lnsize		1.8778 *** (0.2248)		0.8304 *** (0.0938)		1.0474 *** (0.1430)
age		0.0199 (0.0209)		0.0028 (0.0078)		0.0171 (0.0145)
concen		-0.0111 * (0.0062)		-0.0053 * (0.0029)		-0.0058 (0.0037)
lngdp		1.2178 ** (0.5413)		0.6004 ** (0.2409)		0.6174 * (0.3578)

续表

变量	(1) GTN	(2) GTN	(3) Gip	(4) Gip	(5) Gup	(6) Gup
er		-0.0201 (0.0124)		-0.0164 ** (0.0066)		-0.0037 (0.0075)
常数项	-0.0255 (0.6988)	-53.7199 *** (9.8479)	0.0584 (0.4335)	-23.9595 *** (4.0232)	-0.0839 (0.6508)	-29.7605 *** (6.5827)
N	23555	23555	23555	23555	23555	23555
R²	0.0321	0.0668	0.0228	0.0570	0.0338	0.0614

注：括号内的数字表示 t 值，*、**、*** 分别表示在 10%、5%、1% 的统计水平上显著。

4.3.2.3 异质性分析

1. 股权异质性分析

对于企业而言，除了环境规制政策等宏观因素的影响，企业自身的微观因素同样会对企业的绿色创新动机造成重要影响。因此，本节基于股权性质将样本企业分为国有企业与非国有企业再次进行回归，回归结果见表 4-9 所示。表中列（1）~列（3）为国有企业的回归结果，列（4）~列（6）为非国有企业的回归结果。

表4-9　　　　　　　　股权异质性回归结果

变量	(1) GTN	(2) Gip	(3) Gup	(4) GTN	(5) Gip	(6) Gup
did	0.8855 ** (2.4524)	0.3622 ** (2.3865)	0.5234 ** (2.2739)	0.2902 (0.8843)	0.2774 ** (2.0872)	0.0128 (0.0576)
debt	-2.6006 *** (-3.5235)	-1.5110 *** (-3.9477)	-1.0896 *** (-2.8530)	0.3456 (0.7538)	-0.2120 (-1.2750)	0.5576 * (1.7237)
grow	-0.0425 * (-1.7370)	-0.0146 * (-1.8201)	-0.0279 * (-1.6773)	-0.0060 *** (-5.3079)	-0.0023 *** (-5.1787)	-0.0038 *** (-4.9698)

续表

变量	(1)	(2)	(3)	(4)	(5)	(6)
	GTN	*Gip*	*Gup*	*GTN*	*Gip*	*Gup*
roa	− 3. 5519 (− 1. 4804)	− 2. 6177 ** (− 2. 3154)	− 0. 9341 (− 0. 6712)	0. 2533 (0. 5421)	− 0. 5368 ** (− 2. 5145)	0. 7900 ** (2. 4486)
ln*size*	1. 6881 *** (7. 5382)	0. 7279 *** (7. 2906)	0. 9602 *** (7. 1498)	1. 9439 *** (5. 2432)	0. 8858 *** (5. 8874)	1. 0581 *** (4. 3521)
age	0. 0649 ** (2. 4971)	0. 0277 ** (2. 5320)	0. 0372 ** (2. 2584)	− 0. 0086 (− 0. 3317)	− 0. 0000 (− 0. 0048)	− 0. 0086 (− 0. 4560)
concen	0. 0088 (1. 1988)	0. 0069 * (1. 8649)	0. 0019 (0. 4717)	− 0. 0067 (− 1. 4905)	− 0. 0061 *** (− 3. 5580)	− 0. 0006 (− 0. 1980)
ln*gdp*	− 0. 5769 (− 1. 0299)	− 0. 1059 (− 0. 3853)	− 0. 4710 (− 1. 2594)	1. 1221 (1. 3838)	0. 4430 (1. 4849)	0. 6791 (1. 1929)
er	0. 0213 (1. 1246)	0. 0016 (0. 1840)	0. 0196 (1. 6382)	− 0. 0185 (− 0. 8534)	− 0. 0175 * (− 1. 7495)	− 0. 0010 (− 0. 0696)
常数项	− 28. 6788 *** (− 2. 9038)	− 13. 9677 *** (− 3. 1186)	− 14. 7111 ** (− 2. 2482)	− 54. 6018 *** (− 3. 3196)	− 23. 2160 *** (− 3. 8166)	− 31. 3858 *** (− 2. 7752)
N	11840	11840	11840	15777	15777	15777
R^2	0. 1117	0. 0978	0. 1077	0. 0578	0. 0483	0. 0521

注：括号内的数字表示 t 值，*、**、*** 分别表示在 10%、5%、1% 的统计水平上显著。

由表 4 - 9 可知，碳排放权交易试点政策能够显著促进国有企业的绿色创新总数、实质性绿色创新以及策略性绿色创新，而对非国有企业而言，该政策仅能促进企业的实质性绿色创新行为。可能的原因在于，国有企业一般具有较大的规模体量，对地方财政与经济发展贡献较大，同时也容易享受到地方政府给予的财政补贴与税收优惠等政策，因此，国有企业研发资金充足，抵抗风险能力强，具有较强的绿色创新意愿与能力（Liu et al.，2022）。同时，国有企业持续面临政府和公众的监督，社会责任的内在压力大，因此国有企业更有可能从事有助于其正面形象的活动以维护企业形象和声誉，往往率先与政府合作减排。然而，非国有企业大多不具备国有企业的优势，没有足够的信心与资金去进行策略性绿色创新，毕竟只有实质性绿色创新才能够为企业在碳交易市场上降低成本或赢得利润。因此，面对碳排放权交易试点给企业带来的成本上的压力抑或是实质性绿色创新所带来的潜在利润，非国有企业更倾向于进行实质性绿色创新。

2. 行业异质性分析

重污染行业的企业环境成本高，因此在碳排放权交易政策的约束下，其更有可能进行实质性绿色创新以提高资源使用效率、减少环境污染排放等。鉴于此，本节参照王永贵和李霞（2023）的研究方法，将样本企业分为重污染企业和非重污染企业。具体回归结果见表 4 - 10 所示，其中列（1）～列（3）分别为碳排放权交易政策对重污染企业绿色创新总量、实质性绿色创新以及策略性绿色创新的影响，列（4）～列（6）分别为碳排放权交易政策对非重污染企业绿色创新总量、实质性绿色创新以及策略性绿色创新的影响。

表 4 - 10 行业异质性回归结果

变量	(1)	(2)	(3)	(4)	(5)	(6)
	GTN	Gip	Gup	GTN	Gip	Gup
did	1.0946 *** (2.5825)	0.7056 *** (3.1480)	0.3890 * (1.7892)	0.3385 (1.2958)	0.1582 (1.5168)	0.1803 (1.0251)
$debt$	- 3.8597 *** (- 4.4128)	- 1.8467 *** (- 3.9332)	- 2.0131 *** (- 4.7070)	0.7311 ** (2.0955)	- 0.0975 (- 0.8248)	0.8286 *** (3.2649)
$grow$	- 0.0288 ** (- 2.3245)	- 0.0120 ** (- 2.2525)	- 0.0168 ** (- 2.3476)	- 0.0046 *** (- 6.1290)	- 0.0017 *** (- 6.2668)	- 0.0029 *** (- 5.7145)
roa	- 6.8295 *** (- 4.2195)	- 3.6116 *** (- 4.0774)	- 3.2179 *** (- 4.1830)	1.7458 *** (3.0975)	0.0674 (0.3178)	1.6783 *** (4.0691)
$\ln size$	1.6764 *** (6.3080)	0.7767 *** (5.6042)	0.8997 *** (6.7670)	1.6649 *** (6.6590)	0.7201 *** (7.4553)	0.9449 *** (5.6593)
age	- 0.0187 (- 1.1747)	- 0.0009 (- 0.0982)	- 0.0178 ** (- 2.0192)	0.0324 (1.4373)	0.0078 (1.0394)	0.0246 (1.5249)

续表

变量	(1)	(2)	(3)	(4)	(5)	(6)
	GTN	Gip	Gup	GTN	Gip	Gup
concen	0. 0280 *** (3. 5015)	0. 0114 *** (2. 6534)	0. 0166 *** (4. 1473)	− 0. 0261 *** (− 4. 8740)	− 0. 0116 *** (− 5. 1089)	− 0. 0145 *** (− 4. 0911)
lngdp	− 0. 4634 (− 1. 3225)	− 0. 2549 (− 1. 4613)	− 0. 2085 (− 1. 0063)	0. 9268 (1. 3717)	0. 5228 * (1. 8529)	0. 4039 (0. 8753)
er	− 0. 0344 *** (− 2. 9882)	− 0. 0164 *** (− 2. 7257)	− 0. 0180 *** (− 2. 5855)	− 0. 0026 (− 0. 1638)	− 0. 0104 (− 1. 2801)	0. 0078 (0. 7624)
常数项	− 23. 8781 *** (− 3. 7671)	− 10. 3554 *** (− 3. 2465)	− 13. 5227 *** (− 3. 7855)	− 47. 4701 *** (− 3. 6314)	− 21. 4952 *** (− 4. 2583)	− 25. 9749 *** (− 2. 8946)
N	8397	8397	8397	19220	19220	19220
R^2	0. 1124	0. 0934	0. 1155	0. 0851	0. 0707	0. 0779

注：括号内的数字表示 t 值，* 、** 、*** 分别表示在10% 、5% 、1% 的统计水平上显著。

由表 4 – 10 可以看出，碳排放权交易政策对重污染企业的绿色创新总量、实质性绿色创新以及策略性绿色创新都具有显著的正向影响。可能的原因在于，只有实质性绿色创新才能为重污染企业降低环境成本，提高企业竞争力。同时，碳排放权交易政策的启动会加大公众或媒体对重污染企业绿色行为的关注，因此出于企业社会形象的考虑，重污染企业会加大绿色专利的研发从而提高其社会形象。然而，实质性绿色创新成本过高且周期过长，企业在实质性绿色创新数量上难有质的飞跃，而策略性绿色创新刚好满足了企业的要求，既不需要付出过多的经济与时间成本，又能够提供大量的绿色专利产出用于树立企业的良好形象，因此碳排放权交易政策同样显著促进了重污染企业的策略性绿色创新水平。

此外，对于非重污染行业的企业而言，碳排放权交易政策尚不能激发其进行绿色创新。这可能是因为非重污染行业的企业环境治理成本小，其绿色创新的动机更多的在于攫取利益、营造良好的社会形象，因此企业更倾向于进行策略性绿色创新或不进行绿色创新。同时，非重污染行业的企业绿色创新经验较少，即使意识到碳排放权交易政策能够为其带来潜在的利润，企业也没有足够的经验与能力进行绿色创新，且大多数公众或媒体也只会关注重污染企业，因此，碳排放权交易政策对非重污染行业的企业绿色创新影响不显著。

4.4 主要结论及对策

4.4.1 主要结论

企业的绿色创新行为对实现"双碳"目标和促进社会可持续发展至关重要。由于企业绿色创新的正外部性与不确定性导致企业没有足够的动力进行绿色创新，因此需要政府施加外部干预。然而，在环境规制约束下，出于创新动机的不同，企业的绿色创新应对策略也不同。鉴于此，为推动企业的实质性绿色创新行为，减少其策略性绿色创新应对，本章在分析各主体策略选择与行为逻辑的基础上构建了政府－企业－公众三方演化博弈模型，并通过系统动力学进行数值仿真模拟，旨在厘清各主体策略选择的关键影响因素以及环境规制对企业绿色创新的影响机理。在此基础上，本章基于微观企业数据，以碳排放权交易政策为准自然实验，实证评估了环境规制政策对企业绿色创新的实际影响，得到的主要研究结论如下。

第一，对于企业而言，加大对其实质性绿色创新行为的补贴与环境税收优惠能够使企业倾向于选择实质性绿色创新策略。然而，地方政府难以辨别企业绿色创新的实质，加之地方专项补贴的政治属性与"创新崇拜"现象的存在，使得政府会宽松环境规制，从而通过"挤出"效应导致企业倾向于采取策略性绿色创新。对于公众而言，只有政府严格环境规制且进行公共环保宣传，公众才会选择监督策略。

第二，政府的公共环保宣传有助于促使公众选择监督策略，但过高的环保宣传支出会迫使政府出于自身利益考虑而选择宽松环境规制。政府对企业策略性绿色创新行为的处罚有助于加快企业选择实质性绿色创新，但过高的罚金会使整个系统偏离稳定。当政府的实质性绿色创新补贴过低时，企业会倾向于实施策略性绿色创新，但随着补贴金额的提高，企业会最终选择实质性绿色。然而，补贴金额过高同样会导致整个系统偏离稳定。公众监督成本过高会导致公众选择不监督策略，虽不会影响到政府的策略选择，但企业会因为缺乏公众监督而最终选择策略性绿色创新。

第三，碳排放权交易政策能够有效激励企业的绿色创新行为，不论是实质性绿色创新抑或是策略性绿色创新。同时，对于国有企业而言，碳排放权交易政策能够同时促进企业的实质性绿色创新与策略性绿色创新；而对于非国有企业而言，碳排放权交易政策仅能促进其实质性绿色创新行为。对于处于重污染行业的企业，碳排放权交易政策能够同时促进其两种绿色创新行为，但对处于非重污染行业的企业而言，碳排放权交易政策对其绿色创新促进效应不显著。

4.4.2 对策建议

基于上述研究结论，本章提出以下对策建议。

第一，政府在引导企业绿色创新尤其是实质性绿色创新时应具有足够的耐心，充分发挥绿色创新补贴资金的作用，引导企业向实质性绿色创新转变。同时，要加强对绿色创新行为的审查，对技术含量高以及潜在价值大的绿色创新项目加大支持力度，从立项到落地全程都要深入参与并提供支持，减少企业实质性绿色创新的后顾之忧。此外，对从事较低水平绿色创新的企业，不能简单地认为其在进行策略性绿色创新，而是要在全方位评估企业实力的基础上给予引导与适当的支持。对明确采取策略性绿色创新行为、骗取政府补贴与税收优惠的企业应加大惩罚力度，不仅要对其处以经济上的罚款，还要将其纳入"黑名单"以威慑策略性绿色创新企业从而引导企业进行实质性绿色创新。

第二，地方政府要树立正确的"创新观"，不能为追求创新绩效而忽视创新质量，要坚持宁缺毋滥的原则。中央政府应进一步完善知识产权制度，同时地方政府应因地制宜地激发企业的创新创造活力，对中小企业、非国有企业具有基础性、前瞻性的绿色创新活动提供市场融资渠道。此外，地方政府也应完善和规范专利质量的事前评估、事中检查、事后抽查机制，鼓励具有创新甄别资质的中介机构参与专利质量评估指标设计和后续的评估审核，以降低政府辨别企业绿色创新实质的成本。

　　第三，中央政府应进一步完善碳排放权交易政策的运行机制。一是地方政府应进一步扩大行业覆盖面，将更多的企业纳入碳排放权交易体系，扩充交易主体类型，增加交易品种和市场活跃度。二是完善碳排放核算、报告和核查制度，建立碳历史数据库。只有通过建立和完善一系列配套机制，碳排放权交易政策才能在推动企业绿色创新中发挥积极作用。三是政府应充分支持非国有企业的实质性绿色创新行为，给予充足的绿色创新补贴，引导其持续进行实质性绿色创新。同时，政府应大力宣传引导非重污染行业的企业进行实质性绿色创新，从而在碳市场出售配额获取利润。

第 5 章

环境规制与高技术产业发展

5.1 引言

中国早期粗放式的发展模式在带来经济飞速增长的同时，也给环境治理埋下了隐患（胡志高等，2019）。近年来，我国每年用于环境污染治理的费用远高于其他新兴经济体，但环境污染问题依然十分严峻。环境污染所带来的气候变化、能源枯竭、水资源短缺等一系列问题已成为困扰我国经济健康发展的重要因素。

伴随经济社会的不断发展与进步，经济体系架构也发生了深刻的变化，各国间经济实力的竞争逐渐从对资源禀赋的依赖转向对科学技术的革新，高精尖技术的发展与应用不仅在自然科学领域推动着社会的发展，也在生产生活当中逐渐占据了国民经济的命脉（Wang et al.，2019；Michael et al.，2020）。相较于传统产业，高技术产业由于其知识技术的高度密集，能够有效实现生产技术的升级迭代并投入应用，其产品也因为较高的附加价值而在市场竞争中处于优势地位，在整个经济活动中实现经济结构的升级和产业结构的优化，对整个国家的经济发展都有着重要的意义（胡亚茹和陈丹丹，2019）。我国也认识到传统的产业发展模式不能为经济发展提供足够的增长动力，高技术产业应当是促进产业结构化升级、拉动经济健康增长的重点产业（薛庆根，2014）。高技术产业由其产业特点所致，高精尖的生产技术能够实现快速密集的研发与应用、迭代与升级，并由高技术产业将这一生产优势辐射扩散到其他产业，实现整体经济结构的优化、经济增长模式的转型。

本章研究环境规制对于高技术产业发展的影响问题。通过构建理论模型，分析环境规制对高技术产业发展影响的作用机理与作用路径，并从高技术产业的产值规模与技术创新水平两个角度对环境规制影响高技术产业发展的效应进行实证分析。在我国整体经济增长模式正处于转型期的当下，将环境规制作为刺激企业生产技术升级的手段和契机，对于实现环境保护与经济增长相协调的"双赢"局面，无疑具有重要的理论价值与实践意义（魏元朝，2022）。

5.2 环境规制对高技术产业发展的影响机理分析

5.2.1 影响的路径分析

人类的生产活动会带来环境污染的副产物，相较于日常生活来说，生产过程中的污染是造成环境破坏、生态失衡的主要原因。因此，为了实现环境与经济协调发展的局面，绿色清洁的生产活动是重中之重。对于产业发展而言，环境规制带来的影响是极其复杂的。最常见的分析方法是从企业的资金投入角度出发，环境规制通过影响企业的技术研发资金投入来影响整体的生产技术水平，进而对产业的生产发展带来影响。除此之外，对于企业生产活动的另一个投入要素——人力资本来说，有相关研究指出，环境规制对人力资本健康状况的影响会作用于企业的最终生产中。因此，本节从技术创新与健康人力资本两个路径出发，分析环境规制强度对高技术产业发展的影响。相关具体路径如图 5－1 所示。

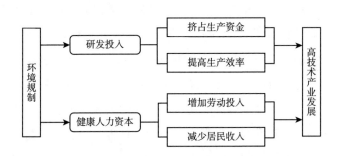

图 5－1　环境规制影响高技术产业发展的路径

5.2.1.1　研发投入路径

改革开放以来，我国经济实现了巨大的飞跃式发展，而在这一瞩目成就的背后，则是以较为宽松的环境规制政策为前提。随着环境问题的日益严重，如何实现环境保护与经济发展的协调共存成为亟须解决的课题。有关环境规制对于企业产出的影响，现有的研究结论众说纷纭，但相关研究的视角大都从成本与研发的角度入手。一方面，有些学者认为，严格的环境规制对企业生产具有负外部性的效果，相当于增加了企业生产时的约束条件，直接或间接提高了企业的生产成本，由此造成企业生产能力降低，整体产业发展水平下降；另一方面，还有一部分学者遵循波特假说的内容，认为严格且适合的环境规制强度并不会导致企业生产率降低，反而能够激励企业生产技术的创新，从而提高企业自身竞争力，最终促进产业发展与生产增长。因此，由环境规制这一外部压力所带来的研发投入的变化对企业的生产发展也存在着两方面的影响。

一方面，先进的科学技术能够提供先进的生产力，实现生产水平和效率的提高。技术创新已经成为经济发展新常态下拉动经济增长、促进产业升级的重要动力，而研发投入的增加能够加快企业生产技术升级的速度。王东和李金叶（2021）研究发现，在市场机制的作用下，技术创新可以将知识转化为物质成果，将潜在生产力转变为现实生产力。具体来说，技术创新可以为企业赋予高于其竞争对手的生产效率，为生产产品赋予更高的附加价值，增强企业的竞争力，实现生产效率的提高。而环境规制的存在正是激励企业进行技术创新的有效手段。企业为实现政府环境规制的要求，达到相应的生产技术水平，会将一部分资金用于技术创新之中，从而使生产资本进行再分配。另外，还有学者指出，研发投入的变化对技术创新的促进效果除了广度上的影响还有深度上的效果，可以从产业链层面实现整个产业的结构化升级，提高产业的专业化程度，进而提高整个产业的发展水平（Ren & Ji，2021）。

从我国整体发展现状来看，我国的经济及产业发展还存在着不平衡的现象，不同地区不同产业之间的创新水平也有着不同程度的表现。大型企业的技术研发投入由于人才与资源的相对集中，能够更快实现生产技术的创新升级，并有助于先进生产技术的推广应用，这为整个高技术产业的发展提供了有利的增长机会。具体来看，在面临一定的环境规制时，占据市场份额较大的大中型企业为了满足政府的规制要求，会对自身的生产技术进行改革，加大研发投入，由此形成创新优势，在市场竞争中占据领先地位。对于高技术产业中的其他企业而言，虽然也会相应增加研发支出，但相较于大中型企业的研发支出来讲，这些投入更类似于学习成本，即：根据头部企业释放的创新信号，利用较小的成本对先进生产技术进行学习，从而实现环境规制通过改变研发投入来对整个高技术产业的发展造成影响。

另一方面，技术创新在带来生产水平进步的同时，也并非没有任何代价。已有研究指出，当企业进行生产技术创新时，技术研发所带来的成本效应会一定程度上影响企业的生产效率与收益，甚至会降低企业的生产水平（Cao et al.，2020）。王翔和王天天（2020）对企业进行技术创新时所需的市场条件与外部冲击问题进行了探讨，并指出，并非所有的环境规制都会促进企业进行技术创新，企业的技术创新条件也有着一定的限制。具体来说，企业对于生产技术上的研发投入虽然能够为自身带来生产效率上的优势，但对于企业来说，过于追求技术上的研发投入会导致企业自身的生产结构紊乱。当用于技术研发资金投入较多时，相应的研发投入所带来的技术创新效应不足以弥补挤占生产资金所导致的生产产量的下降，对于企业而言发展速度自然会相应降低，从整个产业的角度来讲势必会对整个高技术产业的发展带来不利的影响。

5.2.1.2　健康人力资本路径

人力资本是促进经济增长与产业发展的最活跃因素之一，现有文献中有许多研究是关于人力资本与产业发展之间关系的。对于生产活动中所投入的两个基本生产要素来说，人力资本相较于物质资本具有边际递增的优势，因此，扩大人力资本规模在生产活动中能够带来更多的产出（Li & Ramanathan，2018），对整个产业来讲能够实现规模的快速扩张（Yu & Shen，2020）。此外，谢荣辉等（Xie et al.，2017）的研究将健康要素考虑到生产活动当中，发现健康水平也是造成产业发展不同速度的影响因素之一，具有较高健康水平的人力资本相比健康情况较差的人力资本对企业生产产出的影响更大；万攀兵等（2021）将研究重点放到人力资本在经济活动中的内在逻辑上，发现人力资本对经济产出的影响效果具有不同路径的区别表达；洪进等（Hong et al.，2016）从空间角度对人力资本进行了分类讨论，发现具有不同学历的人力资本虽然都能够对经济发展产生正向的促进作用，但影响效果存在着区域的异质性。

严格的环境规制能够改善生态环境和居民的健康状况，这得到了学术界的普遍认可。随着经济的不断发展与居民生活水平的不断提高，人们对于生产中的要素投入从单纯的劳动力投入衡量逐渐转向更加综合的方向，对于自身健康的看重程度也愈发加深。健康的劳动力在工作中能够产生更加高效的劳动效率，而人们对于自身健康水平的看重也促使人们为了维持高效的劳动力水平而增加自己的健康支出。从健康人力资本的角度来看，一方面，环境规制提高了人们的健康水平，使得用于生产的健康人力资本增加；另一方面，环境规制在一定程度上会增加企业的生产成本，减少企业的生产效益，也会使人们的收入减少，进一步减少人们用于维持健康水平的支出，进而导致健康人力资本水平的下降。因此，对于环境规制来说，其对企业生产过程中健康人力资本投入水平的影响也存在两方面的综合效果。

5.2.2 影响的模型分析

基于前文的路径分析，下面进一步基于"世代交叠模型"（overlapping generation model，OLG 模型），构建一个关于环境规制与高技术产业发展关系的理论模型，以期明确环境规制对于高技术产业发展的具体影响以及影响机理。

5.2.2.1 消费部门

OLG 模型将人的一生分为两个时期，青年时期 t 与老年时期 $t+1$。在青年时期，人们工作并获得收入，进行消费 C_t 与储蓄 S_t 两种行为，总收入满足：$W_t = C_t + S_t$；在老年时期，人们将不再工作，只进行消费，总的消费量由青年时期的储蓄所承担，考虑到利率为 r，则老年时期的总收入满足：$W_{t+1} = C_{t+1} = S_t(1+r)$。

假定每个个体都只关心自身的效用水平，对效用的影响因素由两方面构成：一是消费水平，消费越多，则效用水平越高；二是身体健康水平，身体健康水平越高，则效用水平越高。其中，影响青年消费者健康水平的有三个方面因素，分别是初始健康水平 h_0、居民的健康投资 η 和环境质量情况。根据已有研究，环境质量与居民健康水平呈正相关的关系，环境质量越好，居民健康水平越高。政府制定的环境规制的严格程度，自然地形成了这一政策的规制强度，本节的环境规制强度用 τ 来表示。τ 越大，则环境质量越好，这样可以将环境规制强度与居民的健康水平联系起来。一般地，青年时期居民的健康水平是：$h_t = h_0 \cdot \eta \cdot \tau$；老年时期的健康水平不仅与健康支出和环境规制强度有关，还受到青年时期的健康水平的影响，假设居民两期内健康投资不变，由此，老年时期居民的健康水平是：

$h_{t+1} = h_t \cdot \eta \cdot \tau$。

考虑到居民的健康支出对健康水平也是起到促进作用，定义 a 为健康支出因子，即居民用于维持身体健康方面的支出 I 占居民总消费 C 的比例，满足 $I = aC$。

假定消费者代际不存在遗赠等相关行为，那么，消费者的效用函数可以表示为：

$$u = \ln C_t \cdot h_t + \alpha \ln C_{t+1} \cdot h_{t+1} \qquad (5-1)$$

其中，α 表示贴现因子。理性的消费者的目标就是约束条件下如何实现自身在代际交替模型下的效用最大化。消费者的决策模型可以由以下方程组表示：

$$\begin{cases} u = \ln C_t \cdot h_t + \alpha \ln C_{t+1} \cdot h_{t+1} \\ h_t = h_0 \cdot \eta \cdot \tau \\ h_{t+1} = h_t \cdot \eta \cdot \tau \\ C_{t+1} = S_t (1+r) \end{cases}$$

$$\text{s. t. } C_t + S_t = W_t \qquad (5-2)$$

通过构造拉格朗日方程，可以得到消费者的最优决策：

$$\begin{cases} C_t = \dfrac{1}{1+\alpha} W \\ S_t = \dfrac{\alpha}{1+\alpha} W \end{cases} \qquad (5-3)$$

5.2.2.2　生产部门

上一部分研究了消费者在 OLG 模型中面临健康与消费两种效用决定因素时所作出的决策，这一部分将生产者纳入模型中，同时对劳动力进行区分，研究当不同收入的消费者作为劳动力参与到生产过程中时，环境规制强度与贫困比例对企业生产产生的影响。

企业的生产函数用柯布－道格拉斯生产函数表示：$Y = A \cdot K^{\theta} \cdot L^{1-\theta}$。其中，$A$、$K$、$L$分别表示技术水平、资本和劳动力投入数。考虑到健康人力资本对生产活动能够带来积极的促进作用，以前面定义的劳动力健康水平h_t乘以当期劳动力L_t来定义健康人力资本L_h，可以更加具体地对企业的生产函数进行刻画。

$$L_h = h_t \cdot L_t$$

当面临政府的环境规制时，企业会将投资分为两个部分，一部分用于进行技术升级与创新，即研发投入；另一部分继续用于生产活动当中，称为生产性投资。这两部分投资根据环境规制强度的不同而变化，用τK与$(1-\tau)K$来分别表示。当政府的环境规制强度增大时，用于技术性投资的部分就会随之增加，新技术的研发效率与收益也会随之增加；而由于新技术的研发本身呈现难度逐渐增大的态势，又因为学习效应的存在，中小型企业或后发企业能够利用较小的成本来享受新技术，使得大型企业或先行企业缺乏对新技术进一步研发的积极性，所以新技术的研发呈现边际递减的趋势。本书用幂函数来刻画技术水平与环境规制强度之间的数理关系，定义：$A(\tau) = \tau^{\delta}$。其中，δ表示各不同行业的技术创新能力关于环境规制强度的弹性系数，本节将其定义为高技术产业的技术创新因子。当δ越大时，该行业面对环境规制就越容易实现技术创新。

在t时期，企业生产可以表示为：

$$Y_t = \tau^{\delta} \cdot (1-\tau)^{\theta} K_t^{\theta} \cdot (h_t L_t)^{1-\theta} \qquad (5-4)$$

则人均产出为：

$$y_t = \tau^{\delta}(1-\tau)^{\theta} \cdot k_t^{\theta} \cdot h_t^{1-\theta} \qquad (5-5)$$

政府的环境规制一般以行政管制、污染监管、经济规制等为手段（Porter，1991），不仅对企业的生产过程产生影响，也在成本上给企业带来了一定的负担。以τY_t表示企业所面临的额外成本，企业的利润函数可以表示为：

$$\pi = Y_t - rK_t - \omega_t L_t - \tau Y_t$$

其中，ω_t表示工人的工资水平，r表示利率。根据企业利润最大化的一阶条件，可以得到：

$$\begin{cases} \omega_t = (1-\tau)(1-\theta) \cdot y_t \\ r = (1-\tau)\theta \cdot \dfrac{y_t}{k_t} \end{cases} \quad (5-6)$$

企业在利润最大化下所支付的工资ω_t，即为工人的总收入W_t，根据 OLG 模型的假设，消费者在老年时期只进行消费，并不进行生产活动，所以在每一期的生产活动中，投入的劳动力均为青年时期的劳动力。假设每一期的企业生产活动中用于生产投入的健康人力资本水平相同，均为h_t，而当期的投资水平由上一期的储蓄所决定，这样就把企业的跨期生产联系到了一起。

5.2.2.3　稳态均衡

在资本市场出清的条件下，可以得到人均资本的变化过程：

$$k_{t+1} = S_t = \frac{\alpha}{1+\alpha}(1-\tau)(1-\theta)y_t$$

在长期的时间范围内，整个市场会自发进行调整，最终实现整个经济系统稳定运转，达到稳态均衡。此时，经济系统内的每个参与主体都处于帕累托最优状态，相关参数也不会再发生改变。令$k_{t+1} = k_t = k^*$，可以求解得到均衡状态下的人均资本存量k^*：

$$k^* = \left[\frac{\alpha(1-\theta)}{1+\alpha}\right]^{\frac{1}{1-\theta}} \cdot \left[\tau^{\frac{1+\delta-\theta}{1-\theta}} \cdot (1-\tau)^{\frac{1+\theta}{1-\theta}}\right] \cdot (h_0\eta) \quad (5-7)$$

将式（5-7）代入人均产出式（5-5）中可以得到稳态下的经济产出y^*：

$$y^* = A \cdot \left[\tau^{\frac{1+\delta-\theta}{1-\theta}} \cdot (1-\tau)^{\frac{2\theta}{1-\theta}}\right] \quad (5-8)$$

其中，$A = \left[\dfrac{\alpha(1-\theta)}{1+\alpha} \right]^{\frac{\theta}{1-\theta}} \cdot (h_0\eta)$。

从稳态下的产出公式中也可以看出，高技术产业的产出与环境规制强度密切相关，且存在一个最优的环境规制强度。在稳态状态下，为了研究高技术产业下的不同行业对于环境规制的响应变化，更好地判断环境规制强度对于高技术产业下不同行业的影响机理，将稳态下的产业产出看作一个稳定不变的产出水平，在此前提之下，对环境规制强度与行业对该政策的反应系数之间的关系进行整理，可以得到如下公式：

$$\delta = \frac{(1-\theta)B - 2\theta\ln(1-\tau)}{\ln\tau} + \theta - 1 \qquad (5-9)$$

其中，$B = \ln y - \ln A$。

可以看到，当政府出台不同的环境规制时，高技术产业下的不同行业对环境规制的响应程度是不同的。为进一步分析相关影响，将行业对于环境规制的响应系数视作随环境规制强度变化而变化的连续变量，对两者之间的关系进行求导分析。结果如下所示：

$$\frac{\mathrm{d}\delta}{\mathrm{d}\tau} = \frac{2\theta\tau\ln\tau + \tau(1-\tau)\ln(1-\tau) - (1-\theta)B(1-\tau)}{\tau(1-\tau)\ln^2\tau} < 0 \quad (5-10)$$

同时，根据柯西不等式可以得出关于不同行业对于环境规制强度的理论最优弹性：

$$\delta = 3\theta - 1 \qquad (5-11)$$

根据式（5-10）的研究结论，企业的技术创新弹性系数是随着环境规制强度的增加而不断减小的，这意味着，理论情况下在稳态均衡下固定产值时，技术创新因子随着环境规制强度的不断增加是逐渐降低的，也就是说，当环境规制强度不断增加时，企业进行技术创新的欲望是不断减少的。在实际生产过程中，随着环境规制强度的变化，最终的稳态下的产业产出是不断变化的，一般来说，企业对于环境规制的创新弹性系数是由自身的行业性质与自身企业实力决定的，当面临政府制定的环境规制时，企业会趋于对生产技术进行创新，但这也毫无疑问会挤占企业的生产资源并带来相应的研发成本，在这种情况下，在一定范围内随着环境规制强度的不断增加，企业为了增加产量，愿意去提高自身的生产技术，进行技术创新；但随着环境规制强度的不断提高，企业为了自身的发展并不会一味地加大对于技术研发的投入，虽然在这种情况下，企业会继续进行生产技术上的创新，但相应的弹性系数变化会逐渐减小，这也就导致了环境规制强度所带来的技术创新水平呈现出边际递减的现象。相关曲线关系如图 5 – 2 所示。

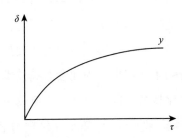

图 5 – 2　高技术产业技术创新因子与环境规制强度之间的关系

经过对数理模型的推导求解，可以对环境规制影响高技术产业发展的内在逻辑与作用机制有一个初步的理论认知。不同的环境规制措施自然具有不同的严苛程度，对于企业而言会面临不同的环境规制强度。在这一外部冲击的作用下，企业会根据自身的生产状况，自发改变生产中的生产资本投入与健康人力资本投入，最终整个产业会达到一个稳定的均衡状态。在这一状态下，环境规制的变化对高技术产业的产值规模与技术创新水平都有着不同的影响特征。

5.3　环境规制对高技术产业发展的影响效果分析

本节从高技术产业发展的产值规模和技术创新水平两个角度出发，对环境规制的相应影响效果进行实证分析，同时也完成对理论分析部分所构建数理模型的二次验证。

5.3.1 对高技术产业产值规模的影响分析

5.3.1.1 模型构建

为更好地说明环境规制对高技术产业发展的影响，同时验证前文分析的影响路径是否成立，本节采用中介效应模型对两者之间的关系进行分析说明。相比于单纯分析自变量对因变量的影响效果的回归检验，中介效应模型可以很好地解释自变量对因变量的影响过程与作用机制。

根据前述分析，环境规制通过影响企业的研发投入与健康人力资本这两条路径最终影响企业的生产产出，因此会对高技术产业的产值规模造成影响。为了验证这一规律特征，同时对环境规制的影响路径进行判断，本节对环境规制与高技术产业产值规模进行建模分析，具体的模型构建如下：

$$G = \alpha_0 + \beta_1 ER + \beta_2 ER^2 + \beta_3 X + \delta_i + \eta_t + \mu \qquad (5-12)$$

其中，G 表示高技术产业的产值规模，ER 表示环境规制强度，X 表示一系列控制变量，μ 为误差项。构建模型式（5-12）为中介效应检验的第一步，在其中引入环境规制强度的二次项，来检验其系数对环境规制强度与高技术产业的产值变化之间的非线性关系。同时，加入地区固定效应δ_i与时间固定效应η_t，以保证检验结果更加准确。

在对环境规制强度与高技术产业产值规模之间的关系有一个基本判断后，为了解释健康人力资本与研发投入作为环境规制的影响路径所起到的作用，本节将环境规制强度作为解释变量、两种影响要素作为被解释变量构建模型，以检验环境规制是否对两种要素产生影响。构建模型如下：

$$D_{1,2} = \alpha_0 + \beta_1 ER + \beta_2 X + \delta_i + \eta_t + \mu \qquad (5-13)$$

其中，$D_{1,2}$包括两个影响路径 RD 与 HLA，RD 表示研发投入，HLA 表示健康人力资本。模型式（5-13）验证环境规制强度与本章提到的影响路径之间的关系，此为中介效应检验的第二步。

为更好地说明环境规制通过健康人力资本与研发投入这两条路径影响高技术产业产出增长这一问题，还需将这两种影响因素分别与环境规制强度作为解释变量与高技术产业产值规模进行回归分析，通过对前后回归系数的不同进行比较分析，判断影响路径是否存在。构建模型如下：

$$G = \alpha_0 + \beta_1 D_{1,2} + \beta_2 ER + \beta_3 X + \delta_i + \eta_t + \mu \qquad (5-14)$$

该模型为中介效应检验的最后一步，将研发投入 RD 与健康人力资本 HLA 分别代入方程中，根据回归系数与模型式（5-12）进行对比判断。如果模型式（5-12）中的环境规制强度的回归系数显著，而模型式（5-14）中的环境规制强度系数不显著或显著性下降，但影响因子的回归系数显著，则意味着环境规制通过影响研发投入水平与健康人力资本投入水平来影响高技术产业的产值增长这一路径是成立的。

5.3.1.2 变量选取

1. 被解释变量

高技术产业产值规模（G）。企业的产值规模一般用主营业务收入表示，因此本节选用高技术产业主营业务收入与地区生产总值（GDP）的比值来衡量高技术产业的产业规模。

2. 解释变量

环境规制（ER）。对于如何衡量环境规制强度，不同的学者有着不同的做法。在借鉴前人研究思路的基础上，结合研究内容与目的并考虑到数据的可得性，本章选取单位工业增加值工业污染治理完成投资额作为环境规制强度的衡量指标。一方面工业污染治理是我国环境污染治理的重点领域，所以工业污染治理投资额可以较好地体现出地方政府在环境治理上的重视程度以及投入力度，该值越大表明环境规制强度越强；另一方面该值可以很好地平衡地区间在产业结构上存在的差异。表达式如下：$ER_{it} =$

177

IPI_{it}/IDV_{it}。其中，IPI_{it} 为 i 地区在第 t 年的工业污染治理完成投资额，IDV_{it} 为 i 地区在第 t 年的工业增加值。

3. 中介变量

健康人力资本（HLA）：健康人力资本是数理模型构建中的重要因素，在前文的分析中可以看出这一要素对高技术产业的稳态产出有着重要影响。人力资本的投入会直接影响生产活动的规模大小，而人力资本的健康水平则会影响生产过程中的生产效率。对健康人力资本的测算有多种方式，本节借鉴纪建悦等（2019）对健康人力资本的衡量指标，用地区就业人口与地区死亡率的比值这一指标来衡量健康人力资本水平。地区就业人口越多，投入生产的人力资本就越多；人力资本的健康水平越高，地区的死亡率就越低。

研发投入（RD）：企业的研发投入水平是本章重点研究的另外一个要素，在实际生产中也是高技术产业重点关注的对象之一，尤其是作为技术密集型的产业，研发投入的水平越高，往往会给企业带来越多隐藏的效益。对研发投入的衡量一般采用企业的内部研发经费支出、外部研发经费支出或研发人员数量等相关等指标来衡量，但考虑到研究的内容基于企业的自发性生产活动，并不考虑政府机构等相关的外部转移支付等手段，同时为简化实际问题，本节将研发投入与健康人力资本作为两个独立的路径来进行建模分析。因此，本节采用高技术产业的 R&D 内部支出与地区生产总值的比值来衡量产业研发投入的衡量指标。

4. 控制变量

产业集聚度（AGG）：产业集聚度指的是在特定地区或区域内，某一类或某几类相关产业在数量上和空间上的聚集程度，它通常会促进高技术产业间的合作与竞争，促进人才流动和创新交流，提供资源优势和政策支持，对高技术产业的发展起着重要作用。因此，本节采用就业人员数与行政区域面积的比值来衡量产业集聚程度。

人力资本（HR）：高技术产业的核心驱动力是人力资本，吸引和培养高素质人才对其发展至关重要。优秀人才推动创新，促进技术进步，增强竞争力。同时，人才的流动也有助于知识传播与产业协同发展。因此，本节采用高等学校在校生人数与总人口的比值来衡量人力资本。

城镇化水平（*URB*）：城镇化水平的提高将增加人口密集度，提升消费需求和服务需求，有利于高技术产业的市场扩张和发展。因此，本节采用城镇人口与总人口的比值来衡量城镇化水平。

对外开放程度（*OPEN*）：对于高技术产业而言，开放的市场环境能够带来先进的技术进步，大量的人才流动以及丰富的信息交流，无疑会降低企业进行技术学习的研发成本，进一步促进高技术产业的发展。因此，对外开放程度在高技术产业的发展中有着重要的作用，本节采用外商直接投资总额与 GDP 的比值来衡量对外开放程度。

交通基础设施水平（*INFRA*）：便捷的交通网络提高了人员和物资的流动效率，促进了企业间的合作与交流。同时，快速的物流和通信网络也支持着高技术产业的供应链和市场拓展。因此，本节采用货运总量的对数值来衡量交通基础设施水平。

产业结构合理化（*RIS*）：产业结构的优化调整直接关系到高技术产业的发展。当产业结构向技术密集型和知识密集型产业倾斜时，将有利于高技术产业的涌现和发展。因此，本节借鉴干春晖等（2011）的研究，引入泰尔指数（TL）衡量产业结构合理化水平。由于泰尔指数（TL）是一个反向指标，该值越大时，产业结构越偏离均衡程度，越不合理，所以本节通过构建泰尔指数（TL）的倒数来对其进行表示，具体的计算公式如下：

$$RIS_{it} = \frac{1}{\sum_{m=1}^{3} Y_{imt} \ln\left(\frac{Y_{imt}}{L_{imt}}\right)}, m = 1,2,3$$

其中，Y_{imt} 代表 i 地区第 m 产业在第 t 年的增加值占地区生产总值的比重，L_{imt} 代表 i 地区第 m 产业在第 t 年的就业人数占地区总就业人数的比重。由泰尔指数的含义可知，RIS_{it} 值越大表明产业结构失衡程度越小，其合理化水平越高。

教育水平（EDU）：教育水平是高技术产业发展的基础，它直接影响着人才储备和创新能力。因此本节采用地区常住人口平均受教育年限来衡量教育水平。

相关变量定义及计算公式整理如表 5-1 所示。

表 5-1　　　　　　　　　　　　　变量定义

变量类型	变量名称	变量符号	定义及公式
被解释变量	高技术产业产值规模	G	高技术产业主营收入/地区生产总值
解释变量	环境规制	ER	工业污染治理完成投资额/工业增加值
中介变量	健康人力资本	HLA	地区就业人口/地区死亡率
	研发投入	RD	高技术产业 R&D 内部支出/地区生产总值
控制变量	产业集聚度	AGG	就业人员数/行政区域面积
	人力资本	HR	高等学校在校生人数/总人口
	城镇化水平	URB	城镇人口/总人口
	失业状况	UNE	城镇登记失业率
	对外开放程度	$OPEN$	外商直接投资总额/地区生产总值
	交通基础设施水平	$INFRA$	货运总量对数值
	产业结构合理化	RIS	泰尔指数的倒数
	教育水平	EDU	地区常住人口平均受教育年限

上述所涉及的数据均来自 2003~2020 年我国 30 个省份的面板数据（西藏及港澳台地区数据缺失值较多，故将其剔除）。其中，高技术产业主营业务收入和研发投入数据均来自《中国高技术产业统计年鉴》，其他所用到的相关指标数据来源于国家统计局网站、《中国人口年鉴》、《中国统计年鉴》以及各省份统计年鉴。本章对所有价格型指标以 2000 年为基期进行了平减处理。相关变量的描述性统计如表 5-2 所示。

表 5 – 2　　　　　　　　　　相关变量数据的描述性统计

变量名称	变量符号	观测值	均值	标准差	最小值	最大值
高技术产业产值规模	G	540	0.120	0.121	0.00230	0.660
环境规制	ER	540	0.430	0.370	0.00850	3.099
健康人力资本	HLA	540	4.120	2.799	0.419	15.684
研发投入	RD	540	0.180	0.191	0.000	1.249
产业集聚度	AGG	540	0.458	0.083	0.190	0.590
人力资本	HR	540	0.017	0.007	0.004	0.041
城镇化水平	URB	540	0.518	0.157	0.139	0.896
失业状况	UNE	540	0.035	0.007	0.012	0.065
对外开放程度	OPEN	540	0.024	0.021	0.000	0.146
交通基础设施水平	INFRA	540	11.310	0.885	8.640	12.980
产业结构合理化	RIS	540	7.603	9.502	0.959	122.000
教育水平	EDU	540	8.769	1.007	6.040	12.680

5.3.1.3　实证结果分析

首先，根据模型式（5 – 12）对相关数据进行回归分析，以此来验证环境规制是否对高技术产业的产值规模有显著的影响，回归结果如表 5 – 3 中的列（1）所示。同时，为了保证结论的可靠性，将高技术产业的产值规模指标进行替换，用高技术产业的利润与地区 GDP 的比值作为高技术产业产值规模的替代指标，将新的变量数据代入模型式（5 – 12）中进行回归，验证结果是否仍然显著，回归结果如表 5 – 3 中的列（2）所示。

表 5 – 3　环境规制与高技术产业产值规模关系的回归结果及稳健性检验

变量	(1)	(2)
ER	0.0333 ** (2.4677)	0.0357 *** (3.2264)
ER^2	– 0.0098 * (– 1.6779)	– 0.0367 *** (– 7.3174)

变量	(1)	(2)
AGG	-3.3669 *** (-11.7649)	-0.3195 *** (-4.8890)
HR	1.5044 * (1.8042)	-1.4333 *** (-3.2193)
URB	-0.0538 *** (-2.8996)	-0.0151 (-0.7229)
UNE	-0.2746 (-0.5029)	-0.0190 (-0.0678)
OPEN	-0.4073 *** (-2.8308)	0.0625 (0.6466)
INFRA	0.0331 *** (4.2320)	-0.0172 *** (-8.0571)
RIS	0.0002 (1.0003)	0.0001 (0.6064)
EDU	-0.0069 (-1.1121)	0.0040 (1.0292)
R^2	0.9004	0.3457

注：括号内的数字表示 t 值，*、**、*** 分别表示在 10%、5%、1% 的统计水平上显著。

从表 5 - 3 中列（1）的回归结果可以看出，核心解释变量环境规制的一次项系数为正，二次项系数为负，拐点处的环境规制为 1.70。实际模型所显示出的结果与理论模型推导结果有很好的呼应，环境规制变量对于整体高技术产业产值规模的影响呈现先增加后减少的倒 U 形曲线关系。这说明了非线性关系是成立的，在替换变量数据的稳定性检验中，列（2）的回归结果特征与列（1）结果保持一致，进一步保证了结论的可靠。环境规制与高技术产业产值规模之间的关系如图 5 - 3 所示。

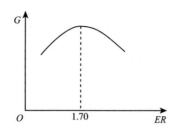

图 5-3　环境规制与高技术产业产值规模之间的关系

根据图 5-3 所示，当环境规制强度较小时，高技术产业的产业产出增长率为正值，此时增加环境规制并不会导致高技术产业的发展增速减缓，反而会因为规制带来的红利效应使得整体的产值进一步增长。在理论上，环境规制与高技术产业的产值规模增长之间存在一个最为契合的最高点，当政府的政策强度控制在该理论最高点附近时，可以实现整体产业最快速的增长。从整体上看，我国目前的环境规制均值为 0.430，与理论中的拐点值 1.70 还存在一定差距。这说明，现阶段我国整体的高技术产业发展还处于图 5-3 曲线中的前半阶段，继续增强环境规制，能够实现环境与产值增加的"双赢"局面。进一步地，当环境规制强度越过拐点后，如果政府继续加强对企业的环境规制，就会导致大型企业为了满足政府要求而不得不舍弃过多的研发与健康人力资本投入，中小型企业面临严苛的环境规制以及过大的技术研发或学习成本而早早地退出市场，这就导致了产值增速的放缓。

分别将研发投入变量与健康人力资本变量代入模型式（5-13）中进行回归，得到的结果如表 5-4 所示。

表 5-4　　　　　　　　　环境规制与影响路径关系的回归结果

变量	RD	HLA
ER	0.2218 ** (2.2499)	0.0330 * (1.7978)
AGG	-14.1846 *** (-2.9587)	8.6324 *** (9.6846)

续表

变量	RD	HLA
HR	5.4959 (0.3331)	-7.8077 ** (-2.5454)
URB	-0.4099 (-1.0247)	-0.0737 (-0.9910)
UNE	-27.1665 *** (-3.4377)	-0.0298 (-0.0203)
OPEN	-1.2448 (-0.6117)	-0.0652 (-0.1722)
INFRA	-0.0176 (-0.1497)	0.0094 (0.4270)
RIS	-0.0040 (-1.0985)	0.0012 * (1.8422)
EDU	0.2070 (1.4754)	0.0676 *** (2.5918)
R^2	0.8757	0.9839

注：括号内的数字表示 t 值，*、**、*** 分别表示在 10%、5%、1% 的统计水平上显著。

从表 5-4 中可以看出，对于中介变量而言，无论是研发投入还是健康人力资本，都受到环境规制较为显著的影响，这说明在理论分析过程中的模型构造是与实际情况相符的。而观察这两个回归结果中环境规制的系数均为正值，这意味着在现阶段，环境规制在促进绿色技术创新、改善人民健康水平方面起到了显著的积极作用。在政府的环境规制要求下，企业更有动力去增加新技术的研发经费，而绿色技术带来的环境改善的效果使得有更多的健康人力资本投入生产当中，三者之间形成了良性互动。但正如前文理论模型中所提到的，技术创新的研发成本会挤占掉一部分企业的生产活动资金，当环境规制强度超过市场中的最优值时，若没有外部力量的干预，就会出现企业产出增速降低的现象，不利于整体产业的良好运行。因此，政府在欣喜于环境改善的同时，也不能一味地加大环境规制的强度，要将一部分目光投向需要加强生产经营的企业中来，尤其是需要关注资本实力薄弱、生产成本较高的中小型企业。政府不仅要作为政策的制定者，更要成为政策执行的引导者，应出台相应的激励、帮扶政策，推广绿色技术的应用，降低技术创新的门槛，实现经济增长的绿色升级。

最后对式（5 - 14）分别进行回归分析，将结果与式（5 - 12）中的回归结果进行对比，以验证环境规制的影响路径是否成立，结果如表 5 - 5 所示。

表 5 - 5　　　　环境规制影响高技术产业产值规模的中介路径检验

变量	(1)	(2)	(3)
	式（5 - 12）	式（5 - 14）	式（5 - 14）
ER	0.0333 ** (2.4677)	0.0304 ** (2.2560)	0.0391 *** (2.9116)
RD		0.0076 ** (2.4786)	
HLA			0.0574 *** (3.6213)
adj. R²	0.9004	0.9016	0.9030

注：括号内的数字表示 t 值，** 、*** 分别表示在 5% 和 1% 的统计水平上显著。

根据表 5 - 5 中所列出的回归结果可以发现，研发投入水平与健康人力资本两个影响因素的系数均显著为正，这与前文预期的结果相吻合，说明环境规制通过影响研发经费投入与健康人力资本投入这两条路径来影响高技术产业的产值规模扩大是成立的。这意味着，在实际的社会生产中，当政府出台环境规制相关政策时，生产者与消费者会在市场机制的调节下，自发地对其作出反应，使得环境规制的政策效果流向研发投入与健康人力资本方面，再经由复杂的内部机制，最终形成对企业最终生产上的冲量，这印证了前文的理论模型推导，证明本章的理论模型能够实现对实际生产生活的较好描述。同时，通过观察规制强度的回归系数均为正值，结合前一部分的结论，可以判断出当前我国的环境规制强度还未达到理论上的最优强度。也就是说，现阶段我国的环境规制强度与高技术产业发展还处于左半部分的位置，在这种情况下，进一步增强环境规制强度并不会导致高技术产业发展速度的放缓，环境规制所带来的优势仍旧要大于其所带来的成本，这也就能够实现既保护环境，又促进高技术产业健康发展的"双赢"局面。

5.3.2 对高技术产业技术创新的影响分析

5.3.2.1 模型构建

本章理论部分对环境规制与高技术产业的技术创新水平之间的关系进行了数理推导，得出高技术产业的技术创新水平随着环境规制强度的增强呈现出总体正向增加但边际递减的趋势特征。要更好地说明这一问题，就需要用实际数据验证数理模型是否符合现实情况，本节选用分位数回归模型进行实际数据的实证分析，并进一步采用高技术产业下的分行业相关数据进行行业异质性分析，对环境规制影响高技术产业技术创新水平这一问题进行细致清晰的解释说明。

由于本章的环境规制指标体系是由多种指标构建而来，并且实际情况下环境规制的强度也并非随着时间一直增加，在不同年份不同条件下这一指标是上下浮动的，除此之外，也很难对环境规制与高技术产业技术创新水平的相关数据进行数据分离处理，这样做不仅不现实，而且会导致严重的数据对应失真。为了解决这一问题，同时对本章提出的两者之间的变化关系特征进行分析，本节选用分位数回归模型进行实证分析处理。相较于其他实证模型，分位数回归模型能够在符合总体数据分布相关关系的前提下，对研究所需的部分数据进行回归分析，既能够实现对满足条件的部分数据进行相关关系的研究，也不会带来由于数据的分割与剥离而产生实证结果失真的弊端。鉴于此，本节选用分位数回归的模型构建实证分析模型，以得到清晰的高技术产业技术创新水平随环境规制的增强而产生的变化规律。

分位数回归最早提出于 1978 年，用来对回归变量与被解释变量分位数之间的关系进行估计与判断，对于一些需要关注部分回归数据或者是对比不同时期的回归特征的问题，该方法具有较好的优势，它并不仅仅考虑整体的线性变化，而是强调条件分位下的曲线特征。最常见的普通的最小二乘法（OLS），考察的是整个回归数据组的条件均值，刻画解释变量对于被解释变量的总体影响，但这一模型的使用具有严格的前提，诸如同方差、相互独立等前提假设与条件。因此，在现实情况中，利用一般线性回归的方法存在许多的限制与忽略，在操作过程中就很难得到有效的无偏估计量。另外，在实证研究中，除了回归变量的整体曲线特征，研究者可能还希望探究不同时期或者不同分位下的回归变化特点，而这一要求并不能简单地通过数据分类利用 OLS 模型进行解决，因为这不可避免地会导致数据匹配的失真与错位，造成研究结果的不可靠。为了解决这些问题，分位数回归的方法便随之产生。

与 OLS 不同，分位数回归估计的是解释变量 x 与被解释变量 y 的分位数之间线性关系。OLS 回归以残差平方最小化作为目标，对于分位数回归，其目标为最小化非对称性绝对值残值。相较于 OLS 模型，分位数回归模型中不需要考虑误差项的分布密度函数，相对的结果也就更加具有说服力，另外，分位数回归强调对不同分位下的关系刻画，因此对于研究中所涉及的一些特例情况能够有着天然的分析优势。目前该方法被广泛应用到社会科学研究的各个领域，取得了一系列成果。

分位数回归脱胎于条件概率密度函数，假设 Y 为连续型随机变量，其累积分布函数为 $F_y(\cdot)$，则 Y 的总体 q 分位数，记为 y_q，满足定义式：

$$q = P(Y \leqslant y_q) = F_y(y_q)$$

总体 q 分位数 y_q 将总体分为两部分，小于或等于 y_q 的概率为 q，大于 y_q 的概率为 $1-q$，而对于条件分布 $y \mid x$ 的总体 q 分位数，也满足这一定义式，即：

$$q = F_{y|x}(y_q)$$

记作$y_q(x)$，称为条件分位数函数，而分位数回归可以视作为最小化残差绝对值的加权平均问题的最优解，即

$$y_q(x_i) = x_i' \beta_q$$

$$\text{s.t.} \min_{\beta_q} \left\{ \sum_{y_i \geq x_i' \beta_q} q |y_i - x_i' \beta_q| + \sum_{y_i < x_i' \beta_q} (1-q) |y_i - x_i' \beta_q| \right\}$$

其中，x_i表示总体条件下数据分布，x_i'表示实际样本数据矩阵，β_q则为总体样本的q分位回归系数矩阵。实际上，传统的 OLS 回归模型所使用的方法只是回归分位数在$q=0.5$时的一个特例。

根据分位数回归的原理，将环境规制作为解释变量，高技术产业的技术创新水平作为被解释变量，由此构建分位数回归模型，以研究环境规制对于高技术产业创新水平的影响是否如理论模型部分推导结果所示，呈现出边际递减的特征。根据实证结果对整体的环境规制影响进行评判并提出相应的政策建议，将理论与实践相结合，为更好地揭示环境规制对高技术产业的作用影响提供科学有效的理论判断手段，并为政府的政策决策提供可靠的支持。相应的模型如式（5－15）所示。

$$TEC = \alpha_0 + \beta_1(q)ER + \beta_2 X + \delta_i + \eta_t + \mu \qquad (5-15)$$

其中，q表示模型的分位回归数，TEC表示高技术产业的技术创新水平，ER表示环境规制，X表示一系列控制变量，与前文一致，此处不再赘述。μ为误差项。同时，加入地区固定效应δ_i与时间固定效应η_t，以控制不可观测因素的影响，提高回归结果的准确性。

5.3.2.2 变量选取

高技术产业技术创新水平（TEC）。关于产业技术创新水平的衡量指标有着众多的研究选择，有些研究从投入的角度出发，采用企业的研发经费投入或是企业的研发人员数量来表示；也有一些研究从产出的角度出

发，以企业的专利数量等相关数据作为技术创新水平的表示。考虑到本节的研究对象为整个高技术产业的技术创新水平，研究脉络为缓解环境规制对高技术产业技术创新水平产生影响的内在机理分析，显然将高技术产业的技术创新水平看作产业的产出指标要更为合适，因此在相关的指标选取上，本节选用高技术产业专利申请数量的对数值来衡量高技术产业的技术创新水平。其他相关变量的定义及指标选择见前文。由于数据缺失原因，本节选取2009～2020年我国30个省份（因西藏与港澳台地区数据缺失值较多，故将其剔除）的面板数据进行实证检验。其中，高技术产业的有效发明专利数量数据来源于《中国高技术产业统计年鉴》。

5.3.2.3 实证结果分析

将高技术产业技术创新水平数据与环境规制数据利用模型式（5－15）进行分位数回归，以研究环境规制对于高技术产业的技术创新能力的具体相关特征是否与理论部分的推导结果相吻合，选取0.1、0.5、0.9三个分位回归数进行实证结果分析，判断在不同的信息量统计下，环境规制对于高技术产业的技术创新水平的影响有何不同。具体的回归结果如表5－6所示。

表5－6　　环境规制与高技术产业技术创新水平的回归结果

变量	TEC		
	0.1	0.5	0.9
ER	0.3311 *** (2.6986)	0.2705 ** (2.1055)	0.1611 ** (2.2168)
AGG	9.4353 (1.2231)	7.4634 (0.9239)	11.1390 ** (2.4384)
HR	112.0380 *** (6.2732)	91.6343 *** (4.8999)	130.4317 *** (12.3332)
URB	− 0.4892 * (− 1.6873)	− 0.2655 (− 0.8745)	− 0.1057 (− 0.6155)

续表

变量	TEC		
	0.1	0.5	0.9
UNE	−34.2466 *** (−3.1841)	−19.8934 * (−1.7664)	−15.8183 ** (−2.4837)
OPEN	1.4864 (0.6335)	1.5162 (0.6171)	−0.0813 (−0.0585)
INFRA	1.4877 *** (6.8941)	0.9649 *** (4.2702)	0.6417 *** (5.0214)
RIS	−0.0006 (−0.1621)	0.0028 (0.6674)	0.0072 *** (3.0247)
EDU	0.2992 ** (2.2938)	0.2227 (1.6306)	0.1290 * (1.6702)
观测值	360	360	360
Pseudo R^2	0.8088	0.7903	0.8243

注：括号内的数字表示 t 值，* 、** 、*** 分别表示在 10%、5%、1% 的统计水平上显著。

从回归结果中可以看出，整体来说，环境规制对于高技术产业的技术创新有着正向的促进作用。也就是说，当政府出台一种环境规制时，该外部性刺激会使得高技术产业有欲望与动力去实施相关的技术创新，学习新的生产技术，以缓解环境规制的外部性压力，这与理论部分的分析相符合。具体来看，当分位数为 0.1 时，也就是在整体的回归关系下取前 10% 的信息，在这种情况下，环境规制对于高技术产业技术创新水平的影响因子为 0.3311，当取分位数为 0.9 时，也就是采用前 90% 的整体信息，表现出来的环境规制影响因子为 0.1611。可以看出，随着整体信息的不断增加，环境规制对高技术产业技术创新水平的影响效果是逐渐减小的。虽然整体上来看还是处于促进的状态，但促进效果已经逐渐减弱，这正符合理论模型部分展示的两者之间呈现的边际效益递减的特征。

究其原因，是由于环境规制带来的技术创新效应会随着规制强度的不断提高而逐渐减弱，对于实际生产中的企业来说，当政府最初出台强度较小的环境规制时，企业有动力去对自身的生产技术进行创新，这样既能促进自身企业生产率的提高，又可以满足政府的环境规制要求，最终也会提高自己的生产水平，增加企业利润。可是随着环境规制强度的不断增加，企业所面临的生产成本与外部性约束越来越重，虽然继续进行技术创新依然能够为企业带来收益，但此时企业的技术创新动力由于成本的增加而逐渐降低，这样就会造成企业的技术创新水平增速减缓，甚至若是在达到高技术产业所面临的最优环境规制强度之后，政府依然继续增大规制强度，这时企业就不得不考虑是否还需要继续加大生产技术的创新投入。因为在此时，继续进行技术创新并不会增加企业的生产利润，环境规制所带来的生产成本、研发成本以及其他各种外部性约束大大影响了企业的正常生产，企业就更没有动力去进行生产技术的创新了。

同时，随着政府出台的环境规制政策愈发严苛，企业为了达到相应的规制标准，不得不持续提高自身生产技术水平。而随着生产技术的不断创新，生产水平的不断提高，技术的创新难度也不断提高。因此，随着环境规制正常强度的不断增加，单位强度下为企业所带来的单位研发成本与研发难度也是不断提高的。在这种情况下，即使企业的生产技术创新能力能够随着环境规制强度的提高而无限制地增强，企业的技术创新水平的发展速度也是逐渐减小的。尤其是对于高技术产业，作为技术高度密集的产业，产业的发展情况很大程度上依赖于产业自身的技术创新水平。在这一产业领域，环境规制正常强度与产业的技术水平之间呈现出正向相关且边际收益递减的明显特征。

为了保证实证结果的准确性，将衡量高技术产业技术创新水平的指标由之前的高技术产业专利申请数量的对数值改为高技术产业有效发明专利数量的对数值来进行稳健性检验，以判断环境规制正常强度与高技术产业技术创新水平之间的边际收益递减的关系特征是否依然成立。依然采用0.1、0.5、0.9这三个分位数进行判断分析，具体的回归结果如

表 5 - 7 所示。

表 5 - 7　　环境规制与高技术产业技术创新水平的稳健性回归结果

变量	TEC		
	0. 1	0. 5	0. 9
ER	0. 4004 *** (3. 3871)	0. 1594 * (1. 9552)	0. 0801 (1. 1709)
AGG	20. 6089 *** (2. 7732)	- 11. 3012 ** (- 2. 1945)	- 3. 3759 (- 0. 7814)
HR	188. 7031 *** (10. 9681)	- 21. 1578 (- 1. 2759)	10. 9129 (0. 7844)
URB	- 0. 7347 *** (- 2. 6307)	- 0. 3688 (- 1. 4143)	- 0. 4656 ** (- 2. 1283)
UNE	- 21. 3204 ** (- 2. 0577)	- 3. 9636 (- 0. 5917)	- 9. 4610 * (- 1. 6834)
OPEN	1. 9665 (0. 8699)	- 1. 1483 (- 0. 8093)	- 2. 9223 ** (- 2. 4549)
INFRA	1. 8331 *** (8. 8179)	0. 1967 (1. 3238)	0. 1812 (1. 4540)
RIS	0. 0039 (1. 0161)	- 0. 0017 (- 0. 6330)	- 0. 0023 (- 1. 0328)
EDU	0. 9213 *** (7. 3327)	0. 0290 (0. 2317)	0. 0445 (0. 4243)
观测值	360	360	360
Pseudo R^2	0. 7945	0. 8642	0. 8804

注：括号内的数字表示 t 值，* 、** 、*** 分别表示在10%、5%、1%的统计水平上显著。

根据稳健性检验的回归结果可以发现，对高技术产业技术创新水平指标进行数据替换之后，回归结果依然呈现出高技术产业的技术创新水平随着环境规制强度的提高而增长速度变慢的边际递减的特征，这也就保证了研究结果的稳健性。

5.4 主要结论与对策

5.4.1 主要结论

环境规制与高技术产业的相关话题一直是学术研究中的热门话题，本章将这两者纳入同一框架之下来研究两者之间的关系。本章在 OLG 模型的基础上，将研发投入与健康人力资本作为环境规制的影响路径纳入模型中，将高技术产业的产值规模与技术创新水平作为模型的产出，从这两个角度出发对环境规制影响高技术产业发展的问题进行实证分析。得到以下主要结论：

第一，环境规制对于高技术产业发展的影响作用有着自身的内部逻辑。企业的研发投入与健康人力资本投入是环境规制影响高技术产业发展的两条重要路径，而这两条路径的作用效果也随着环境规制强度的变化而发生不同的变化，最终使得环境规制对高技术产业发展的影响呈现出复杂的态势。一方面，环境规制提高了人们的健康水平，使得企业用于生产的健康人力资本增加；另一方面，环境规制使得人们的收入减少，也减少了人们用于维持健康水平的支出，进而导致健康人力资本水平的下降。从研发投入的角度分析，可以看到，企业在环境规制政策的约束下进行绿色生产技术的更迭与升级，促进了企业的生产，但同时研发投入也挤占了本来用于生产活动的投资，导致企业生产效率的降低。

第二，环境规制与高技术产业产值规模增长之间呈现倒 U 形曲线的特征。在初期环境规制强度较小时，增加规制强度能够进一步地刺激企业进行生产技术升级，增加企业的生产效率，促进经济更好更快发展，实现保护环境与拉动产业增长的双赢局面。当环境规制强度较大时，环境规制所带来的增长红利不足以弥补规制所带来的成本压力，此时企业不得不减少生产投入来维持运行，这就造成了高技术产业产值增长的降低。

第三，环境规制能够提高高技术产业的技术创新水平，且这一促进效果随着环境规制强度的不断增强而逐渐减缓，两者之间呈现出一种整体正向、边际递减的曲线特征。当政府出台相关环境规制政策时，企业的生产活动会受到一定的外部冲击，企业为了满足政府的规制要求，有动力去进行生产技术的革新更迭，这也就促进了整个高技术产业技术水平的提高；在环境规制强度较为宽松的初期阶段，企业进行生产技术创新的成本对企业的生产活动来讲负担较小，并且技术创新所带来的生产率的提高也对企业的生产大有裨益，此时无论从成本角度还是收益角度，企业进行技术升级的欲望都较为强烈，环境规制所带来的整个产业的技术创新水平提高效果比较明显。随着环境规制强度的不断增强，技术升级的难度不断提高，所需成本对企业来讲也愈发不能忽视，此时环境规制的增强对整个产业的技术创新水平来说，促进效果就没有早期那么明显。

5.4.2　主 要 对 策

基于上述研究结论，提出以下对策建议：

第一，结合地区特点，做到"因地制宜"。环境规制政策对于经济的影响是与地区特点挂钩的，不同地区对于规制政策的反应程度表现出差异化的特征。因此，政府要明确环境规制政策的制定目标，充分认识环境规制与经济增长的内在关系，根据自身地区的产业结构、资源禀赋、历史条件等情况，合理确定环境规制力度，切忌脱离实际，照本宣科。环境规制政策应当逐渐接近并稳定在最优强度附近，最大限度地实现企业技术研发与生产之间的平衡，从而发挥出最优的规制效果。

第二，完善政策体系，提高落实效率。环境规制政策对经济的影响是复杂且多变的，政府要根据不同的情况，对规制政策作出相应的补充与调整。这一方面需要政府健全相关的法规制度，对企业的经营与发展实现科学全面的指导，使不同产业都能享受到规制政策所带来的红利效果；另一方面需要政府在政策的执行过程当中，重视并强化政策的执行意识，避免因政策落实不到位、执行不充分所带来的效率流失，最终让政策的实际效果与政府目标相匹配。

第三，尊重市场规律，实现增长转型。环境规制政策作为政府的宏观调控手段，通过市场规律对企业的行为进行约束，产生激励，最终对经济增长造成影响。政府作为市场经济的调控者与监管者，在政策的制定与执行过程中要尊重市场经济的客观运行规律，厘清规制政策与经济增长的复杂关系，做到理论与实际相结合，放弃"一劳永逸"的思想，脚踏实地，科学正确地引导企业进行绿色技术的创新与升级，实现我国经济增长的绿色转型。

第6章

环境规制策略互动与产业结构升级

6.1 引言

产业结构升级一方面可以改进生产技术、淘汰低端高耗能高污染产业，提升资源要素利用率，降低污染排放强度和能源消耗率，从源头上实现节能减排；另一方面可以提高技术创新能力，培育经济发展新动能，引领战略性新兴高技术产业发展，提升产品附加值，实现高质量供给。因此，产业结构升级是协调经济发展与环境保护的重要枢纽，是在新常态下实现经济高质量发展的关键路径，也是加快我国经济发展方式转型的迫切与必然要求。在第5章考察环境规制对高技术产业发展影响的基础上，本章考察环境规制策略互动对我国产业结构升级的影响机理与效果问题。

不可忽略的是，自从我国实行分税制改革以来，在绩效考核机制的影响下，地方政府为了自身利益最大化，在执行环境规制时，会与周边地区展开策略互动与博弈行为。因此在研究环境规制与产业结构升级二者关系时若忽视环境规制在地方政府间存在的策略互动行为，会造成估计结果的偏差，不利于准确把握二者间的关系。同时，随着国家对生态文明建设的重视，中央政府逐渐加大环保绩效考核在地方政府政绩考核中的比重。因此，地方政府需要统筹考虑经济发展和环境保护之间的关系，环境绩效考核带来的环保目标约束性压力使得地方政府间环境规制的策略互动行为可能会发生变化，进而影响到产业结构升级。综合上述背景，如何引导地方政府积极执行环境规制并有效发挥对产业结构升级的促进作用值得深入思考，有必要对地方政府间环境规制策略互动行为及其对产业结构升级的影响效应进行深入探究。

6.2 环境规制策略互动对产业 结构升级的影响机理分析

6.2.1 环境规制策略互动机理

本节从地方政府所处的政治背景出发，对我国地方政府间在环境规制执行上存在的策略互动行为进行机理分析并建立理论框架，如图6-1所示。

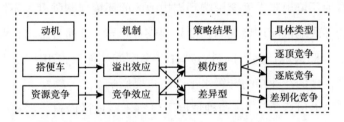

图6-1 环境规制策略互动的理论框架

由图6-1可知，地方政府利用环境规制工具展开竞争的动机主要有以下两个方面：一是"溢出效应"，环境治理作为一种公共品，具有正外部性，污染治理成果可能会溢出到周围辖区从而引发周边地区选择免费"搭便车"，最终导致地方政府间在环境规制执行上出现策略互动行为（Brueckner，2003）；二是资源"竞争效应"，地方政府为了吸引人力、资本等更多的流动性资源进入，以促进本辖区经济增长获得竞争优势，会根据竞争对手的环境规制措施作出相应的调整（Revelli，2003），从而导致策略互动行为。在以上两种动机的影响下，地方政府间环境规制的策略互动行为既可能表现出"模仿型"策略，也可能表现出"差异型"策略（Konisky，2008；周业安和宋紫峰，2009）。具体来说，受到经济水平、资源禀赋等多方面影响，中国不同区域地方政府间的环境规制可能呈现"你低我也低"的扭曲竞争局面，也可能呈现"你高我更高"的良性竞争局面，通常分别被称为"逐底竞争"和"逐顶竞争"（薄文广等，2018）。此外，在发展的初期和后期，地方政府也会采取"差异型"策略来增加竞争优势，以谋取经济社会的发展。

6.2.2 环境规制策略互动对产业结构升级的影响机理

不同类型的环境规制策略互动行为对产业结构升级产生的本地效应和空间溢出效应必然存在差异，主要通过"波特假说效应"与"污染天堂效应"来发挥影响作用（Peng，2020）。其中的逻辑在于，在策略互动行为下，本地环境规制强度会影响到周边地区的环境规制强度，不同策略互动形式会导致地区间环境规制强度趋同或者趋异，进而会影响企业在"就地创新"和"跨地迁移"间进行选择（金刚和沈坤荣，2018），从而对迁出地和迁入地的产业结构升级水平产生重要影响。

（1）"逐顶竞争"。在这种情况下，对于本地区而言，严格的环境规制标准能够通过增加企业治污成本，从而有效促使企业进行技术创新和科技研发活动，提升企业投入产出效率以及清洁生产能力，引发"波特假说效应"，同时也会迫使污染企业减产倒闭或者外迁，最终推动本地区产业结构升级（林秀梅和关帅，2020）。对于周边地区而言，由于也实施相似的严格环境规制，因此也会产生类似的效果，相近的严格环境规制水平还可以有效刺激要素资源向高生产率的产业部门和产业流动，从而优化资源配置。同时，地区间都执行高水平环境规制可以有效避免污染企业跨地转移、形成"污染天堂"现象，有利于提升产业结构升级水平（郑金铃，2016）。

（2）"逐底竞争"。在这种情况下，对于本地区而言，宽松的环境规制标准虽然在短期内可以刺激本地区经济总量增加，但不利于加快本地企业生产技术以及工艺流程的进步革新（王翔和王天天，2020），同时较低的环境规制标准可能会吸引污染密集型等低层次企业的入驻，引发"污染天堂效应"，最终阻碍本地区产业结构的升级。而对于周边地区来说，出于经济增长动机而争相降低环境规制标准以吸引污染企业进入，不利于激发"波特假说效应"，同时也会导致地区间出现"污染天堂"的恶性循环，最终抑制产业结构的优化升级（邓慧慧和杨露鑫，2019）。

（3）"差别化竞争"。在这种情况下，对于本地区而言，严格的环境规制标准一方面有利于倒逼企业进行技术创新，淘汰技术落后的污染企业；另一方面使得高污染企业向环境规制强度较低的周边地区迁移，从而有利于本地区产业结构升级（杨亚平和周泳宏，2013）。而对于周边地区来说，倾向于选择制定宽松的环境规制标准来保证本地企业的竞争优势，同时吸引低层次、高污染企业入驻建厂生产，以加快经济总量增长，但是不利于企业革新生产技术、提升整体生产效率，从而阻碍产业结构升级。

基于以上讨论，本节建立了地方政府间环境规制策略互动对产业结构升级的影响作用机理分析框架，如图6-2所示。

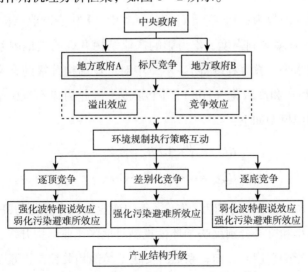

图6-2 环境规制策略互动对产业结构升级的影响机理分析

6.3 环境规制策略互动对产业结构升级的影响效果分析

前述研究表明，我国省域间的环境规制水平存在空间相关性，同理可以分析知道，我国省域间的产业结构升级也存在不同程度的相互依赖性，而非相互独立、毫无联系的发展。因此考虑到空间因素的存在，本章在构建普通面板回归模型以外，主要通过构建空间计量模型来分析环境规制策略互动及其对产业结构升级的影响。

6.3.1 模型构建与变量选取

6.3.1.1 模型构建

本节首先构建一个环境规制影响地区产业结构升级水平的普通面板回归模型。假设产业结构升级水平是环境规制与其他相关要素的函数，即定义其影响因素函数为：$Y_{it} = f(ER_{it}, Z_{it})$，其中，$Y$ 代表产业结构升级水平，ER 代表地区环境规制强度，Z 为影响产业结构升级的其他因素（如科技水平、经济水平、教育程度等）。本章中对产业结构升级的含义理解包括合理化（RIS）和高级化（HIS）两个维度，因此构建不考虑空间因素的普通面板回归模型如下：

$$RIS_{it} = \alpha + \beta_1 ER_{it} + \beta_2 Z_{it} + \varepsilon_{it} \tag{6-1}$$

$$HIS_{it} = \alpha + \beta_1 ER_{it} + \beta_2 Z_{it} + \varepsilon_{it} \tag{6-2}$$

其中，RIS_{it}、HIS_{it} 分别为 i 省份 t 年的产业结构合理化与高级化水平，系数 β_1 的大小和符号分别反映了环境规制对地区产业结构升级合理化和高级化的直接影响程度和方向，系数 β_2 反映了其他相关控制因素的影响，ε_{it} 为随机误差项。

不同于传统计量模型"观测单位是互相独立"的假设，空间计量模型基于"任何事务都是相关的"这一理念，将空间因素考虑在内，能够更加精确地反映出观测事物间的空间关联关系。现有研究中主流的三种空间计量模型各自关注的交互效应的主体不同，具体分析如下：空间滞后模型（SAR）体现的是内生交互效应，在模型中引入了被解释变量的空间滞后项，即假定 i 地区的因变量除了受到本地区自变量的影响，还受到邻近 j 地区的因变量的影响。空间误差模型（SEM）体现的是误差项之间的交互效应，空间滞后效应主要体现在被遗漏的或者不可观测的扰动项上，而这些扰动项存在的空间相关性会对被解释变量产生决定性影响。空间杜宾模型（SDM）则同时体现了内生与外生交互效应，它不仅包含周边地区被解释变量的空间滞后项，还包含了周边地区解释变量的空间滞后项，即假定被解释变量和解释变量同时存在空间溢出效应。由于 SDM 作为包含了 SAR 与 SEM 两种特殊空间交互效应的一般形式，因此为了全面、无误地识别出环境规制策略互动对产业结构升级的空间溢出效应，本章同样选择能有效解决变量内生性问题的空间杜宾模型进行检验，具体模型设定如下：

$$RIS_{it} = \alpha + \rho WRIS_{it} + \beta_1 ER_{it} + \theta_1 WER_{it} + \beta_2 Z_{it} + \theta_2 WZ_{it} + \mu_i + \gamma_t + \varepsilon_{it}$$

$$(6-3)$$

$$HIS_{it} = \alpha + \rho WHIS_{it} + \beta_1 ER_{it} + \theta_1 WER_{it} + \beta_2 Z_{it} + \theta_2 WZ_{it} + \mu_i + \gamma_t + \varepsilon_{it}$$

$$(6-4)$$

其中，ρ 为被解释变量的空间自回归系数，体现了地区间产业结构升级的空间溢出效应，如果 $\rho > 0$，则说明产业结构升级水平高（低）的地区与产业结构升级水平高（低）的地区呈现空间集聚现象，如果 $\rho < 0$，则说明本地区与周边地区的产业结构升级水平高低相反；β_1 表示环境规制对产业结构升级的本地影响，θ_1 刻画了环境规制对产业结构升级的空间溢出效应；β_2 和 θ_2 分别为其他解释变量对产业结构升级的本地影响与空间溢出；W 为空间权重矩阵；μ_i、γ_t 分别表示空间、时间固定效应，ε_{it} 为随机误差项。

模型估计前需要进行 LM 检验，以确定本研究选择包含空间因素的空间计量模型进行实证检验是否合理，接着用 LR 统计量和 Wald 统计量检验原假设 H_0：$\theta = 0$ 及 H_0：$\theta + \rho\beta = 0$，来判定空间杜宾模型是否可以退化为空间滞后模型（SAR）及空间误差模型（SEM）。在模型估计方法的选择上，由于本模型中被解释变量的内生性问题不可忽视，此时使用 OLS 估计可能造成结果有偏且不一致，因此本节采用最大似然估计法（MLE）给出一致无偏估计（Anselin，1988）。

在该模型回归结果中，本章重点关注系数 β_1 和 θ_1 的方向和大小，以此来识别环境规制及其策略互动行为对产业结构升级的影响。若 $\beta_1 > 0$，则表明环境规制对本地区产业结构升级具有促进作用；若 $\beta_1 < 0$，则表明环境规制对本地区产业结构升级具有抑制作用。由于本章构建的是同时包含自变量及其空间滞后项的空间杜宾模型，因此在对系数 β_1 的结果进行分析的基础上再结合 θ_1 的方向，可以进一步判定出地方政府间环境规制策略互动行为的存在性与类型。具体符号及含义分析见表 6-1 所示。

表 6-1　　　　　　　　　　模型符号预期及代表含义

系数	$\beta_1 > 0$	$\beta_1 < 0$
$\theta_1 > 0$	地方政府间的环境规制策略互动采取"逐顶竞争"，本地环境规制对周边地区产业结构升级产生正向空间溢出	地方政府间的环境规制策略互动采取"差别化竞争"，本地环境规制对周边地区产业结构升级产生正向空间溢出
$\theta_1 < 0$	地方政府间的环境规制策略互动采取"差别化竞争"，本地环境规制对周边地区产业结构升级产生负向空间溢出	地方政府间的环境规制策略互动采取"逐底竞争"，本地环境规制对周边地区产业结构升级产生负向空间溢出

这里分别对 $\beta_1 > 0$、$\beta_1 < 0$ 两种情况进行分析，来说明地方政府间环境规制策略互动的类型。$\beta_1 > 0$ 表明提高环境规制强度会促进本地产业结构升级，此时若周边地方政府也提高环境规制强度进行"逐顶竞争"，将会同步带动周边地区产业结构升级水平的提高，也就是说，此时本地环境规制对周边地区产业结构升级产生了正向空间溢出（$\theta_1 > 0$）；而若周边地方政府采取降低环境规制强度进行"差别化竞争"，则会对周边地区的产业

结构升级产生抑制作用，也就是说，此时本地环境规制对周边地区产业结构升级存在负向空间溢出（$\theta_1 < 0$）。$\beta_1 < 0$ 表明环境规制强度的增加会抑制本地产业结构升级，此时若周边地方政府选择降低环境规制强度进行差别化竞争，则会促进周边地区的产业结构升级，也就是说，此时本地环境规制对周边地区产业结构升级产生正向空间溢出（$\theta_1 > 0$）；若本地和周边地区地方政府都采取降低环境规制强度来进行"逐底竞争"，则会对周边地区的产业结构升级产生促进作用，也就是说，此时本地环境规制对周边地区产业结构升级存在负向空间溢出（$\theta_1 < 0$）。此外，若 β_1 或者 θ_1 中至少有一个不显著，则说明地区间无明显策略互动行为。

6.3.1.2　空间权重矩阵

选择一个恰当的空间权重矩阵来准确地度量地区间存在的空间依赖相关关系是进行空间计量检验的基础，同时也能保证实证结果的真实性和稳健性。一般常见的空间权重矩阵设定方法主要包括地理邻接、地理距离和经济距离三种角度。其中，地理邻接矩阵设定方法最简单，如果两个地区相邻则设为1，不相邻则为0，但在这种设定方法下，只有相邻的两个地区间才存在空间相关性，而不相邻的两个地区之间被设为不存在空间相关性，这种以是否有共同边界即相邻来刻画两个区域间相关性的方法显然有违事实。除了考虑地理空间距离，社会经济距离也常被拿来衡量区域间的相关程度，一般的做法是选取人均收入的倒数或者 GDP 总量的倒数来表示，但是由于经济总量是一直变动的，因此这个方法对于空间效应的研究来说会存在一定程度的时间信息误差，影响实证结果的准确。根据地理学第一定律，越相近的事物关联程度越高，在"标尺竞争"影响下，地方政府的策略行动往往受到周边地区的影响，同时考虑到地理上邻近的地区之间在政策制定、要素禀赋等方面存在相似，并且产业转移、人才资本流动等对产业结构有重要影响的因素通常发生在地理邻近地区之间，因此本章使用地理距离矩阵来刻画地区之间的空间相关程度，具体表达式如下：$W_{ij} = 1/d_{ij}$。其中，d_{ij} 为两个地区所属省会城市之间最近公路里程，距离越远，空间相关性越小，被解释变量的空间依赖性越弱。

6.3.1.3 变量选取

本章选取 2003～2020 年我国 30 个省份（因西藏及港澳台地区数据缺失值较多，故将其剔除）的面板数据进行实证检验，所需数据均来自《中国统计年鉴》《中国环境统计年鉴》和各省份的统计年鉴。本章对所有价格型指标以 2000 年为基期进行了平减处理。

1. 被解释变量

产业结构升级不仅体现在产业与产业间的结构调整上，也体现在产业内资源利用率的提高与部门间关联程度的提高上，因此可以从合理化和高级化两个维度来测度产业结构升级水平。

（1）产业结构合理化（RIS）。它指产业部门的资源要素有效利用率不断提高，且产业间的关系趋向协调健康发展的过程，也是产业间协调能力和关联程度都不断提高的过程。目前学者们对产业结构合理化程度的衡量主要包括计算产业结构偏离度和泰尔指数两种主流方法，其中产业结构偏离程度是通过产业就业结构与比较劳动生产率来刻画的，但是却不能体现出各产业对经济总量的贡献地位，因此本章借鉴干春晖等（2011）的研究，引入泰尔指数（TL）衡量产业结构合理化水平。该指标不仅能够反映出各产业的经济贡献，还反映了产业产出与就业结构的协调程度，可以更加客观准确地测度其合理化水平。值得注意的是，由于泰尔指数（TL）是一个反向指标，该值越大时，产业结构越偏离均衡程度，越不合理，所以本章通过构建泰尔指数（TL）的倒数来对其进行表示。

（2）产业结构高级化（HIS）。它指产业结构由低水平形态向高水平形态转变的过程，在国民经济主导产业结构中体现为由第一产业向第二产业，再向第三产业转变的过程。因此，有学者认为，产业结构高级化水平可以用非农占比来衡量，但是该指标无法精确体现经济结构的服务化趋势。因此，本章借鉴干春晖等（2011）的研究，采用第三产业产值比第二产业产值来衡量。

2. 核心解释变量

环境规制（*ER*）。对于环境规制强度的度量，目前国内外学者的观点不一，根据不同的研究目的选取不同的测量方法，可以保证结果的稳健性。由于本章从地方政府间策略互动的角度出发来研究环境规制与产业结构升级的影响关系，所以在环境规制强度的测算上要能充分体现出地方政府的意志。而在地方政府的环保政策方面，主要有支出政策和收入政策两种，很多学者利用环境保护支出作为核心考察对象，通过研究发现地方政府间在环境规制的执行上存在显著的策略互动行为（Chen et al.，2019）。在借鉴第 5 章环境规制测度的基础上，本章选取单位工业增加值工业污染治理完成投资额来作为环境规制强度的衡量指标。

3. 控制变量

为了尽可能避免遗漏变量对结果造成的误差，在参照以往研究的基础上，本章对可能影响产业结构升级的地区因素进行了全面考虑，最终选取以下变量来保证模型结果的稳健性。

（1）经济发展水平（*PGDP*）。经济发展水平高的地区，一般会配备更加完善的基础设施与充足的资源要素，为产业结构优化发展提供有利条件，而且随着地区经济水平的提高，当地居民的消费需求结构也会发生变化，导致供给结构需要相应作出调整，从而影响到产业结构升级水平。

（2）科技创新水平（*TECH*）。科技水平的提高是产业结构升级的前提条件和核心要素，技术创新是发展的源泉与动力，它能够提升企业的生产资源利用率，不断提高知识技术型企业竞争力，从而最终有利于推动产业结构优化升级，本章采用 R&D 经费投入占地区生产总值的百分比来表示科技创新水平。

（3）对外开放程度（*OPEN*）。外商投资不仅可以带来充足的生产经营资金，刺激产业发展，还可以学习外国先进的经营理念与生产技术，即通过资本溢出、技术溢出和生产要素溢出等多种方式对地区产业结构升级产生积极影响。我国过去对外开放实践主要是通过引进外资的形式，故本章采用实际利用外商直接投资与地区生产总值的百分比来衡量对外开放程度。

（4）城镇化水平（URB）。在城镇化过程中，农村人口占比减少，城镇人口占比增多。这一方面会改变居民的消费结构，从需求侧拉动产业结构升级，另一方面更多的劳动力流向第二产业和第三产业，为产业结构升级提供人力基础。本章使用地区年末城镇人口数与总人口数的百分比来衡量城镇化水平。

（5）政府干预（GOV）。政府通过制定颁布相关政策条例与规章制度促进资源要素的合理分配，为产业发展调整方向并提供相应的支持，进而影响到区域产业结构升级发展。本章采用政府财政支出占地区生产总值的百分比来衡量政府干预程度。

（6）人力资本（HR）。人力资本水平是决定地区产业结构能否实现转换升级以及升级效率的重要因素，已有研究证实，人力资本水平越高，产业结构升级能力越强（阳立高等，2018）。人力资本水平高的地区一般技术创新水平也比较高，会产生知识溢出和技术溢出效应，对产业结构升级起到助力作用。本章采用高等学校在校生人数占总人口的百分比来表示人力资本水平。

（7）人口密度（POP）。人口密集地区通常拥有更丰富的人力资源，包括更多的劳动力和更多的技术专业人才。人口密度的增加可能促使产业结构向高级化方向发展，即更多的高技术产业可能会在人口密集地区兴起。本章采用地区总人口数占地区行政区划面积的百分比来表示人口密度。

（8）劳动力水平（LAB）。劳动力水平是衡量一定区域或群体内劳动力素质和能力的重要指标。已有研究表明，劳动力水平是影响地区产业结构能否实现转型升级以及升级效率的关键因素。本章采用地区就业人数的对数值来表示劳动力水平。

（9）交通基础设施水平（INFRA）。高水平的交通基础设施能够提高交通运输的效率和便利性，缩短货物运输和人员出行的时间，降低运输成本。这有利于促进生产要素的流动和资源配置，为产业发展提供更加便利的条件。本章采用公路里程数的对数值来表示交通基础设施水平。

上述主要变量的描述性统计如表6-2所示。

表 6 – 2 各变量的描述性统计分析

变量名称	符号	观测值	均值	标准差	最小值	最大值
产业结构合理化	*RIS*	540	6.041	6.146	0.969	42.920
产业结构高级化	*HIS*	540	1.012	0.493	0.527	3.895
环境规制	*ER*	540	47.901	35.0538	3.8300	279.460
经济发展水平	*PGDP*	540	12000	7800	2700	47000
科技创新水平	*TECH*	540	1.233	0.988	0.175	5.947
对外开放程度	*OPEN*	540	2.075	1.785	0.010	13.890
城镇化水平	*URB*	540	1.496	0.666	0.386	3.579
政府干预	*GOV*	540	56.250	14.080	18.300	89.600
人力资本	*HR*	540	18.730	8.181	7.918	61.210
人口密度	*POP*	540	424.5	599.6	7.393	3800
劳动力水平	*LAB*	540	7.533	0.816	5.669	8.728
交通基础设施水平	*INFRA*	540	11.290	0.878	8.777	12.590

6.3.2 实证检验与结果分析

6.3.2.1 空间计量模型选择

在进行实证分析前，首先需要对不考虑空间因素的普通面板回归模型式 (6-1) 和式 (6-2) 的残差进行 LM 统计量检验，以确定本章选择构建空间计量模型展开实证检验是否正确，并对固定效应进行选择，此处以产业结构高级化指标的检验结果为代表进行说明。检验结果如表 6-3 所示。由表 6-3 可知，无论是 SAR 模型还是 SEM 模型，几乎均显著拒绝了不存在空间相关性原假设并通过了显著性检验，表明本章构建空间计量模型来展开实证检验是正确的选择。固定效应和随机效应的选择采用 Hausman 检验。检验结果显示，Hausman 统计量为 38.80，在 1% 显著性水平下拒绝空间效应与解释变量无关的原假设,因此选择固定效应模型进行估计。对于固定效应模型还需要确定是个体固定效应还是时间固定效应,通过似然比(LR)检验来判断固定效应是否具有联合显著性。检验结果显示个体固定效应和时间固定效应均具有联合显著性[空间固定效应:LR chi2(10) = 181.67 P = 0.000;时间固定效应:LR chi2(10) = 765.41 P = 0.000],因此为了控制空间和时间差异带来的误差问题,本章选择在具有空间和时间双向固定效应的模型下进行检验。

表6 – 3 空间滞后效应的模型结构性检验

检验	混合最小二乘
LM – Lag	67.724 ***
Robust LM – Lag	13.460 ***
LM – error	60.769 ***
Robust LM – error	6.505 **

注: ** 、*** 分别表示在5%和1%的统计水平上显著。

进一步,利用 LR 检验和 Wald 检验来判断本章中的空间杜宾模型是否能退化为空间滞后模型(SAR)和空间误差模型(SEM),即对以下两个假设进行检验,$H_0: \theta = 0$,$H_0: \theta + \rho\beta = 0$。检验结果显示,该模型在 1% 的水平上分别拒绝了 $\theta = 0$(LR-Lag = 95.02 P = 0.000)和 $\theta + \rho\beta = 0$(LR-Err = 86.55 P = 0.000)的原假设,说明本研究中的 SDM 不能退化为 SAR 及 SEM,即空间杜宾模型更加适合本研究需要。综合上述检验,本章选择在时间、空间双固定效应下的 SDM 进行实证分析。

6.3.2.2 全样本回归结果与分析

本节利用软件 Stata16 对构建的空间杜宾模型(SDM)进行 MLE 估计,在操作时为了避免潜在异方差带来的影响,对上述所有变量取自然对数处理,估计结果如表6 – 4 所示。

表 6-4　　　　　　　　　　　全样本回归结果

变量	RIS		HIS	
	普通面板回归模型	SDM	普通面板回归模型	SDM
lnER	0.089 ** (2.193)	0.077 ** (2.062)	0.033 *** (3.284)	0.029 *** (-0.988)
lnPGDP	-0.584 ** (-2.514)	-0.439 * (-1.841)	0.209 *** (3.625)	0.232 *** (-0.848)
lnTECH	0.486 *** (3.488)	0.525 *** (3.740)	-0.093 *** (-2.704)	-0.131 (-3.534)
lnOPEN	0.036 (0.980)	0.028 (0.830)	-0.031 *** (-3.404)	-0.034 *** (-4.536)
lnURB	0.365 *** (2.692)	0.417 *** (3.042)	-0.032 (-0.962)	0.125 (-0.805)
lnGOV	0.291 (1.209)	0.298 (1.281)	0.179 *** (2.992)	-0.290 (3.085)
lnHR	1.094 *** (5.735)	0.957 *** (4.560)	-0.218 *** (-4.606)	0.101 (0.379)
lnPOP	-0.040 (-0.061)	0.237 (0.352)	0.263 (1.610)	0.224 (-1.897)
lnLAB	-15.616 *** (-6.037)	-14.254 *** (-5.569)	-0.851 (-1.329)	-0.264 (4.943)
lnINFRA	-0.174 (-0.946)	-0.066 (-0.382)	-0.123 *** (-2.708)	-1.856 *** (-5.504)
W×lnER		-0.063 (-0.255)		-0.054 (3.506)
Spatial-rho		-0.095 * (-1.607)		-1.438 *** (-7.613)
个体固定效应	是	是	是	是
时间固定效应	是	是	是	是
Hausman (P)	0.000	0.000	0.000	0.000
R²	0.629	0.375	0.913	0.206
N	540	540	540	540

注：括号内的数字表示 t 值或 z 值，*、**、*** 分别表示在 10%、5%、1% 的统计水平上显著。限于篇幅未报告控制变量的空间滞后项。

第一，表 6-4 中第 2 列和第 4 列分别为普通面板回归模型式（6-1）

和式（6-2）的估计结果，即在不考虑产业结构升级水平和环境规制强度在空间上可能存在相关依赖性的情况下来探究二者之间的影响关系。通过第 2 列、第 4 列结果可见，当不考虑变量在空间上的相关性时，环境规制对产业结构合理化和高级化的回归系数均显著为正，表明环境规制对地区整体产业结构升级起到促进作用。

第二，表6-4 的第 3 列和第 5 列为空间杜宾模型式（6-3）和式（6-4）的回归结果。环境规制的估计系数 β_1 均显著为正，表明环境规制强度的增加对本地产业结构合理化和高级化同时具有推动作用。可能的解释在于：一方面，严格的环境规制使得企业治污费用增加，给企业带来了较高的成本负担，为了减少这方面的成本，企业可能会加大清洁技术研发，提高企业技术创新水平，从而会提升企业整体资源利用率并促进产业间健康发展，进而推动产业结构合理化；另一方面，较高的环境规制标准有利于提高市场准入水平，淘汰或挤出大量低层次的污染密集型产业，保留了污染较少的高层次知识技术密集型产业，在产业内形成一种"精洗"，从而有助于提升地区整体产业结构高级化水平。

第三，环境规制空间滞后项对产业结构合理化及产业结构高级化的系数 θ_1 均为负但不显著，表明周边地区环境规制对本地产业结构升级存在的负向空间溢出效应在逐渐弱化。结合系数 β_1、θ_1，表明地方政府在环境规制的执行上存在着策略互动行为，且存在"模仿型"策略互动，"逐顶竞争"现象逐渐显现。这一结果与现有的大多数研究结果"地方政府间在环境规制上普遍存在着'逐底竞争'的策略互动"不符。对此现象可能的解释为：之前大多数研究中选用的数据日期较早，而本章选择的数据更新到 2020 年，相对较新。近年来，我国政府和居民的生态文明意识越来越强，中央政府在对地方政府进行政绩考核时，不断增加环境绩效指标在考核体系中所占的比重，为了在相对绩效考核评价下获得政绩优势，地方政府一贯的"唯 GDP 论英雄"的政绩观开始转变，在发展经济的同时开始加大对生态环境的保护和治理，不断提高环境规制强度以取得良好的环境绩效。此外，中央政府陆续实施了"环保目标责任制""一票否决制"

"环境保护的党政同责制"等严格的生态环保制度，将政府官员的政治生涯与环保绩效挂钩。出于政绩考核的目的，地方政府在日常事务管理中会更加关注环境质量问题，加大环境治理强度。在相对绩效考核评价体系下，地方政府在制定本地环境规制强度时会参考借鉴周边地区的相应标准，而为了在环境绩效考核中获得竞争优势，地区间容易展开相互模仿，竞相提高环境规制强度，从而使得部分城市间形成"逐顶竞争"现象。

第四，产业结构合理化和高级化的空间自回归系数 ρ 都为负数且至少通过了 5% 的显著性检验，说明地区间产业结构升级存在着显著的空间负相关性，即本地区的产业结构升级与周边地区的产业结构升级存在空间集聚效应。因此，将以往大多数研究中忽略的这种产业结构升级的空间溢出纳入研究模型是十分必要的。

第五，从控制变量来看，经济发展水平（*PGDP*）对地区产业结构合理化具有负向作用，对产业结构高级化具有正向作用。当地区的经济发展水平不断提升时，技术水平和劳动力水平都会有所提高，为产业结构由低级形态向高级形态转变提供了良好条件。此外，人们的消费结构需求也会发生转变，推动生产资源要素向高附加值产业流动，从而促进产业结构升级。科技创新水平（*TECH*）对地区产业结构合理化具有显著的促进效果。对外开放程度（*OPEN*）对产业结构高级化产生负向作用。外商直接投资虽然能给国内带来资金与技术，增加地区经济发展总量，但是我国目前承接的外商投资多集中在传统制造加工业或者高能耗能源开发行业，这些行业共同的特点是污染高、生产技术水平低，进而产生"污染天堂"效应，阻碍其转型升级发展。城镇化率（*URB*）对地区产业结构合理化存在正向促进作用。一方面，城镇化过程中，大量农村人口向城市流动，非农占比增加，更多的城市劳动力为产业结构转型升级提供了人力保障与支持；另一方面，城镇化程度越高，地区内交通等基础设施越便利，从而为其提供了良好的基础条件。人力资本（*HR*）对地区产业结构合理化产生正向促进作用。地区劳动力素质水平越高，应用新技术的能力越强，促使劳动力从劳动密集型产业逐渐流向高技术信息产业，有利于推动产业结构的合理化发展。劳动力水平（*LAB*）和交通基础设施水平（*INFRA*）分别对产业结构合理化和高级化产生显著负向作用。基础设施建设的完善可能带来更多的资源和资金投入传统产业中，却忽视了服务业和创新型产业的发展。

6.3.2.3 空间溢出效应结果分析

不同于普通面板回归模型，由于空间计量模型中被解释变量的空间自相关系数 ρ 显著不为 0，因此表 6-4 中关于空间杜宾模型的估计系数只能表示变量间的作用方向和显著程度，而不能直接用来表示各解释变量对产业结构合理化和高级化真实的边际影响效果（Lesage & Pace，2009）。为了进一步得到各变量对产业结构升级的直接影响、间接影响以及总影响，本节采用空间计量模型的偏微分方法，继续对表 6-4 的估计系数进行分解，其中直接效应表示的是本地区解释变量对本地区被解释变量的影响效果，间接效应表示的是周边地区解释变量对本地区被解释变量的影响效果，总效应是直接效应与间接效应的加总，表示的是某地区的某个解释变量对所有地区的被解释变量的平均影响。分解结果见表 6-5 所示。

表 6-5　　环境规制对产业结构合理化和高级化的空间效应分解

变量	RIS			HIS		
	直接效应	间接效应	总效应	直接效应	间接效应	总效应
ln*ER*	0.078** (2.056)	-0.076 (-0.341)	0.003 (0.012)	0.035*** (3.830)	-0.045* (-1.892)	-0.011 (-0.479)

注：括号内的数字表示 z 值，*、**、*** 分别表示在 10%、5%、1% 的统计水平上显著。限于篇幅未报告控制变量的回归结果。

通过表 6-5 的结果可以发现，在模型构建中考虑到空间因素时，环境规制对其合理化和高级化的直接效应分别为 0.078、0.035，而不考虑空间因素时，普通面板回归模型估计结果中环境规制对其合理化和高级化的估计系数分别为 0.089、0.033（对应表 6-4 中第 2 列和第 4 列）。将二者对比后发现，忽略空间溢出效应时，环境规制对产业结构合理化的影响效应被高估，而环境规制对其高级化的影响效应存在一定程度的低估。以上结果表明各变量都存在不同程度的空间溢出效应，传统的计量回归模型对此效应的忽视，会造成估计结果的偏差，从而不能准确地反映出变量间的影响效果。

值得注意的是，上述空间效应分解结果中，各解释变量对产业结构升级影响的直接效应并不等于表6－4中对应的空间杜宾模型的估计系数，这是因为存在反馈效应。这里的反馈效应指的是本地区解释变量的变化造成了周边地区被解释变量的变动，进而该变动又反过来作用到本地区被解释变量的过程。在数值上，反馈效应为直接效应与估计系数之差，以产业结构高级化为例，环境规制对它的直接效应为0.035，估计系数为0.029，则反馈效应为0.006。这表明，在政府策略互动行为的影响下，本地区实施的环境规制会引致周边地区产业结构合理化水平的变化。进一步地，周边地区产业结构合理化的变化又会对本地区产业结构合理化产生正向的促进效应。

6.3.2.4 异质性分析

上文利用全样本数据实证探讨了环境规制策略互动及其对产业结构升级的影响作用。本节则从空间和时间两个维度进行划分，分别考察上述实证结果是否存在区域异质性和时序异质性。

1. 区域异质性

中国地域辽阔，不同地区在资源禀赋、经济水平、环保政策制定等方面都具有各自特征。这些地区间的差异是否会导致环境规制策略互动的表现有所不同？并导致各地区产业结构升级所受到的影响存在异质性？本节在全样本回归分析的基础上，结合研究需要进一步将全样本数据按照国家行政区域划分标准，划分为东部、中西部两部分进行区域异质性研究，区域划分情况见表6－6所示。

表6－6　　　　　　　　　　　区域划分

区域划分	省份
东部地区	北京、天津、河北、辽宁、上海、江苏、浙江、福建、山东、广东、海南
中西部地区	山西、吉林、黑龙江、安徽、江西、河南、湖北、湖南、内蒙古、广西、重庆、四川、贵州、云南、陕西、甘肃、青海、宁夏、新疆

根据表 6 - 7 的回归结果可以看出，东部地区样本数据下，环境规制及其空间滞后项的系数基本均显著为正，$\beta_1 > 0$ 和 $\theta_1 > 0$，说明在东部地方政府间，环境规制策略互动存在着"逐顶竞争"现象。可能的原因在于，东部地区经济发展水平普遍较高，地方政府的经济绩效压力相对较小，而居民对环境质量的要求更高。在相对绩效考核机制下，为了获得晋升优势，地方政府倾向于把更多的注意力放在环境治理上，增加环境治理投入以取得良好的生态环境，突出自己的环境绩效。因此就会与周边竞争对手在环境规制执行上展开攀比式模仿互动，竞相提高环境规制强度，从而形成了"逐顶竞争"的局面。综合上述分析可知，在东部地区样本下，环境规制强度的提高有利于促进本地区产业结构升级，此时周边地区采取提高环境规制强度的方式进行"逐顶竞争"，也会促进周边地区产业结构升级水平的提升，即策略互动行为下环境规制对产业结构升级产生了正向空间溢出效应。

表 6 - 7　　　　　　　　　　　　**分区域检验结果**

变量	东部地区		中西部地区	
	RIS	HIS	RIS	HIS
lnER	0.052 (0.528)	0.031** (2.165)	-0.106*** (-5.199)	-0.025* (-1.940)
W × lnER	0.703* (1.845)	0.144** (2.528)	-0.595*** (-5.676)	-0.248*** (-3.783)
Spatial - rho	-0.375** (-2.283)	-1.323*** (-10.224)	-1.633*** (-11.302)	-1.438*** (-9.609)
控制变量	是	是	是	是
R^2	0.094	0.344	0.595	0.057
N	198	198	342	342

注：括号内的数字表示 z 值，*、**、***分别表示在 10%、5%、1% 的统计水平上显著。

中西部地区样本数据下，环境规制及其空间滞后项的系数均显著为负，系数 $\beta_1 < 0$ 和 $\theta_1 < 0$。说明在中西部地方政府间，环境规制策略互动存

在着"逐底竞争"的现象。出现这一现象可能的原因在于,中西部地区发展相对落后,经济压力和民生改善压力较大,同时在相对绩效考核压力下地方政府会关注周边竞争对手的行为,使得其倾向于优先发展经济建设而忽略甚至牺牲环境质量,从而在环境规制强度的选择上出现"你低我更低"的困境,这种困境可以从以下两个方面具体理解。

首先,环境治理是一个长期、连续的过程,环境绩效见效慢,在短时间内很难看到显著的成果,而经济建设属于见效快、回报率高的项目,为了在政绩表现中占据优势地位,地方政府更倾向于减少环境保护投入来大力投资发展经济建设。同时,环境规制强度会增加企业的治理成本,削弱本地企业的竞争优势,为保护本地区企业发展,地方政府更易选择降低环境规制强度。其次,环境治理作为一项具有正外部性的公共物品,地方政府可能一方面不想自己的治理成果被竞争对手免费共享、削弱自身优势,另一方面又想节省自己的治理成本,免费搭乘周边地区竞争对手治理成果的"便车",从而就会减少环保支出,降低环境规制强度。

综合上述分析可知,在中西部地区样本下,环境规制强度的放松有利于促进本地区产业结构升级,因此,周边地区同样采取降低环境规制强度的方式进行"逐底竞争",以此来促进周边地区产业结构升级水平的提升。此策略互动行为下环境规制对产业结构升级产生了负向空间溢出效应。

值得注意的是,环境规制对产业结构合理化和高级化的回归系数 β_1 在东部地区样本下与中西部地区样本下呈现相反的作用效果。这可能是因为,环境规制的实施在短期内可能给企业带来"遵循成本效应",但是东部地区经济水平较高,有充足的资金条件支持技术研发创新与劳动力培训,提高企业生产效率,带来的收益增加能够补偿治理成本甚至产生"波特假说效应",提高企业收益率,最终推动产业结构升级;而中西部地区的经济与技术条件相对落后,环境治理在增加额外负担的同时,挤占了技术研发投资,限制了"波特假说效应",导致企业生产效率一直维持在较低水平,因而不利于产业结构升级。

2. 时序异质性

随着我国经济发展整体规划目标的调整，中央政府对生态环保的重视程度也发生了相应变化，相继颁布实施了一系列具有重要影响力的环保政策措施。2012 年，为提高经济发展质量、减少污染物排放，国务院相继出台了《"十二五"节能环保产业发展规划》《节能减排"十二五"规划》以及《重点区域大气污染防治"十二五"规划》等环境治理监管条例，因此 2012 年是我国环境规制的强力推进年。此外，2013 年以来中央政府针对官员政绩考评制度的创新颁布了多条办法通知，如《关于改进地方党政领导班子和领导干部政绩考核工作的通知》《党政领导干部生态环境损害责任追究办法》等，纠正"以 GDP 论英雄"的选人用人方法，加强对地方政府生态环保绩效的考核力度，使得环境绩效考核达到了空前的高度。

可见，随着中央政府对生态环境质量的重视，我国环境规制强度以及环境绩效考核力度在 2012 年都得到了不同程度的加强，环境绩效指标在官员政绩考核体系中所占比重不断提高，进而可能改变地方政府的环境治理行为。本章认为在不同时期，地方政府间环境规制的策略互动行为及其对产业结构升级的影响作用可能存在差异。因此，本章以 2012 年作为节点，将全样本时段分为 2003 ~ 2012 年、2013 ~ 2020 年两个时段来进行相关的时序性检验，检验结果如表 6 - 8 所示。

表 6 - 8 分时段检验结果

变量	2003 ~ 2012 年		2013 ~ 2020 年	
	RIS	HIS	RIS	HIS
ln*ER*	- 0. 177 *** (- 3. 590)	0. 037 *** (3. 266)	- 0. 058 (- 1. 298)	0. 023 *** (3. 090)
W × ln*ER*	- 0. 814 ** (- 2. 187)	- 0. 103 (- 1. 170)	- 0. 195 (- 0. 709)	0. 110 ** (2. 406)
Spatial - rho	- 0. 138 (- 0. 656)	- 0. 430 * (- 1. 726)	0. 034 (0. 143)	- 1. 809 *** (- 6. 983)
控制变量	是	是	是	是

续表

变量	2003~2012年		2013~2020年	
	RIS	*HIS*	*RIS*	*HIS*
R^2	0.079	0.034	0.014	0.051
N	300	300	240	240

注：括号内的数字表示 z 值，*、**、*** 分别表示在 10%、5%、1% 的统计水平上显著。

根据表 6 - 8 可知，2003~2012 年时段环境规制及其空间滞后项对产业结构合理化的回归系数 β_1、θ_1 均显著为负，表明在该时段内地方政府间环境规制策略互动呈现出"逐底竞争"的形式，且环境规制对周边地区的产业结构合理化产生了负向空间溢出效应。究其原因，在该时段内，中国经济水平还相对较低，经济发展、民生就业、生活改善方面的压力较大，中央政府对地方政府的绩效考核以 GDP 增长为核心指标，此时为了将更多的资金投入经济建设中以获得较显著的经济绩效，地方政府往往采取竞相减少环保支出作为自己的占优策略，最终导致环境规制的"逐底竞争"局面。不同于全样本回归结果中的 $\beta_1 > 0$，$\beta_1 < 0$ 表明该时段内环境规制对本地区产业结构合理化产生抑制作用，这可能是因为"遵循成本效应"。该时段内我国技术创新、人力资本都处于较低水平，环境规制的实施增加了本地区企业的治污成本，挤占生产投资与技术研发投资，降低企业的生产效率与利润率，从而不利于产业结构的合理化。

2013~2020 年时段环境规制及其空间滞后项对产业结构合理化的估计结果不显著，因此不能据此对地方政府间环境规制的策略互动行为进行判断分析。环境规制及其空间滞后项对产业结构高级化的回归系数均显著为正，表明在该时段内地方政府间环境规制策略互动主要呈现出"逐顶竞争"的形式，且环境规制对周边地区的产业结构的高级化产生了正向空间溢出效应。随着经济发展目标的调整，2012 年以来国家大力提倡与坚守生态文明建设理念，将生态约束性指标纳入官员考核体系，相继颁布了多条环保政策措施以及"一票否决制""环保目标问责制"等制度，环境治理绩效在官员考核中所占的比重越来越大，成为决定官员政绩考核的关键因素，这会迫使地方政府竞相提高环境规制强度，不断加大环境治理力度，增强自己的环境绩效优势。

6.4 主要结论和对策

6.4.1 主要结论

本章基于地方政府间策略互动的视角，探究了环境规制策略互动行为及其对产业结构升级的影响机理与效果，并从区域异质性和时序异质性两方面进行了进一步的讨论。得到以下主要研究结论：

第一，在样本期内，产业结构合理化和高级化都存在显著的空间相关性。全样本下，环境规制对本地区产业结构升级具有促进作用，地方政府间在执行环境规制上存在"模仿型"策略互动，总体表现为"逐底竞争"形式。此时，在该策略互动行为的影响下，环境规制对周边地区的产业结构升级存在负向空间溢出效应。空间溢出效应分解结果显示，各变量对产业结构升级均存在一定程度的空间溢出效应，如果忽视这种空间溢出，将会造成估计结果的偏差。

第二，在不同区域内，地方政府间环境规制策略互动行为及其对产业结构升级的影响存在差异。东部地区样本下，地方政府间环境规制策略互动总体表现为"逐顶竞争"，此时，对周边地区的产业结构升级存在正向空间溢出效应；中西部地区样本下，地方政府间环境规制策略互动表现为"逐底竞争"，此时，环境规制对周边地区的产业结构升级存在负向空间溢出效应。产生上述差异的原因可能在于，相较于东部地区，中西部地区经济水平相对较低，经济发展、民生改善压力较大，绩效考核往往更加重视经济绩效方面，为了在相对绩效考核中胜出，地方政府更倾向于牺牲环境质量、竞相降低环境规制强度来发展本辖区经济，从而形成"逐底竞争"局面。

第三，在不同时间段内，地方政府间环境规制策略互动行为及其对产业结构升级的影响存在差异。在 2003～2012 年时段，地方政府间环境规制策略互动呈现出"逐底竞争"的形式，此时，环境规制对周边地区的产业结构合理化产生了负向空间溢出效应；而在 2013～2020 年时段，地方政府间环境规制策略互动呈现出"逐顶竞争"的形式，此时，环境规制对周边地区的产业结构高级化产生了正向空间溢出效应。分时段结果显示，随着中央政府对环境治理绩效考核力度的加强，地方政府间环境规制策略互动行为及其对产业结构升级的影响效果会发生变动。

6.4.2　主要对策

基于上述研究结论，本章提出以下对策建议：

第一，加强中央政府宏观调控，促进区域产业结构升级协调发展。在地方政府环境规制策略互动行为的影响下，环境规制的实施不仅影响本地区产业结构升级，对周边地区的产业结构升级水平也产生明显的空间溢出效应。同时，随着区域间经济发展联系越来越紧密，产业结构发展也呈现出较强的空间集聚效应，本地区与周边地区的产业结构升级发展互相依赖、互相影响。因此，在实施环境政策时需要充分考虑除本地影响外可能给其他地区带来的溢出效应，这就需要加强中央政府宏观调控能力，建立区域间合作发展机制，攻破区域间行政壁垒，引导区域间多合作交流、互相学习产业发展经验，实现区域间产业结构协同发展。此外，实行"中心城市"示范机制，产业结构发展良好的城市发挥榜样带头作用，通过辐射效应与集聚效应拉动周边地区产业结构升级，缩小区域间发展差距，从而实现区域整体产业结构升级水平的提升。

第二，加强环境治理监管集权，明晰地方政府环保权责。我国的环保政策一般由中央政府制定、地方政府执行，而地方政府拥有一定的"自主抉择空间"，为环境规制的选择性执行创造了机会。出于自身牟利性动机，地方政府在环境治理上易于出现互相推诿、消极竞争局面，这不仅达不到环境规制应有的治理效果，还不利于地区产业结构升级水平的提升。因此，为了确保地方政府能有效执行环境规制措施，中央政府需要进一步加强环保集权，完善环境政策执行的监管机制，明晰地方政府环保权责。具体可以从以下两方面着手：

一方面，健全环保法治体系，包括全面立法、完善法制机构、人员系统建设。为了确保地方政府能够有效实施环境治理政策，需要完善相关的环境法律法规，从立法上为环境治理监督管理提供全面必要的保障，做到环境监管行为有法可依、有法必依，以此来强力约束和规范地方政府的环境治理行为，减少自由裁量权对地方政府环保行为的扭曲。同时，在制定环保相关法律法规时，需要根据现实情况与时俱进、不断调整，做到与社会经济发展相匹配。

另一方面，明晰地方政府环境治理责权，强化环保问责、追责制度。在环境分权上，中央政府应该注意协调事权和财权的分配，对地方政府在环境领域上拥有的权力和负有的职责作出清晰明确的规定，以防出现因权责不明而导致地方政府在环境治理上互相推脱、"互踢皮球"等现象。此外，官员的任期年限不固定以及环保事务见效慢等特点易使地方官员认为环保失职问题认定追责难度较大，导致他们在任期内心存侥幸心理，不重视环保问题。中央政府应该加大对地方政府生态环境损害行为的问责、追责力度，继续完善并严格执行对地方官员环保失职行为的终身追责制度，以此来引导地方政府形成良好的生态环保意识，推动环保政策的有效实施。

第三，因地制宜，制定与区域发展特征相匹配的环境规制政策。由于我国面积辽阔，各省域在经济发展、资源要素、人文环境、产业基础结构等方面均存在明显的差异，如果盲目采取"一刀切""高度统一"的环境规制政策，不仅不利于区域产业结构升级，还会阻碍区域间产业结构的协调发展。因此，政府应该兼具原则性和灵活性，充分考虑各个省域的区位特征、资源条件，制定与区域发展特征相匹配的环保措施。此外，不同地区产业结构发展现状存在较大差异，比如东部发达地区服务业、高技术等新兴产业发展迅猛，而中西部地区污染密集型、劳动密集型产业占比相对较大，针对不同产业类型，应细化环境规制实施准则，做到不同情况不同对待，使环境政策与产业结构相协调，最大程度发挥前者对后者的促进效应。

第 7 章

提升环境污染治理成效的进一步思考

7.1 协同范围扩大与环境污染治理成效

前述研究涉及环境污染治理主体中的政府和企业，且政府之间、政府和企业之间通常存在着相互竞争与博弈。尽管一些研究重点考察了环境规制在空间上具有相关性这一特点，但空间范围或者环境污染治理主体的规模应该有多大一直未得到充分考虑。群体规模和环境污染治理联盟绩效之间究竟是何关系受到理论界的长期关注却又观点不一。2017～2018 年，我国大气污染防治攻坚行动将联防联控的核心区从"2＋4"的小联盟扩大到"2＋26"的大联盟，这无疑为推进上述问题研究提供了一次很好的自然实验。为了厘清环境污染联防联控协作范围扩大是否会进一步改善环境质量问题，本节使用断点回归法分别对原"2＋4"城市和新加入的 22 个城市进行实证分析。

7.1.1 问题提出

空气污染已经成为危害人类健康的"隐形杀手"，严重影响着人们的身体健康和心理状况，制约着经济的可持续发展。因此，环境保护和污染防治已经成为我国政府工作的重要内容之一。为切实改善空气质量，我国政府制定了一系列大气污染防治的政策法规，并在大气污染严重地区采取了区域联防联控机制，希望通过区域合作的方式改善环境质量。

　　具有代表性的政策法规是 2013 年国务院《关于印发大气污染防治行动计划的通知》（以下简称"大气十条"），它在很大程度上改善了我国的空气质量（Huang et al.，2018）。同在 2013 年，环境保护部等部门响应"大气十条"政策出台，印发了《京津冀及周边地区落实大气污染防治行动计划实施细则》，试图通过深化大气污染区域联防联控的工作机制来解决京津冀区域的大气污染问题，使京津冀及周边地区经过五年努力，空气质量得到明显改善。区域联防联控是一种依靠区域内地方政府对区域整体利益达成共识，运用组织或制度资源打破行政区域界限，从区域整体需要出发，统筹安排，互相协调，互相监督，最终实现共享治理成果与塑造区域整体性质的机制安排。因为大气污染物具有较强的扩散性，一个地区的污染物浓度会受到其周围地区排放物的严重影响，所以采取大气污染的区域联防联控是有必要的。而且，与传统属地模式的大气污染治理成本相比，采取大气污染的区域联防联控机制的成本更低，效率更高（Wu et al.，2015）。

　　2017 年，"大气十条"第一阶段迎来收官之年，在这一年，《京津冀及周边地区 2017 ~ 2018 年秋冬季大气污染综合治理攻坚行动》（以下简称"攻坚行动"）出台。借由这一政策文件的出台，京津冀大气污染联防联控的协作范围从一个"小联盟"转变成为了一个"大联盟"，那么，大联盟会不会比小联盟的环境污染治理绩效更好呢？

　　关于大联盟和小联盟的合作绩效比较，一直是学术界的热门话题。一些学者认为联盟绩效会随着联盟规模的扩大而减小（Olson，1965）。这可能存在三方面的原因，一是大联盟更可能面临"搭便车"现象；二是大联盟比小联盟交易成本（沟通、决策、监督等活动）更高，社会激励效果更小；三是集体行动需要具有共同的意识形态和思想基础，联盟的扩大，一般情况下，使共同意识变得模糊。京津冀地区城市经济结构和生态承载力迥异（寇大伟等，2018），导致各个城市在大气污染联防联控中的积极性存在显著差异。杨骞等（2016）认为，联防联控中的每个城市都可以均等地享有同一蓝天，但治理污染却要付出一定的经济成本，使得地方政府在追求经济增长的同时容易产生"搭便车"倾向。根据这一观点，京津冀联防联控从"2+4"扩大到"2+26"更大的联盟后，大气污染治理效果存在转差的可能性。

但也有学者认为大联盟比小联盟具有更大的合作收益。索诺克和佩克（Szolnoki & Perc，2011）认为，大联盟更容易通过加强空间互惠来促进公共合作，从而比小联盟更能有效地提供公共物品。佩科里诺（Pecorino，2016）指出，奥尔森（Olson）的群体规模理论并不适合应用在政治方面，个人福利会随群体规模的增大而增大。小林正佳和太田浩（Hayashi & Ohta，2007）将奥尔森（Olson，1965）的两个前提假设"（1）自愿贡献的边际成本在个体间是一致的，且独立于捐款额""（2）个体在公共物品的消费中不会感到满足"，改变为"（1）个体贡献的边际成本是增加的""（2）某种程度上个体在公共物品的消费中会感到满足"，继而论证，在相同的经济条件下，随着群体规模增加，公共物品供给的纳什均衡将收敛于一个最优水平，且个体成本负担额接近最小。根据这一观点，京津冀联防联控从"2+4"扩大到"2+26"更大的联盟后，大气污染治理效果存在进一步改善的可能性。

可见，目前理论界关于联盟扩大对协作治理效果的影响尚无定论，已有研究或通过构建理论模型，探讨联盟规模对合作绩效的影响（Szolnoki & Perc，2011；Wang & Zudenkova，2013；Reisinger et al.，2014；Pecorino，2016），或借助实验方式进行考察（Diederich & Goeschl，2016；Weimann et al.，2019），研究方法带有一定的人为设计色彩。而京津冀及周边地区大气治理联防联控核心区范围的扩大，是我国政府为实现环境改善目标而向理论研究提供的一次很好的自然实验。为了检验实验结果，回答群体规模与联盟绩效之间究竟是何种关系这一重要理论问题，本节接下来将采用断点回归法进行分析，同时，借助大量的稳健性检验，确保分析结果的稳健性。

7.1.2　研究设计

环境政策评测多使用双重差分法（石庆玲等，2016）、合成控制法（Li et al.，2019）和断点回归法（Ebenstein et al.，2013）等。在使用这些方法进行政策评价时，一个重要的步骤就是合理选择控制组，如果不能合理地选择控制组，就有可能导致结果发生偏差，且选择控制组时需要满足外生性和关联性，即政策实施对于控制组没有影响，控制组成员和处理组成员在因变量上具有较强的相关性（Li et al.，2019）。2013 年 9 月"大气十条"政策是一个全国范围的政策，我国各地不同程度上实施了空气污染治理措施，在这种背景下，使用双重差分法或合成控制法研究某个地区环境政策效果时，在设置控制组时就很难满足外生性原则。并且，使用双重差分法和合成控制法研究"攻坚行动"将大气污染防治核心区"2＋4"扩大到"2＋26"是否进一步改善空气质量问题时，更难设置控制组，因为找不到在政策实施之前同样实施大气污染联防联控且其他各方面都相同的控制组城市。另外，北京和天津是我国在地理上紧邻的两个直辖市，我们很难找到除影响因素外其他各方面都相同的"双胞胎"城市（曹静等，2014），因而难以满足关联性原则。断点回归法的优点在于，其将城市政策实施前的年份设置为控制组，政策实施后的年份作为处理组，在政策实施前和政策实施后，除了是否实施政策，其他方面几乎一样，所以使用断点回归法比其他两种方法更容易设置控制组。另外，断点回归法的设计可以减少内生性问题。本节选用断点回归法分析空气质量是否受到"2＋4"扩大到"2＋26"更大联盟范围影响而得到进一步改善，模型设置如下：

$$Y_{it} = \alpha + \delta Treatment_{it} + \sum_{j=1}^{4} \beta_j (t-c)^j + Treatment_{it}$$

$$\sum_{j=1}^{4} \lambda_j (t-c)^j + \gamma X_{it} + \varphi_i + \varphi_t + \varepsilon_{it} \qquad (7-1)$$

其中：Y_{it} 是衡量大气质量的指标，包括空气质量指数（AQI），PM_{10} 等；$Treatment_{it}$ 是政策虚拟变量，在时间 t 政策发挥作用，$Treatment_{it} = 1$，反之 $Treatment_{it} = 0$，$Treatment_{it}$ 的系数表示政策效果；c 为断点，即政策开始发挥作用的第一天，这里 c 为 2017 年 10 月 1 日；t 为配置变量，$(t-c)$ 表示 t 与 c 的距离，在 c 之前的点为负，之后的点为正；X_{it} 为控制变量，包括天气变量、节假日变量、是否供暖等；φ_i 为城市固定效应；φ_t 为城市时间趋势项；ε_{it} 为随机误差项。

数据方面，本节使用 AQI 来衡量大气质量，另外搜集了细颗粒物（$PM_{2.5}$）、可吸入颗粒物（PM_{10}）、SO_2、CO 和 NO_2 等环境质量指标。天气情况会影响一天的大气质量，如风可以使大气污染物快速扩散，有风的天一般会比无风的天大气质量更优，因此控制变量中加入了衡量天气状况的指标，包括日最大风速（$wind$）和日平均气温（$tempmean$）。其中，$tempmean$ 为日最高气温和日最低气温的平均值。虚拟变量为是否有雨（$rain$）、是否有雪（$snow$）。以上数据均来自天气后报网，其原始数据来源于生态环境部网站。此外，控制变量中还加入了虚拟变量法定节假日（$Natholidays$）。在法定节假日，绝大多数工厂会放假，可能会改善空气质量，另外节假日旅游人数增多，出行车辆增多，汽车尾气的排放也可能会恶化空气质量，法定节假日是影响大气质量的一个重要指标。冬季供暖会使空气质量恶化（Ebenstein et al.，2013；Li et al.，2018），本节引入供暖虚拟变量（$heat$）。第二产业占比越高的城市其污染企业数量可能越多，从而造成不同程度的空气质量污染，所以引入第二产业占比（$second$）来衡量区分每个城市的工业特征，第二产业占比数据来自各市城市统计公告。另外考虑一天的大气质量与前一天的大气质量有较大的相关关系，所以还加入了前一天大气质量指标 $y_{i,t-1}$。表 7-1 给出了断点前后两个月的主要变量的描述性统计结果。

表 7 − 1　　　　　　　　　　　主要变量描述性统计

项目	单位	样本量	均值	标准差	最小值	最大值
AQI	指数	3388	88.7	34	18	273
$PM_{2.5}$	ug/m³	3388	55.4	29.8	4	222
PM_{10}	ug/m³	3388	102.6	47.5	0	338
SO_2	ug/m³	3388	18.9	13	1	135
CO	ug/m³	3388	1.2	0.5	0.2	5.4
NO_2	ug/m³	3388	43.9	16.5	9	102
O_3	ug/m³	3388	61	34	4	197
second	ug/m³	3388	47.4	8.2	19.0	64.5
wind	km/h	3388	3.2	0.4	3	6
tempmean	℃	3388	17.6	8.3	−4	33.5
Natholidays	虚拟变量	3388	0.1	0.2	0	1
rain	虚拟变量	3388	0.2	0.4	0	1
snow	虚拟变量	3388	0	0.1	0	1
heat	虚拟变量	3388	0.1	0.3	0	1

7.1.3　实证检验与结果分析

7.1.3.1　实证检验结果

在《京津冀及周边地区大气污染联防联控 2015 年重点工作》及《京津冀大气污染防治强化措施（2016～2017 年）》文件中，京津冀及周边地区大气污染防治的核心地区都为"2 + 4"，即北京、天津、廊坊、保定、沧州、唐山。而在"攻坚行动"中，京津冀及周边地区大气污染防治的核心区范围被扩大到"2 + 26"城市，相应的治理措施重点实施范围也扩大到了"2 + 26"个城市，新加入的 22 个城市分别为：河北省的石家庄市、衡水市、邢台市、邯郸市；山西省的太原市、阳泉市、长治市、晋城市；山东省的济南市、淄博市、济宁市、德州市、聊城市、滨州市、菏泽市；

河南省的郑州市、开封市、安阳市、鹤壁市、新乡市、焦作市、濮阳市。

"攻坚行动"要求切实做好 2017~2018 年秋冬季（2017 年 10 月 ~ 2018 年 3 月）大气污染综合治理工作，虽然其中部分措施在 10 月之前就已经开始实施，如关于推进"散乱污"企业及集群综合整治，要求 2017 年 9 月底前依法关停取缔，做到"两断三清"，即断水、断电、清除原料、清除产品、清除设备，但是全部关停违规企业是在 9 月底，10 月 1 日起应该可以看到工作效果。另外，考虑到大部分措施是在 2017 年 10 月 1 日起开始施行的，如严格管控移动源污染排放，要求从 2017 年 10 月起，每天开展综合执法检查，对违法车辆一律从严处罚；又如 2017 年 10 月 1 日 ~ 2018 年 3 月 31 日，焦化企业出焦时间均延长至 36 小时，位于城市建成区的焦化企业要延长至 48 小时以上，且"攻坚行动"政策本身要求做好 2017 年 10 月 ~2018 年 3 月大气污染综合治理攻坚行动，所以本节将精确断点回归的断点设置为 2017 年 10 月 1 日。

图 7-1 给出了核心区"2+4"的政策发挥作用前后两个月的 *AQI* 拟合曲线图，及新加入的 22 个城市的 *AQI* 拟合曲线图，箱体的宽度为 3。从图 7-1 中我们可以直观地看出，在政策发挥作用处出现了明显的断点，这表明大气污染联防联控核心区"2+4"扩大到"2+26"可能有效地改善了空气质量，选择使用断点回归方法作为估计方法是合适的。

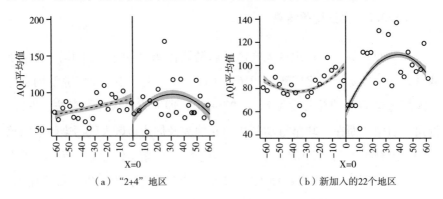

（a）"2+4"地区　　　　　　　（b）新加入的 22 个地区

图 7-1　政策开始发挥作用前后两个月 AQI 拟合曲线

本节使用带宽为断点前后两个月的数据，选用 4 阶多项式进行断点回归参数估计（见表 7 - 2）。表 7 - 2 第 2 列为原核心区 "2 + 4" 城市的断点回归估计结果，第 3 列为新加入的 22 个城市的断点回归估计结果，可以看出 AQI 显著下降，表明 "攻坚行动" 政策将核心区 "2 + 4" 扩大到 "2 + 26" 更大的联盟后有效地改善了空气质量。本节认为，联盟规模扩大使得环境治理效果改善的原因主要是：（1）"攻坚行动" 尽管在短期内会减缓经济增速（Wang et al.，2019；Song et al.，2020），产生 "搭便车" 的可能性，但作为长期合作举措，提高了长期内 "搭便车" 的成本（Wang & Zudenkova，2013）。（2）"攻坚行动" 设置了严格的监管和问责制度，第三方监管能够减少 "搭便车" 行为，维持较高的合作收益（Kamei，2018）。（3）"攻坚行动" 存在一定的大规模效应（large - scale effect），联盟规模的扩大意味着集体行动可以更好更快地完成，这将激励联盟成员继续合作，提高合作动机（Wang & Zudenkova，2016）。

比较表 7 - 2 的第 2 列和第 3 列，还可以看出，小联盟扩大到大联盟后，原本小联盟成员的空气质量改善效果要比新加入的 22 个城市的改善效果更大。小联盟改善效果更大的原因可能主要是：（1）小联盟成员从 2015 年便被划为核心区，经过两年大气污染联防联控工作，积累了丰富的经验，具有一定的干中学效应。（2）小联盟成员与新加入的城市地理毗邻，"攻坚行动" 实施之后，新加入的 22 个城市在空气质量得到改善的同时也会减少其对小联盟的溢出效应，带来小联盟空气质量的进一步改善。表 7 - 2 还给出了 3 阶和 5 阶多项式断点回归的估计结果，可以看出其结果和 4 阶多项式回归结果相同，联盟范围的扩大确实进一步改善了区域空气质量。

表 7 - 2　核心区 "2 + 4" 扩大到 "2 + 26" 对空气质量的改善效果

项目	4 阶多项式		3 阶多项式		5 阶多项式	
	2 + 4	22	2 + 4	22	2 + 4	22
treatment	- 44. 93 *** (15. 6428)	- 12. 72 * (7. 6275)	- 25. 13 * (13. 8169)	- 14. 58 ** (7. 0323)	- 65. 88 *** (17. 1247)	- 19. 89 ** (8. 1636)

项目	4 阶多项式		3 阶多项式		5 阶多项式	
	2 + 4	22	2 + 4	22	2 + 4	22
tempmean	7. 02 *** (0. 5363)	3. 67 *** (0. 2094)	6. 65 *** (0. 5163)	3. 66 *** (0. 1999)	6. 93 *** (0. 5538)	3. 67 *** (0. 2102)
heat	38. 03 *** (9. 5016)	22. 32 *** (4. 3086)	42. 14 *** (9. 0617)	20. 92 *** (4. 1705)	39. 52 *** (10. 3901)	21. 60 *** (4. 7193)
rain	4. 20 * (2. 3370)	− 4. 98 *** (1. 1830)	4. 09 * (2. 3788)	− 4. 98 *** (1. 1847)	5. 36 ** (2. 3294)	− 4. 62 *** (1. 1873)
wind	− 7. 14 *** (2. 5434)	− 4. 47 *** (1. 2996)	− 7. 13 *** (2. 5516)	− 4. 36 *** (1. 2969)	− 6. 54 ** (2. 5609)	− 4. 22 *** (1. 3041)
snow		− 45. 59 *** (9. 9093)		− 44. 97 *** (9. 8167)		− 45. 17 *** (10. 0575)
Natholidays	25. 88 ** (10. 4497)	5. 46 (4. 5363)	24. 17 ** (10. 0181)	6. 60 (4. 5122)	26. 37 ** (10. 5943)	5. 87 (4. 6666)
second	0. 29 *** (0. 0938)	− 0. 08 (0. 0706)	0. 29 *** (0. 0949)	− 0. 08 (0. 0706)	0. 29 *** (0. 0934)	− 0. 08 (0. 0706)
$y_{i,t-1}$	0. 38 *** (0. 0456)	0. 40 *** (0. 0231)	0. 38 *** (0. 0451)	0. 40 *** (0. 0229)	0. 38 *** (0. 0464)	0. 40 *** (0. 0236)
常数项	− 55. 83 *** (14. 1206)	− 3. 47 (7. 7350)	− 62. 14 *** (14. 3025)	− 4. 631 (7. 6311)	− 36. 35 ** (15. 1555)	2. 76 (8. 0607)
观测值	726	2662	726	2662	726	2662
adj. R^2	0. 419	0. 430	0. 414	0. 430	0. 426	0. 430

注: * 、 ** 、 *** 分别表示在 10% 、5% 、1% 的统计水平上显著。

7.1.3.2　前提假设检验

断点回归方法成立需要满足两个前提假设，第一，样本进入控制组和实验组是随机的，不存在自选择问题。本节以时间来设置断点位置，把政策开始发挥作用的第一天设置为断点，在断点之前的样本进入控制组，断点之后的样本进入实验组，所以本节所研究的问题不存在样本自选择问题。第二，在断点 c 处，控制变量是连续的，不存在跳跃。考虑天气因素可能会对城市空气质量产生显著影响，本节使用 4 次多项式，带宽两个月检验了天气变量：日平均气温、最大风速、是否有雨在断点处的连续性。从表 7 – 3 可以看出，除了虚拟变量是否有雨显著下降，其他天气变量均是连续的。下雨能够稀释一部分空气中的污染物，所以下雨一般会改善一个地区的空气质量（石庆玲等，2016），因此，即使在政策发挥作用后下雨天数显著减少，如果存在断点，依然可以认为是政策发挥作用引起的，只是有可能低估了政策对空气质量的改善效果。综上所述，本节的面板数据满足断点回归的两个前提假设。

表 7 – 3　　　　　　　　　　天气变量连续性检验

项目	2 + 4	2 + 4	2 + 4	22	22	22
	wind	*tempmean*	*rain*	*wind*	*tempmean*	*rain*
treatment	0. 164 (0. 1899)	0. 734 (1. 0661)	– 0. 159 (0. 1169)	0. 106 (0. 0854)	0. 426 (0. 5430)	– 0. 315 *** (0. 0933)
观测值	726	726	726	2662	2662	2662
adj. R^2	0. 100	0. 947	0. 245	0. 088	0. 891	0. 193

注：*** 表示在 1% 的统计水平上显著。

7. 1. 3. 3　稳健性检验

1. 带宽检验

带宽的选择可能会影响结果稳健性。为了加强结果的稳健性，本节做了带宽敏感性分析，将断点前后的数据分别设为 ±100 天，±80 天，±40 天，±20 天，回归结果如表 7 – 4 所示。从表 7 – 4 可以看出，回归结果几乎不受带宽的影响，大气污染联防联控核心区 "2 + 4" 扩大到 "2 + 26" 显著地改善了区域空气质量。

表 7 - 4 带宽检验

区域	项目	±100 天	±80 天	±40 天	±20 天
2+4	treatment	-25.76 (17.6754)	-37.83** (15.0295)	-37.01** (18.3326)	-90.84*** (25.3980)
	控制变量	是	是	是	是
	观测值	1194	954	474	234
	adj. R²	0.416	0.362	0.475	0.563
22	treatment	-17.77** (7.8696)	-17.75** (7.5448)	-12.16 (8.3622)	-53.14*** (11.1643)
	控制变量	是	是	是	是
	观测值	4378	3498	1738	858
	adj. R²	0.435	0.383	0.497	0.546

注：**、*** 分别表示在 5%、1% 的统计水平上显著。

2. 安慰剂检验

如果断点回归结果只是机械的相关关系，或者是受其他无法观察因素的影响结果，那么以任何一点作为断点回归都有可能产生这一结果。对此，本节进行了安慰剂检验，将断点的时间向前移动 30 天，因为 10 月 1 日政策开始实施，为了避免 10 月 1 日后数据影响结果，所以设置带宽为前后一个月，使用 4 阶多项式，然后以新的断点进行回归的结果如表 7 - 5 所示。表 7 - 5 第 2 列和第 3 列分别为核心区 2 + 4、新加入的 22 核心区城市的安慰剂检验结果，结果并不显著，表明核心区 "2 + 4" 扩大到 "2 + 26" 政策开始发挥作用的时点在 2017 年 10 月 1 日。另外，考虑政策发挥作用的时点在 10 月 1 日，是国庆日，国庆放假 7 天，为了避免空气质量的改善来源于法定节假日效应，本节又将断点设置为 2016 年 10 月 1 日，在《京津冀大气污染防治措施（2016—2017 年）》政策中没有相关措施是 2016 年 9 月底前要完成和 2016 年 10 月 1 日开始执行的，所以可以将断点设置在 2016 年 10 月 1 日，以检验空气质量的改善是否来源于国庆效应。设置带宽为前后两个月，使用 4 阶多项式，断点回归结果为表 7 - 5 第 4 列和第 5 列，回归结果并不显著，表明 2017 年秋冬季空气质量的改善并不是因为国庆放假而产生的，而是由联盟扩大引起的，表明了核心区"2+4"扩大到"2+26"对空气质量的进一步改善这一结果是稳健的。

表7-5 安慰剂检验

项目	断点前移30天		断点前移1年		断点后移1年	
	2+4	22	2+4	22	2+4	22
treatment	13.14 (15.4400)	0.53 (6.1501)	1.13 (14.3688)	−7.71 (7.8386)	6.14 (7.8851)	11.35*** (2.9643)
tempmean	4.69*** (0.5494)	1.79*** (0.2316)	6.74*** (0.6918)	2.55*** (0.2274)	7.16*** (0.5721)	2.58*** (0.2085)
heat			25.47*** (8.3447)	−36.15*** (8.5815)	−71.83*** (14.7199)	−25.85*** (5.8821)
rain	6.53** (2.6379)	−7.90*** (1.1125)	−6.64** (3.2901)	−3.10** (1.4446)	7.45** (3.7128)	−3.46*** (1.2616)
wind	−9.76*** (3.0137)	−6.45*** (1.5014)	−16.11*** (2.8632)	−9.86*** (1.6206)	−3.96*** (0.9531)	−2.25** (0.4813)
snow			−37.85*** (11.8678)	−47.51*** (8.7759)	−17.64* (9.7331)	−23.26*** (8.1518)
Natholidays			1.37 (8.0271)	−0.04 (2.8203)	−8.01*** (2.9864)	−6.77*** (1.6552)
second	0.20* (0.1079)	0.08 (0.0688)	0.16 (0.1437)	−0.54*** (0.0902)	0.34*** (0.1041)	−0.12* (0.0683)
$y_{i,t-1}$	0.34*** (0.0548)	0.40*** (0.0274)	0.34*** (0.0468)	0.54*** (0.0260)	0.47*** (0.0438)	0.50*** (0.0330)
常数项	−22.96 (18.9120)	23.89*** (8.2240)	−3.86 (17.7894)	64.84*** (8.9438)	−96.05*** (12.9188)	2.10 (5.1307)
观测值	366	1342	720	2640	702	2574
adj. R^2	0.421	0.413	0.562	0.617	0.648	0.687

注：*、**、*** 分别表示在10%、5%、1%的统计水平上显著。

考虑到"攻坚行动"政策要求做好2017年10月～2018年3月的大气污染防治工作，并未对春夏季作要求，部分政策是从2017年10月1日开始执行，那么以上估计存在这种可能：空气质量改善效果是"攻坚行动"

政策初始的实施效果，而不是联盟扩大的效果。为了区分这两种效果，本节做了以下对比分析，《京津冀及周边地区2018~2019年秋冬季大气污染综合治理攻坚行动》同样要求做好2018年10月~2019年3月的大气污染防治工作，不同的是2017~2018年"攻坚行动"之前是以核心区"2+4"开展的，2017~2018年"攻坚行动"是以核心区"2+26"开展的，联盟范围扩大；2018~2019年"攻坚行动"之前是以核心区"2+26"开展的，2018~2019年"攻坚行动"依然是以核心区"2+26"开展的，联盟范围未发生变化。如果以2018年10月1日为断点，带宽2个月，检验在2018年10月1日处空气质量是否发生显著改善。如果在2018年10月1日空气质量发生显著改善，可以认为2017年10月1日空气质量改善是由2017~2018年"攻坚行动"初始实施带来的，而不是联盟扩大的效果；如果在2018年10月1日空气质量未发生明显显著改善或改善效果很小，则可以认为空气质量改善是联盟扩大的效果。结果如表7-5的第6列和第7列所示，从表7-5的第6列和第7列可以看出，在"2+4"城市2018~2019年"攻坚行动"的实施并没有在2018年10月1日处产生明显的空气质量改善效果，在新加入的22个城市甚至出现了空气质量变严重的情况。通过以上对比分析，可以认为2017年10月1日处的空气改善效果来自区域联盟范围的扩大。

3. 各年份对比

为了加强结果的稳健性，本节对各年份AQI月平均值进行了对比分析，前文图7-1给出了每年度秋冬季六个月份空气质量的平均值走势图，图7-2（a）为原本"2+4"城市的分析图，图7-2（b）为新加入的22个城市分析图。从图7-2中可以看出，2017~2018年度和2018~2019年度秋冬季月平均AQI明显比2015~2016年度和2016~2017年度低，尤其是在供暖季。京津冀大气污染联防联控治理在2015~2016年度和2016~2017年度是以核心区"2+4"开展的，在2017~2018年度和2018~2019年度是以"2+26"开展的，从对比分析中也可以看出，联盟范围扩大进一步改善了联防联控区域的空气质量，增强了研究结果的稳健性。

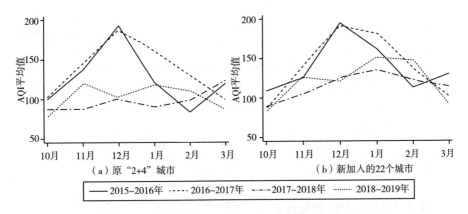

（a）原"2+4"城市　　　　　　（b）新加入的22个城市

— 2015~2016年　--- 2016~2017年　-·- 2017~2018年　···· 2018~2019年

图7-2　月份AQI均值对比

7.1.3.4　关于其他环境变量的分析

我国政府及"攻坚行动"都将$PM_{2.5}$作为考核指标，在石庆玲等（2016）的研究中发现，地方政府会较大力度地治理纳入考核指标的污染物，而在其他污染物治理方面不是十分理想，对此本节对$PM_{2.5}$，PM_{10}，CO，SO_2，NO_2，O_3进行断点回归分析，分析结果如表7-6所示。结果显示核心区"2+4"扩大到"2+26"对$PM_{2.5}$，PM_{10}有显著的改善效果，而对CO，SO_2，NO_2，O_3并没有显著改善效果，说明地方政府在治理空气污染时，可能存在重视考核对象，轻视非考核对象的现象。即，地方政府对于"蓝天白云"的需求是有饱和度的，它们在追求经济增长的同时容易忽略环境污染问题，即使是在国家环境政策的强制作用下，也表现为完成环境考核目标后，依然追求地方经济的增长。

表7-6　　　　　　　　　　关于其他环境变量的分析

区域	项目	$PM_{2.5}$	PM_{10}	SO_2	NO_2	CO	O_3
2+4	*treatment*	-46.54*** (13.08)	-40.85** (20.39)	-1.64 (4.94)	-4.12 (7.76)	-0.28 (0.35)	21.78* (11.24)
	控制变量	是	是	是	是	是	是
	观测值	726	726	726	726	726	726
	adj. R^2	0.433	0.453	0.608	0.497	0.419	0.712

续表

区域	项目	PM$_{2.5}$	PM$_{10}$	SO$_2$	NO$_2$	CO	O$_3$
22	*treatment*	−8.48 (6.57)	−23.97** (10.93)	−2.82 (2.35)	−7.61** (3.46)	0.02 (0.11)	22.74*** (6.09)
	控制变量	是	是	是	是	是	是
	观测值	2662	2662	2662	2662	2662	2662
	adj. R^2	0.415	0.482	0.490	0.543	0.300	0.736

注：*、**、***分别表示在10%、5%、1%的统计水平上显著。

7.1.3.5 本节结论及建议

大气污染治理是一个长期的民生工程。传统的属地大气治理模式极易陷入委托代理困境，另外大气污染物具有扩散性，在这种情况下，采取大气污染联防联控治理是必要的。2013年，京津冀地区开始采取了区域联防联控治理，2015年，京津冀大气污染联防联控的核心区被确认为"2+4"城市，到2017年，联防联控区域范围扩大到了"2+26"城市。从一个"小联盟"扩大到了"大联盟"，协作范围的改变是否进一步改善了京津冀及周边地区的空气质量？本节运用断点回归法进行了探讨，并做了大量的稳健性检验，得出的结论为：京津冀大气污染联防联控核心区从"小联盟"扩大到"大联盟"，进一步改善了京津冀及周边地区的空气质量，并且原核心区城市"2+4"的改善效果大于新加入的22个城市。结合实证分析结论，本节给出以下研究建议：

一是为保证联盟规模扩大后空气质量能够得到进一步改善，联盟成员之间有必要建立并加强第三方部门的权责。这样做，联盟成员可以实现统一规划、统一标准、统一测评、统一监测、统一执法，减少成员之间的"搭便车"现象；通过严格执行监督问责制度，对于表现较好的成员进行奖励，对于排序靠后或不达标的成员严格问责，可以强化制度安排对联盟成员的激励作用；进而，在长期互动过程中，有助于推动联盟成员持续合作，自觉践行绿色发展、可持续发展的使命与担当。

二是在大气污染区域协同治理联盟机制成熟的情况下，考虑适当扩大联盟范围，以进一步改善区域空气质量。通过断点回归分析发现，在京津冀区域联防联控核心区范围扩大后，原联盟成员和新加入成员的城市空气质量都得到了进一步改善，但却不能因此盲目地扩大协作范围。如果原"小联盟"机制不够成熟，那么扩大联盟很可能会出现"搭便车""共同意识模糊"等情况，达不到预期效果。只有联盟协调治理机制成熟时，才可以考虑进一步扩大联盟范围，达到进一步改善空气质量的效果。

三是继续加强区域联盟内部各城市间的协作，突破行政壁垒，协调各方利益，共同治理大气污染，共享治理成果。京津冀区域原核心区城市"2＋4"的空气质量改善效果大于新加入的22个城市，一个可能的原因是"2＋4"城市在联防联控方面的经验更加丰富，新加入的22个城市要加强向原"2＋4"城市的经验学习。另外，大联盟内需要继续协调各方利益，突破行政壁垒，确保产业合理转移以及合作的长期性、稳定性，实现各个地方政府之间资源共享、责任共担，相互支持、握指成拳，最终有效解决区域性、复合型的大气污染问题。

7.2　公众认知状态与环境污染治理成效

从漠视环境污染到建设生态环境、实现经济增长与污染治理的共赢，公众对于环境生态问题的认知转变代表了国家生态文明程度的提升。本节将公众认知状态概括为两种：（1）清洁环境具有正外部性，个体无法因其社会贡献获得满意的经济回报，只能作为公共物品数量的接受者，所以政府是整治环境污染的责任者；（2）清洁环境不再只是经济增长的副产品，个体既是环境公共物品的享用者，也是环境治理进程中的直接参与者和监督者，由公众共同提供环境公共物品，成为公共物品数量的决定者，使合作治理成为环境污染的一条有效解决之道。进而用个体偏好及效用函数的不同，来表征两种认知状态下公众参与环境治理的态度与行为差异，在可比场景中推导环境公共物品的治理均衡，并基于此，提出提升环境污染治理成效的一些对策建议，以期为我国实现绿色发展指明方向与路径。

7.2.1 问题提出

近年来，诸如空气重污染红色预警、史上最严环境执法检查等措施频繁启动，在抑制环境污染加重的同时，引起公众对环境问题的极大关注。随着经济发展水平的提高和经济活动强度的增加，以"三高"（高能耗、高污染、高排放）为代价的持续高速经济增长对能源资源过量消耗，造成空气、水、土壤等生态环境质量急剧恶化。环境污染是个体粗放型生产、生活长久累积的结果，与人们最大化短期物质利益有关。要解决环境污染，从片面追求经济发展速度转为"既要金山银山，也要绿水青山"，我国政府已然加快对环境保护、生态文明的治理步伐，重视程度达到新高。然而，除了需要政府指明新方向和新动力，使绿色发展理念成为建设"美丽中国"的行动指南，还必须依靠公众切实转变传统观念，走低碳、绿色、集约的合作治理之道，以此来实现生态环境保护与经济社会发展的协调并进。

任何一种合理经济秩序的建构都离不开彼此独立的个体，解决人们赖以生存的环境有效治理问题也取决于诸多"原子式"的个体。依萨缪尔森"所有权－消费性质"的所有可能，环境治理所提供的清洁空气、清洁水源和清洁土壤等环境物品是一种纯公共物品。这意味着，从中分享收益和分担成本的消费者数量不仅很多，而且，伴随着新的消费者的增加，他们还很少会减少原有消费者对该物品的享用。消费者之间非但不会因为群体规模扩大带来竞争，反而群体规模越大越好，会使环境公共物品在自动扩大供给的同时，减少每个消费者分担的成本。换言之，环境治理即环境公共物品的供给寄希望于尽可能多的个体加入这一共同努力。

在一个需要由众多分散个体合作，并从整体上取得成功行动结果的系统中，主观认知可以帮助个体协调他们所采取的彼此独立的行动（青木昌彦，2011；宋妍和宋学锋，2012）。个体无法甚至也不需要推断出别人行动决策规则的全部信息，只要他们基于个体经验知道有关个体在行动决策时可能采用规则的一些显著特征，就可根据这一主观认知形成自己的行动决策规则。当相关个体的主观认知与其行动规则达成一致时，由个体间共同认知所决定的策略决策便成为一种合理秩序的建构。反过来，这种建构的实现通过其暗含的概要表征协调着个体的主观认知。这样，除非发生了动摇共同认知的事情，经济秩序成为自我维系的、浓缩于其中的主观认知也被人们视为当然。

　　污染加剧正在动摇并改变着公众关于环境问题的认知与决策。一直以来，人们对环境问题的共同认知是：环境物品的提供具有正外部性，仅仅依靠市场解决会出现私人收益小于社会收益。个体因其社会贡献无法获得满意的经济回报，只能成为公共物品数量的接受者（quantity - taker），从而导致环境污染治理效率低下甚至无效。以此作为推论，由政府提供环境公共物品，推进环境污染的治理具有更高的效率；政府部门的不作为或乱作为，则是高增长目标下环境治理难有根本改善的根源（聂辉华和张雨潇，2015）。但是，随着环境威胁加剧，越来越多公众开始怀疑政府作为公共物品唯一供给者的合理性，人们的共同认知受到挑战，即清洁环境不再只是经济增长的副产品，而是与技术创新或文学创作等一样，是保障人们安居乐业的重要基础；由公众共同提供环境公共物品并成为公共物品数量的决定者（quantity - maker）而导致的合作治理，也是一条环境污染的有效解决之道（Wichman，2016）。因此，从对经济增长的无止境追求，忽视生态环境的被破坏，到经济发展与环境保护的最终落脚点都是为了民生的发展，二者不可偏废，公众认知的这一转变意味着新的合理经济秩序的生发与自我维系。那么，不同公众认知究竟会对环境治理产生怎样的影响？政府政策的着力点又应当在哪些方面进行调整与聚焦？

　　遗憾的是，围绕公众认知转变的环境治理研究，目前学者尚停留在两者关系的因果检验层面。一类研究认为，环境污染使得公众环保意识改变，并分析了公众环境认知的现状，强调环保相关工作的重点必须考虑公众意愿（左翔和李明，2016）；另一类研究则认为，公众认知转变对环境

239

治理具有积极作用，同时检验了影响公众认知转变的因素，继而对影响因素的城乡差异、地区差异等给出描述性分析（张玉和李齐云，2014）。这两类研究的共同点都是针对分散问卷调查或中国综合社会调查数据，进行实证讨论。其缺点显而易见，数据可能有限或质量不高，对潜在的、难以量化的因素无法表现和处理；更重要的是，直接描述变量间关系，忽视了运用计量模型进行实证分析的经济理论基础，未对上述疑问给予回答。正因为此，本节试图弥补这一研究不足，从微观视角解释公众认知转变即个体对环境公共物品的主观认知或评价发生了变化，通过假定个体具有异质性偏好，阐释两种个体偏好场景下环境公共物品有效供给的均衡条件，提出适合当前我国公众认知水平的环境治理策略与绿色发展路径，为建构可自我维系的合理经济秩序提供经济学根基。

7.2.2 模型构建与分析

为方便起见，本节将个体持有的原有认知状态概括为无约束认知状态，将个体持有的新的认知状态概括为有约束认知状态，以此分别建立理论模型，推导环境治理的有效均衡条件。

7.2.2.1 无约束认知状态下的环境治理均衡

人们对经济增长与发展的无限欲求使得由城镇化和快速工业化衍生而来的环境污染源源不断，与生态环境的有限承载力之间形成一对突出矛盾。如果用个体自发合作来缓解这对矛盾，保障生态环境的可持续发展，个体需要为此付出不懈努力。当提供环境公共物品分享的边际收益低于其付出的努力成本时，个体往往会对环境污染视而不见，表现为环境治理的"搭便车者"；于是，改善市场自发均衡结果，整治经济活动无限扩张带来的环境污染问题，责无旁贷地落在政府身上。如果个体持有这样一种环境认知，可以认为，个体在环境市场上对环境公共物品的需求数量没有约束限制，那么，环境公共物品治理均衡的模型分析如下。

假设环境公共物品有两个同质的消费者1和消费者2，他们的代表性需求曲线可以用 D_1 表示。由于政府或潜在环境公共物品的提供者总是存在，因而无论这两个消费者是否进行环保投入，该环境物品的生产与提供总是能够实现，确保了环境治理命题的成立。假设环境公共物品具有不变的边际成本或价格（$MC = P$），其最低供给数量为 Q_1，是每个消费者分散决策时环境公共物品的纳什均衡数量（见图7－3）。显然，如果消费者的供给总量低于 Q_1，每人从中获得的边际收益将超过分担的成本，两个消费者都可能选择过度消费，对生态环境造成破坏；反过来，如果消费者的供给总量高于 Q_1，两个消费者都将会减少对环境资源的消费，直到从中获得的边际收益与分担的成本相等。

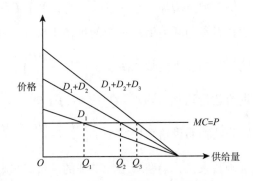

图7－3 无约束认知状态下环境公共物品的治理均衡

但是，由图7－3可以看到，如果环境治理需要两个消费者采取共同供给行动，那么均衡时该环境物品的供给数量为 Q_2，此时，$Q_2 < 2Q_1$。这是因为，每个消费者承担的边际成本为 $\dfrac{MC}{2}$，低于从环境公共物品消费中获得的边际收益。消费者有扩大环境资源消费、减少环保投入的行为倾向。如果将环境公共物品的消费者或共同供给者增加为3人，这一结论更为明显，均衡时，该环境物品的供给数量为 Q_3，而 $Q_3 < 3Q_1$。此时，每个消费者承担的边际成本为 $\dfrac{MC}{3}$，与消费从中获得的边际收益相比，差距进一步增加，每个消费者将继续扩大对环境资源的消费，减少对环保投入的

数量。因此，随着消费者边际投入的下降，尽管共同供给者的人数持续增加，每人都能够为环保事业尽一份力，使环境公共物品总的供给数量持续增大。但正如奥尔森（Olson, 1965）的集体行动逻辑所指，随着群体规模扩大，个体间的交易成本增加，个体倾向于减少公共物品的均衡投入，最终将使公共物品陷入供给困境；而如果只是一个消费者的子集采取联合行动的话，小群体交易成本相对较低，在公共物品供给成本能够负担的前提下，往往更容易实现集体行动的成功。

上述环境公共物品均衡数量与群体规模扩大之间的关系也如图 7 - 3 所示，随着群体规模的扩大，平均每个消费者需要支付的供给价格或 MC 不断下降，表现为环境公共物品有效供给增加数量的不断减少。例如，当增加消费者 2 时，供给数量增加（$Q_2 - Q_1$），近似等于 Q_1；新消费者的加入使得平均每个消费者参与环境治理承担的价格下降了一半，因而个体最优决策导致的环境公共物品供给数量减少了 $\left(MC - \dfrac{MC}{2}\right)\Big/ MC = \dfrac{1}{2}$。当再增加消费者 3 时，供给数量增加了（$Q_3 - Q_2$），小于（$Q_2 - Q_1$）；但由此导致的个体最优的环境公共物品供给数量减少了 $\left(\dfrac{MC}{2} - \dfrac{MC}{3}\right)\Big/ \dfrac{MC}{2} = \dfrac{1}{3}$。以此类推，对于线性需求函数来说，消费者增加带来的环境公共物品供给数量的减少是非线性的：当增加第 n 个消费者时，平均每个消费者承担的 MC 只有 $\dfrac{1}{n}$，因而减少环境公共物品投入的最优决策将导致供给数量比（$n - 1$）

人时下降 $\dfrac{1}{n}$。当 $n \to \infty$ 时，个体的有效供给数量很小甚至为零。然而，需要强调的是，因为群体规模变化造成个体从环境公共物品中获得的成本收益发生了变化，进而造成环境合作治理的结果不理想或者效率低下，这里的成本可以是一般的生产成本，与人们自愿交往、彼此合作达成交易所支付的人与人之间"关系—交易"成本不同；因而，虽然与奥尔森交易成本增加的观点如出一辙，但这里的分析结论却可以看作是对奥尔森价值判断的客观论证与补充。此外，尤其重要的是，根据上述分析，由环境治理的潜在主体——其他公众或政府部门，替代代表性消费者来提供公共物品，同样无法避免代表性消费者面临的供给挑战；换言之，政府作为环境公共物品的天然生产者或供给者，不可能完全有效解决环境治理问题。

放宽上述消费者需求线性假设，下面讨论环境公共物品非线性需求的情形。假设有 n 个消费者（$i = 1，\cdots，n$），他们从消费私人物品 X_i 和环境公共物品 G 中获得的效用函数是：$U_i(X_i, G) = X_i^\alpha G^\beta$。个体选择消费 X_i 和 g_i 以最大化 U_i，且满足收入禀赋 $X_i + g_i \leq w_i$；其中，w_i 是个体的收入禀赋，g_i 是个体自发的环境投入水平，满足 $\gamma G \leq g_i + \sum_{j \neq i} g_j$，当标准化 G 时，$\gamma = 1$。如果个体的收入禀赋约束和环境投入约束都是紧的，那么，个体 i 的最优反应函数是其他（$n-1$）个个体环境合作治理投入水平的函数：

$$g_i = \frac{\beta}{\alpha + \beta} w_i - \frac{\alpha}{\alpha + \beta} \sum_{j \neq i} g_j \qquad (7-2)$$

假设个体的收入禀赋 w_i 相同，记 $\varphi \equiv \frac{\alpha}{\alpha + \beta}$，根据式（7-2），可得环境公共物品的最优供给数量为：

$$G(n) = ng_i = \frac{(1 - \varphi) n w_i}{1 + \varphi(n-1)} \qquad (7-3)$$

萨缪尔森均衡条件意味着所有消费者环境公共物品对私人物品的边际替代率之和等于环境公共物品对私人物品的边际转换率，因此，同样假设条件下，可以解得环境公共物品的有效供给水平为：

$$G^*(n) = (1 - \varphi) n w_i \qquad (7-4)$$

对比式（7-3）和式（7-4），当参与环境治理的人数增加时，$n \to \infty$，$G^*(n) \to \infty$，环境公共物品的有效供给数量与群体规模无关；而 $\lim_{n \to \infty} G(n) = \frac{1-\varphi}{\varphi} w_i$，环境公共物品的自发供给数量趋近于一个定值；且 $G^*(n) -$

$G(n) = (1 - \varphi) n w_i \left[1 - \dfrac{1}{1 + \varphi(n-1)} \right] > 0$，环境公共物品的自发供给总是

效率不足的，与图 7-3 论述一致。但如果只是消费者的一个子集 m（$m <$ n）零交易成本地参与环境治理，其他 $(n-m)$ 个个体对环境公共物品零投入，则环境公共物品的有效供给数量 $G^*(m) = (1-\varphi) m w_i$，环境公共物品带给 $j \in m$ 的间接效用函数 $V_j = \rho m^\beta w_i^{\alpha+\beta}$，带给 $k \in (n-m)$ 的间接效用函数 $V_k = m^\beta w_i^{\alpha+\beta}$；此时，每个个体从环境治理中获得的间接效用 $V_i = \rho n^\beta w_i^{\alpha+\beta}$，其中，$\rho = \left(\dfrac{\alpha}{\alpha+\beta}\right)^\alpha \left(\dfrac{\beta}{\alpha+\beta}\right)^\beta$。

简化起见，假设 $\alpha + \beta = 1$。与环境公共物品的有效供给水平相比，自发合作治理单个参与者的福利损失为 $[1-(m/n)^\beta] w_i$，单个不参与者的福利损失为 $[1-(m/\rho n)^\beta] w_i$，因而，总的福利损失（占消费者总的收入禀赋之比）为：

$$\frac{L(m,n)}{n w_i} = \frac{m}{n}\left[1-\left(\frac{m}{n}\right)^\beta\right] + \frac{n-m}{n}\left[1-\left(\frac{m}{\rho n}\right)^\beta\right] \qquad (7-5)$$

根据式（7-5），环境治理的效果主要取决于参与环境合作治理的个体的比例，具体达到多少比例环境治理是有效的，则与个体对私人物品或环境公共物品的主观认知及评价有关。假设 $\beta = 0.1$，则 $\rho \approx 0.7225$，得到 m/n 与 L（m，n）$/n w_i$ 之间的取值关系见表 7-7。如果有 10% 的公众参与环境治理，总的福利损失约占总的收入禀赋 18%；但如果有 80% 的公众参与环境治理，总的福利损失约占总的收入禀赋 2%；环境治理效果随参与合作公众人数比例的增加而提升，但提升水平呈递减趋势，与图 7-3 显示一致。由此，得到命题 1 及其推论 1。

表 7-7   **环境治理效果与参与个体的比例关系**

m/n	0.1	0.2	0.5	0.8
$L(m,n)/n w_i$	0.1820	0.1262	0.0516	0.0156

命题 1： 当公众对环境公共物品的需求数量没有约束限制时，自发供给水平在任何情形下总是效率不足的；其福利损失与参与合作的公众占总

人数的比例负相关，比例越高，环境治理的福利损失越小，即环境公共物品的有效供给水平越高。

推论1：当公众对环境公共物品的需求数量没有约束限制时，由社会公共利益的代表——政府来提供环境公共物品具有相对更高的效率；并且，一旦考虑由公众规模扩大所带来的交易成本的增加，则政府提供环境公共物品的效率将有所提升。

7.2.2.2 有约束认知状态下的环境治理均衡

环境状态持续恶化以及政府财力支持的不足，使消费者和公众的环境保护意识日益增强。个体不再只是环境公共物品的享用者，同时也是环境治理进程中的直接参与者和监督者。在个体参与环境自发合作治理的过程中，其投入行为将较少受到其他个体或政府等潜在供给者的替代性影响，环境公共物品的最终提供数量更多与个体的收入禀赋、主观评价等因素相关。如果个体持有这样一种环境认知，可以认为，个体在环境市场上对环境公共物品的需求数量具有约束限制，存在公众理想的环境治理最优水平。环境公共物品治理均衡的模型分析如下。

这里首先考虑消费者对环境公共物品需求非线性的情形。假设个体从消费私人物品 X_i 和环境公共物品 G 中获得的效用函数是：$U_i(X_i, G) = f(X_i) - \frac{\beta}{2}(G^* - G)^2$；其中，$G^*$ 是环境公共物品的理想消费水平，超过或低于该水平，个体从中获得的满足程度都会有所下降；其他参数及含义同前所述。如果个体面临紧的收入禀赋约束和环境投入约束，那么，个体 i 的最优反应函数是其他（$n-1$）个个体环境合作治理投入水平的函数：

$$\frac{\beta\left[G^* - \left(g_i + \sum_{j\neq i}g_j\right)\right]}{f'} = \gamma, \text{其中}, f' = \frac{\partial U_i}{\partial X_i} \qquad (7-6)$$

同样假设条件下，满足萨缪尔森均衡条件时环境公共物品的有效供给水平为：

$$\frac{\beta(G^* - G)}{f'(n)} = \frac{\gamma}{n}, \text{其中}, f'(n) = \frac{\partial U_i}{\partial X_i}\bigg|_{g_i = g_i^*} \qquad (7-7)$$

根据式（7-6）和式（7-7），有 $G^*(n) - G(n) = \frac{\gamma}{\beta}\left[f' - \frac{f'(n)}{n}\right] >$ 0，环境公共物品的自发供给总是效率不足的；当 $n \to \infty$ 时，两者间缺口趋近于一个定值 $\frac{\gamma f'}{\beta}$。但如果只是消费者的一个子集 m（$m < n$）零交易成本地参与环境治理，且环境治理水平对于 m 而言是有效的，则 $G(m) = G^* - \frac{\gamma f'(m)}{m\beta}$。与 n 个个体共同供给时的情况相比，此时环境公共物品的供给缺口为 $G(n) - G(m) = \frac{\gamma}{\beta}\left[\frac{f'(m)}{m} - \frac{f'(n)}{n}\right]$；当 $n \to \infty$ 时，两者间缺口趋近于一个定值 $\frac{\gamma f'(m)}{\beta m}$。显然，环境公共物品的有效供给数量取决于参与治理群体的绝对规模；与之相对应的是，这 m 个消费者共同供给时的福利损失也与该群体的绝对规模相关。

为了说明后者，接下来简化考虑消费者对环境公共物品的边际效用为常数（即线性需求）的情形。当由子集 m 来提供环境公共物品时，个体从中获得的边际收益为 $\frac{1}{m}$，而如果由所有个体共同供给，则个体获得的边际收益为 $\frac{1}{n}$，因此，单个个体的福利损失为 $\frac{1}{2}\left(\frac{1}{m} - \frac{1}{n}\right)[G(n) - G(m)] = \frac{\gamma f'}{2\beta}\left(\frac{1}{m} - \frac{1}{n}\right)^2$（见图 7-4 中 ABC 区域的面积）。

显然，当 $n \to \infty$ 时，由分散个体提供环境公共物品的福利损失最大为 $\frac{\gamma f'}{2\beta}$（$m = 1$）。共同提供环境公共物品时，如果参与合作治理的子集 $m = 3$，可以将环境治理的福利损失减少至各个个体独立供给时的 11%；如果参与合作治理的子集 $m = 10$，可以将环境治理的福利损失减少至各个个体独立

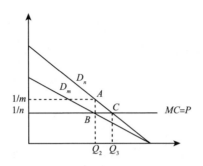

图 7 - 4　有临界约束认知状态下环境公共物品的福利损失

供给时的 1% 。但是，当有 $\frac{n}{m}$ 的个体参与环境治理时，总的福利损失为

$\frac{\gamma f'}{2\beta n}\left[\left(\frac{n}{m}\right)-1\right]^2$ ，求其关于 n 的偏导数，可以得到：$\frac{\partial L}{\partial n}=\frac{\gamma f' n/m-1}{2\beta n}\times$

$\left[\frac{2}{m}-\frac{1}{n}\left(\frac{n}{m}-1\right)\right]>0$ ，即随着环境公共物品消费者规模的增加，个体

自发合作治理的效率是下降的。总的福利损失占消费者总的收入禀赋之

比为：

$$\frac{L(m,n)}{nw_i}=\frac{\gamma f'(n/m-1)^2}{2\beta n^2 w_i} \qquad (7-8)$$

根据式（7 - 8），当 $n\to\infty$ 时，$\lim\limits_{n\to\infty}\frac{L(m,n)}{nw_i}=\frac{\gamma f'(1/m)^2}{2\beta w_i}$ ，环境治理的

效果主要取决于参与环境合作治理个体的绝对规模，绝对规模越大，环境

自发合作治理的福利损失越小；而且，并不需要一个过大的子集 m ，就可

以确保环境治理的自发合作取得近乎完全有效率的结果。假设 $f(X_i)=$

$X_i^{0.5}$ ，β 、γ 、G^* 等参数标准化为 1 ，可以得到子集 m 分别为 3 、6 和 10

时，环境公共物品的治理均衡，模拟该均衡的结果见图 7 - 5 所示。

图 7 - 5 中，G/G^* 表示环境治理的均衡数量；由于假定 $G^*=3w_i$ ，即

至少三人的初始禀赋可以负担环境公共物品的理想消费水平，因而共同供

给的消费者子集至少为三人，但 G^* 与 w_i 的关系并不影响本节命题及推论 *247*

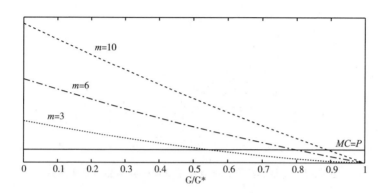

图7-5　有临界约束认知状态下环境公共物品的治理均衡

的得出。因此，由图7-5可以看出，当参与环境治理的子集 $m=10$ 时，消费者从环境公共物品中获得的边际收益与线性需求下的结果几乎一致，表明前述用线性需求替代性地推导消费者的福利损失有其合理之处。此外，结合式（7-8），环境治理效果还与环境公共物品的边际成本、个体对私人物品或环境公共物品的主观认知及评价有关。环境治理的边际成本（γ）越高，环境公共物品自发合作供给的数量越少；而随着个体对环境治理的主观评价提升并达成共同认知，环境公共物品自发合作供给的数量将趋于提高。由此，得到命题2及其推论2。

命题2： 当公众对环境公共物品的需求数量有约束限制时，自发供给达不到环境治理的最优效率水平；环境治理的有效供给数量及其福利损失取决于参与合作公众的绝对规模，只要维持适当的公众规模，环境治理的福利损失就会降至极低，环境公共物品接近有效供给；公众的整体规模与环境治理的福利损失负相关，但随着整体规模的增大，总的福利损失与总的收入禀赋之比趋近于一个定值。

推论2： 当公众对环境公共物品的需求数量有约束限制时，环境合作治理效果与公众的边际成本负相关，与政府征税、收费等方式提供环境公共物品相比，由公众自发合作提供环境公共物品具有相对更高的效率。

7.2.3　模型小结与启示

从漠视环境污染、不重视环境保护到建设生态环境、实现经济增长与污染治理的共赢，公众对于环境生态问题的认知转变代表了国家生态文明程度的提升，影响着政府及相关部门公共政策的制定与执行。用个体偏好及效用函数的不同，来表征两种认知状态下个体参与环境治理的态度与行为差异，本节在可比场景中得到了环境公共物品的治理均衡。前一种公众认知状态下，个体消费环境公共物品的数量取决于其他消费者或潜在个体的努力水平，环境治理效果与参与合作的公众相对规模之间呈正相关关系。公众的环保认识和参与环保活动的总体水平较低，往往以环境公共物品数量接受者的身份观望，等待他人推进环境治理进程。政府此时发挥环境公共物品供给责任主体的作用，将有效提升环境治理的质量和效率。后一种公众认知状态下，个体对环境污染治理的需求得以释放，认识到自身是参与环境治理的重要力量，是激发技术创新和带领资本投入的驱动力量，环境治理效果与参与合作的公众绝对规模之间密切相关，只要占环境公共物品总消费量的一个适中比例的群体，就可以实现环境公共物品的有效供给；公众整体规模无论多大，数个由自发合作小群体构成的公众一旦联合起来，环境治理的质量和效率就能得以保证。相较前者，后者场景意味着公众的环保认识已经有了大幅改变，能够以环境公共物品数量决定者的身份影响环境治理进程，成为环境公共物品供给的又一责任主体。

上述模型结论是在公众间交往零交易成本的基础上建立起来的。如果放宽这一前提假设，两种认知状态下环境治理均衡条件的结论将会进一步加强。在无约束的前一种认知状态下，政府主导环境治理避免了大量公众因参与意识参差不齐、投入力度协调困难、治理效果意见相左等产生的交易成本。而在有约束的后一种认知状态下，适当的公众规模确保了个体间合作的有效协商和监督，能够在确保环境治理问题有效解决之余，减少政府因征税、收费等方式附加产生的交易成本。总结来看（见图7-6），为了提高环境公共物品的供给效率，两种公众认知状态下，环境公共物品应当分别由政府和公众负责供给。然而，实际的环境公共物品供给机制并不只是符合效率原则，需要投入的成本本身也是影响环境公共物品供给责任在政府和公众之间划分的重要因素。因此，在具体实践过程中，十分有必要放松个体参与总是能够确保环境物品成功实现生产与提供的前提假设，在一般意义上同时考虑效率原则和成本约束，明确环境公共物品有效供给的责任主体。

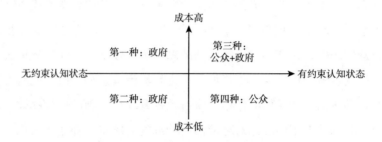

图7-6 环境公共物品的供给责任主体

显然，由于考虑了环境治理可能的投入成本约束，尽管公众在具有环境治理共同认知的状况下，共同提供环境公共物品效率更高，但政府参与，辅以强制控制手段等确保环境公共物品得以顺利提供，也是推动环境治理集体行动成功的重要力量构成（见图7-6第三种场景）。

根据前述公众认知状态会影响环境治理的有效均衡，政策制定者在推动经济实现绿色转型和探索绿色发展路径时，应当关注公众的环境认知状态及影响环境治理均衡的其他条件，从而为我国环保事业改革与发展开创新的局面。基于此，建议政府政策的着力点应当调整和聚焦于以下方面：

第一，加强环保相关科学知识传播，使绿色发展理念深入人心。公众对环境保护相关科学知识的理解是个人形成并协调各自行动决策规则的概要表征与依据，决定了环境治理能否构建起可自我维系的新的合理经济秩序。特别是总体而言，我国当前公众的环保认知水平较低，环保参与程度仍有较大的提升空间，要使环境保护真正成为全体公众的自觉行为，加强对环保相关科学知识的传播尤为重要。政府应当抓好青少年的环保知识教育，树立真实可信的生态文明践行榜样，同时通过各种教育培训系统来渗透"绿色化"的生态文化，对广大公众晓之以理、导之以行。此外，应当注意发挥社区团体、大众传媒等在传播环保科学知识中的重要作用，使之大力宣传和报道科学的环保知识、绿色发展知识与成就，提高公众的关注度，以真正提升我国公众的环保素质，在全社会树立起绿色发展的根本理念，营造人人、事事、处处、时时崇尚生态文明和环境保护的良好氛围。

第二，采取差异化的政策措施，使绿色发展投入与公众参与能力相契合。有效的公众参与不仅有助于节省政府财政支出，促进绿色发展，而且会改进政府形象，提高政府决策的质量与社会接受度。因此，政府应当采取差异化的绿色环保政策，确保公众参与的健康和可持续。对于那些投入成本巨大的环保基础设施、公用事业等领域，政府应当发挥好主体作用，承担起责任功能，并在公众具备较高的环境意识和环境认知的状况下将部分环保责任以特许经营权方式转移给社会主体，通过推广 PPP、BOT 等模式，更好地筹谋绿色发展的资金与技术；或者在环保标准制定、环保制度建立、环境监督与评估等环节，充分利用公众力量，鼓励环保民间组织、专家、学者和其他具有环保热情的公众参与，汇聚起加快绿色发展的正能量，改变当前公众参与多为被动参与和末端参与的现状，真正使政府的推动和公众的参与形成有机链条。对于那些投入成本较低的环保设施和领域，政府应当一方面保护具有高环保认知水平公众的环保行为，另一方面通过建立环保基金、增加科研投入、借助市场机制定价、灵活运用奖惩激励等措施，增大并满足公众对绿色产品的需求，引导广大公众践行绿色发展理念，逐步改善消费习惯与行为，促进绿色生产与消费的全面发展。

第三，创新环境综合整治举措，使绿色发展制度体系得以健全和完善。实现绿色发展，除了需要绿色理念和具体实践，也需要制度支撑。健全和完善绿色发展制度体系，是从根本上推动发展方式转变和推进"美丽中国"建设的重要保障。政府应当建立绿色发展责任机制，划定各部门管理职能，推动环境治理方式向严格依法治理转变，加大执法和监管力度，深化改革和深化公众监督环境保护落实的成效，构建多元善治的绿色发展长效机制；创新生态环境管理体系，进行相关平台的建设，拓展公众参与绿色发展的途径和渠道，完善公众参与的制度环节，给予公众平等的机会参与决策和平等的权利来决定讨论的议题，并通过购买服务、税收信贷优惠等形式支持，为公众绿色行为以及公众自发开展的合法环保公益活动提供软硬件方面的最大便利，降低其交易成本。此外，政府还应完善生态环境损害责任追究制度，真正做到让生态损害者赔偿、受益者付费、保护者得到合理补偿，促进不同利益主体间良性互动，调动起全社会践行绿色发展理念的积极性。

综上所述，政府只要在政策行动过程中高度关注公众的环保认知状况，针对公众环保认知基础，制定更加合理的政策组合，就一定能够推动绿色发展理念和实践在全社会落地生根，使"绿色"成为我国一切发展的底色。

7.3 多主体网格化的环境污染治理模式思考

在工业化进程中，世界上很多国家或地区都遭遇过大气污染问题，有的甚至非常严重。比如英国"伦敦烟雾"事件、美国"洛杉矶光化学烟雾"事件、日本"四日市公害"等。英、美、日等国曾因大气污染遭受了巨大的生命财产损失，也因此积累了丰富的大气污染治理经验。自2013年以来，我国各地区逐渐掀起了一场声势浩大的"蓝天保卫战"，并在诸如兰州市、京津冀、珠三角等地取得了一些阶段性成果。本节在梳理国内外大气污染部分典型案例的基础上，总结从中可以学习的经验启示，并构建多主体网格化的区域大气污染协同治理模式框架，从政府政策法规及监管、决策协商、信息共享、利益补偿、公众参与等方面，提出大气污染区域协同治理的保障机制。

7.3.1　多主体网格化环境污染治理模式的构建

7.3.1.1　国外典型环境污染治理经验

1. 英国"伦敦烟雾"事件的治理经验①

英国是世界上最早开展工业革命的国家，煤炭的广泛应用，使得工厂产生大量废气，形成极浓的灰黄色烟雾，导致了英国历史上最为严重的污染。英国官方数据显示，从 1952 年 12 月 5 日起，短短一周时间内，伦敦市因支气管炎死亡 704 人，冠心病死亡 281 人，心脏衰竭死亡 244 人，结核病死亡 77 人，此外肺炎、肺癌、流行性感冒等呼吸系统疾病的发病率也有显著增加。在接下来的两个月中，伦敦市共有 12000 余人死亡。这就是后来震惊世界的"伦敦烟雾事件"。伦敦市也因为大气污染严重，年平均有 30 ~ 50 天处于重度雾霾天气而被称为"雾都"。之后，英国人用了近60 年时间，为消除大气污染，采取了严格立法执法、调整产业结构、合理规划城市布局、科学规划公共交通、车辆限行、控制汽车尾气、减少污染物排放等措施。

健全的法律法规体系，是大气污染治理的重要依据和保障。1956 年，英国通过世界上第一部空气污染防治法案《清洁空气法》，并在 1968 年进行相应的修改。之后到 20 世纪末期，近四十年间，英国政府不断完善环境保护的相关法律法规，20 世纪 70 年代出台了 15 部法律，80 年代出台了 24 部法律，90 年代出台了 31 部法律，形成了完善的大气污染防治法律体系（见表 7 - 8）。

---

① 庄贵阳，郑艳，周伟铎，等．京津冀雾霾的协同治理与机制创新［M］．北京：中国社会科学出版社，2018.

表 7 - 8　　　　　　　**英国 1952 年烟雾事件后的主要法律内容**

年份	名称	主要特点	主要负责部门
1956	清洁空气法	成立清洁空气委员会，禁止任何建筑排放黑烟，规定了烟囱的最小高度，要求划定烟尘控制区，对违反条例的人员处以 10～100 英镑罚款或最长 3 个月监禁	住房和地方政府部；清洁空气委员会
1968	清洁空气法修订	赋予部长权限强制地方政府设立烟尘控制区，提高了烟囱的高度	住房和地方政府部；清洁空气委员会
1974	污染控制法	要求政府对锅炉和引擎所使用的燃油中的硫含量设定最高限值	内阁大臣；地方政府
1989	空气质量标准	对空气中 SO_2、悬浮颗粒物、铅和 NO_2 设定了浓度标准和监测方法	内阁大臣
1993	清洁空气法修订	巩固了 1956 年和 1968 年的法案，增加了关于交通污染控制的条款	内阁大臣；地方政府
1995	环境法	要求成立国家环保局、制定国家空气质量战略，要求地方政府对非达标区制定达标行动计划和空气质量管理方案	环保局；地方政府

注：笔者根据英国政府档案系列数据库整理所得。

　　法律的执行程度直接影响了法律的效力，严格执法是英国政府有效治理大气污染的关键环节。英国实行谁污染、谁治理的原则，由污染企业付费，专门的环保公司进行治理。在处罚方面，英国对污染企业处以重罚，不设置罚款的最高限额，提高企业的违法成本，对污染企业形成了强大的约束作用。在严格的政府管控下，伦敦市的煤烟污染逐年减少，到 1975 年，每年的雾霾天数减少到 15 天，1980 年进一步减少到 5 天，过去曾因污染而消失的 100 多种鸟类也重新回到伦敦的上空。

　　除了严格立法、执法，英国在 20 世纪 80 年代还采取了制造业向发展中国家转移、全国产业结构调整和升级的战略举措，着力于发展高新技术产业、绿色产业和服务业。政府利用税收政策促进高能耗产业向低能耗产业升级，鼓励企业采用先进的清洁生产工艺和技术，并倡导在企业内部、企业之间、产业园区内构建废弃物循环利用的经济体系。政府通过减少对传统高能耗产业的补贴，控制钢铁、纺织等产业的发展规模，减少污染源。与此同时，加大对服务业的扶持力度。

自20世纪80年代，伦敦市大气首要污染物由来自工业污染变为来自交通污染，英国又采取了优先发展公共交通网络、抑制私车发展以及减少汽车尾气排放、整治交通拥堵等措施来抑制交通污染。伦敦市各地铁线均延伸至市郊，住在郊区的居民乘坐地铁出行非常方便。2003年2月，伦敦市政府规定，从周一到周五的早上7点至下午6点进入伦敦市中心8.5平方公里区域（2015年已扩展到了22平方公里）范围内的机动车，需要缴纳10英镑/天的"交通拥堵费"。研究表明，该措施减少了收费区域内26%的交通拥堵。区域内行驶速度增加了5~10公里/小时；2003~2006年，该措施减少了由交通排放的氮氧化物、PM_{10}和CO_2污染物浓度分别为17%、24%和3%。2008年以后，伦敦市政府还推行了低污染排放区政策，规定私家车要加装尾气净化装置，降低车辆的污染排放。在低污染排放区内行驶的车辆必须达到一定的排放标准，否则将会被征收费用，此项收入将全部用于改善伦敦市的公交系统。研究结果表明，与低污染排放区以外的区域相比，该措施的执行使得PM_{10}污染浓度下降了2.46%~3.07%。而且，伦敦市的空气质量战略也强调，未来会通过不断提升低排放区的准入门槛，加强对机动车排污的控制。政府还公布了更为严厉的《交通2025》方案，计划在2007~2027年的20年间，私家车流量比2007年的减少9%，废气排放降低12%。伦敦市大力倡导以自行车为标志的"绿色交通"。同时，政府大力发展新能源汽车，倡导公共交通和绿色交通，并规定购买电动汽车可以享受高额返利，并且免交汽车碳排放税，还可以享受免费停车。

2. 日本"四日市公害"的治理经验①

四日市位于日本东部海湾，是日本中部一座有30万人口的小城市。20

---

① 根据以下文献整理：高娜. 环境污染的社会讲述——以日本四日市大气污染为例 [J]. 南京工业大学学报（社会科学版），2015，14（1）：64－73；庄贵阳，郑艳，周伟铎，等. 京津冀雾霾的协同治理与机制创新 [M]. 北京：中国社会科学出版社，2018。

世纪 50 年代，由于工业化的迅速发展，造成了严重的大气污染事件——"四日市公害"。四日哮喘病和熊本水俣病、富山痛痛病等，成为日本经济高速成长期的"四大公害"。

自 1955 年四日市建成第一家炼油厂后，在日本通商产业省（2001 年改组为经济产业省）推行的"石油化学育成对策"下，1959 年，为实现生产工程的一贯性、多元性、高效率，多家石油化学大型联合企业在四日市正式上马，随着大大小小的石油相关工业逐步完善，四日市俨然变成了"石油联合企业城"。石油化工企业每年排出大量的硫氧化物、碳氢化物、氮氧化物和飘尘等污染物，造成严重的大气污染。其中，SO_2 和粉尘成为呼吸系统疾病的元凶。自从 1961 年开始，呼吸系统疾病开始在这一带发生，并迅速蔓延。从 1962 年起，患哮喘病的人数激增。1964 年中，四日市的天空连续三天阴霾不散，人们被刺鼻的味道熏得疼痛难忍。到了 1967 年，一些人甚至因为实在忍受不了而选择自杀以求痛快。因此，日本民众首先开始对造成污染的企业进行诉讼，掀起了全国由民众到地方政府，再到国家层面的公害治理。

日本"四日市公害"治理的主要经验包括以下主要方面：

深受其害的当地民众是推动公害治理的重要力量。1967 年，污染最严重的矶津地区的患者，向第一石化等 6 家企业提起诉讼、要求赔偿，开启了日本"公害诉讼"的先例。这场诉讼历时 5 年，最终原告胜诉。通过公害诉讼以及选民在政治选举中投票权的重要作用，日本建立起一套独具特色的救济、补偿制度，相关立法、政策执行等也得到了民众的积极监督和关注，取得了良好效果。例如，"预测污染物对居民健康的危害是企业必须高度重视和履行的义务，忽视这些义务等同于过失""只要污染危害超限的既成事实成立，即使无过失，也要承担赔偿责任"等。日本政府还提出，"预测污染物对居民健康的危害是企业必须履行的义务，忽视这些义务等同于谋杀"。日本政府先后制定了《公害健康损害补偿法》和《救济公害健康受害者特别措施法》，对遭受雾霾和其他污染侵害的患者实施生活救济和医疗救济。但这些救济款并非来自国库（国民缴纳的税金），而是向污染源征收。日本公害健康损害补偿等相关法律明确规定，需对因大气污染引起的支气管哮喘、慢性支气管炎等患者的医疗费实施补偿，在需由个人支付的部分中，相关的事务费由国家和地方自治体负担，而医疗费、医疗津贴、护理津贴由企业界负担一半，另一半由国家和地方自治体负担。在受严重大气污染影响而导致疾病多发的区域，"损害补偿费"（包括疗养费、身体障碍补偿费、家属补偿费、儿童补偿费、葬祭费等）通过"课征金体制"进行筹集——根据硫氧化物的排放量征收相应的"污染负荷量课征金"。

　　针对主要污染源分阶段集中治理是确保公害治理有效的重要手段。石油冶炼和工业燃油产生的废气是引发"四日市公害"的主要污染源，因此，日本政府首先针对工厂污染物排放进行了治理。日本政府在 1968 年推出了《大气污染防治法》，将排放标准上升到法律层面，同时政府邀请专家致力于节能减排设备的研发，对企业进行资金支持，使得企业都能够使用最新的设备。在 20 世纪 70 年代，日本确立了一系列重要的法律原则，到 80 年代，基本上已经完成了对工厂的污染治理。另外，随着国民收入的提高，日本私家车的普及也带来日益严重的汽车尾气问题。于是，在随后的 20 年，日本开始重点治理汽车尾气。主要措施包括：加大汽车发动机的引擎改良，使得油耗高、排量大的汽车逐渐淘汰；致力于新能源汽车的开发和应用，电动车、油电混合动力汽车在日本得到了广泛应用；致力于公共交通的建设，降低公众的汽车使用频率，绿色出行，降低汽车尾气排放。

　　医疗水平的提升是预防早期公害和抑制病情扩散的重要基础。这体现在早期公害预防工作中，四日市医师会向政府部门提出各种具体请求，对居民实施各种必要的医学知识启蒙教育。在抑制病情扩散的后期工作中，医疗界对药物研发的突破，直接提升了对支气管炎的疗效，有效抑制了病情的恶化与扩散。

　　此外，日本在资源节约和回收利用方面的做法也值得一提。作为日本构建循环型社会的基本框架法，《促进循环型社会形成基本法》于 2000 年

257

生效。翌年开始实施《资源有效利用促进法》《家电循环利用法》，另外还有《包装容器循环利用法》《食品循环利用法》《汽车循环利用法》等，这些法律构筑起较为完善的建立循环型社会法律体系。完善的法律体系以及良好的环境意识让日本企业和国民大都注重生产生活中的资源节约与循环利用。除了可再生资源会被分类回收，从废旧电子产品中提取贵金属和稀有金属在日本也非常普遍。日本于2013年4月生效的《小型家电循环利用法》，详细规定了国家、地方政府、生产商、销售商、消费者和回收企业各自的责任和相互协作关系，适用对象涵盖手机、数码相机、游戏机、电子词典等96类小型电器。同这部法律同时实施的还有小型家电循环利用制度，这些都将促进废旧电子产品回收利用的广泛开展。回收技术方面，日本形成了"以国家为中心研发基础技术，民间企业推进应用技术开发"的体系，以提高稀有金属的回收率。

7.3.1.2 我国环境污染治理经验

1. 兰州市"蓝天保卫战"的经验探索①

兰州市是甘肃省省会，是甘肃的政治中心、经济中心，也是新中国成立以来重点发展的工业城市，这导致兰州市成为全球污染最严重的城市之一，也曾是在卫星地图上看不见的城市。兰州市的空气污染与其地理位置和气候条件相关，兰州市位于青藏高原东北侧，地处南北狭窄东西延长的半封闭黄河河谷型盆地之中，两山夹一河，远离海洋，深居内陆地区，属于温带半干旱气候，冬季雨雪较少，静风天气很多，非常容易形成逆温层；加之经济发展、城市扩张、人口增长、能源消耗持续上升、污染排放不断增加，逆温层导致大气污染物在主城区上空无法扩散，因而形成"黑帽子"。经过多年治理，兰州市的空气质量已经大为改善，摘掉了"黑帽子"，形成了"兰州蓝"，其大气治理经验被生态环境部作为一个相对成

---

① 曹凌燕. 城市空气污染的地方治理模式研究——以兰州市为例 [D]. 兰州：兰州大学，2015.

功的案例树立为典型。

兰州市大气污染呈工业、燃煤、扬尘及机动车尾气混合型特征。2014年兰州工业废气占到污染物排放总量的近50%，扬尘约占20%，机动车尾气约占17%，低空生活污染约占13%。针对污染结构，兰州市确定了环境立法、工业减排、燃煤减量、机动车尾气达标、扬尘管控、林业生态、清新空气和环境监管能力提升等八大治污工程，实施了916个项目。在工业减排方面，对老城区工业污染源采取"改、停、关、搬"的措施，先后引导投入10亿元，对全市火电、化工、钢铁、水泥、砖瓦等高排放行业的企业全部进行深度治理和改造，2014年城区三大电厂污染物排放量较2012年下降了60%以上。燃煤减量则是按照"凡煤必改、应改尽改"的原则，从减煤量、控煤质、调整城市能源结构三方面入手。在扬尘管控方面，政府要求市区工程建设施工现场围挡、工地物料堆放覆盖、拆迁工地湿法作业、渣土运输车辆封闭等，并派出执法队员、环保员、网格员、施工管理员对全市重点扬尘工地实行监督。同时，对主次干道实行地毯式吸尘、人机结合清洗、机械化清扫、精细化保洁、调度洒水"五位一体"控尘除尘措施。2015年，在控车方面，兰州市强力淘汰黄标车和老旧车辆，启动了新能源汽车推广示范工作，并实施了机动车常年尾号限行和错时上下班。兰州市积极推进黄河风情线建设，对黄河万亩生态湿地进行修复，开发城市生态水，新增和改造公共绿地4450亩。兰州市政府一系列高投入、严执行的环保政策，是"兰州蓝"的重要保证。

创新机制是"兰州蓝"保卫战的重要经验。在管理方面，兰州市于2013年底发布了《关于推行城市网格化管理的实施意见》，在市区全面推行城市网格化管理，将市区划分为1482个网格，实行市、区、街道三级领导包抓，建立了网格长、网格员、巡查员、监督员"一长三员"制度，实现城市管理网格全覆盖、巡查全天候、调度数字化和应用多元化。在冬季采暖期，兰州市采取"一竿子插到底"的执法模式，对以3家大型热电厂为代表的用煤企业，由环保、工信、质监等部门24小时驻厂监察，实行限负荷、限煤量、限煤质、限排放的措施。同时，兰州开展绩效创新管理，每年拿出 4000 万元用于奖励基层干部职工，将大气污染治理作为检验工作绩效的一项重要标准。在执法方面，兰州市先后修订和制定了《兰州市实施大气污染防治法办法》《兰州市环境保护监督管理责任暂行规定》《兰州市大气污染防治示范区管理规定》等 6 部地方性法规和政府规章，初步形成常态化治污的法律法规制度体系。同时，对企业排污状况、环境空气质量状况等环境信息进行公开，接受公众监督，严厉打击环境违法行为，倒逼企业履行环保责任。兰州市探索建立了排污权交易制度，开展插卡排污、燃煤电厂超低排放试点工作，积极推进政府购买第三方环境服务工作。2015 年，兰州市还开展了全国首个国家环境审计试点工作。

多级联动是推动兰州治污的巨大动力。特别是在民众方面，兰州市市民积极响应政府号召，参与大气污染治理的工作当中，践行绿色出行、低碳生活，发挥社会监督作用，使得兰州市大气污染治理工作后劲十足，这也是"兰州蓝"保卫战取得胜利的重要原因。

2. 珠三角大气污染治理的协同经验①

珠三角地区是我国改革开放先行区，也是我国工业最发达的地区，城镇化程度高、工业遍布城乡各地，因此，珠三角地区的环境污染具有明显的区域性整体特征。一些城市把污染企业建在行政区划的边界上，逃避环保监管，造成了污染物的跨界排放，使珠三角地区环境污染现象凸显，尤其表现在跨域大气污染上。

2009 年，广东省制定了《广东省珠江三角洲大气污染防治办法》，该办法提出建立关于大气污染的协调、合作和监督治理机制，以协调解决跨区域大气污染纠纷和制定区域内的环保政策。同年，珠海、中山、江门共同签署了《珠中江环境保护区域合作协议》，该协议细致规定了该区域水

---

① 根据以下文献整理：范永茂，殷玉敏. 跨界环境问题的合作治理模式选择——理论讨论和三个案例 [J]. 公共管理学报，2016，13（2）：63 - 75，155 - 156；郑石明，何裕捷. 制度、激励与行为：解释区域环境治理的多重逻辑——以珠三角大气污染治理为例 [J]. 社会科学研究，2021（4）：55 - 66。

环境、大气环境的联防联治、环境信息及设施资源的共建共享、应急联动机制等。2014 年 1 月发布的《珠江三角洲区域大气重污染应急预案》是全国首创的大气污染预警机制。广东是全国第一个各大气污染联防联控技术示范区，也是第一个将 $PM_{2.5}$ 列入空气质量评价并且向公众发布数据的省份。珠三角大气污染联防联控技术示范区可实现对珠三角地区大气环境质量变化的监测预报及快速反应，支撑实施了珠三角大气污染联防联控工作。区域联防联控是珠三角大气污染治理效果明显的关键，给其他地区大气污染治理提供了重要借鉴。

汽车尾气、高耗能产业排污以及工地扬尘是大气污染形成的重要原因，珠三角地区加大对汽车尾气污染的防治力度，淘汰黄标车，提升汽油的品质。对燃煤电厂加强脱硫脱硝，对产生挥发性有机物的企业加大治理，采取措施降低建设工地的扬尘，对各种污染源加大综合治理的力度。对重污染企业和污染排放不能稳定达标的企业实施环保搬迁和提升改造，明确煤炭总量控制目标和天然气供应规划，严格实施淘汰落后产能、环境准入要求及污染治理等措施，这一系列措施使得珠三角地区的大气污染治理成效突出。

7.3.1.3　典型环境污染治理的经验启示

1. 加强系统化制度设计

英国 60 年的大气污染治理经历表明，大气污染治理不是一蹴而就的事情。为了消除大气污染，伦敦市采取了许多空气治理措施来改善伦敦的空气质量，包括完善立法和执法，调整产业结构、推动能源消费结构转型，科学规划城市布局，倡导绿色出行、鼓励公众参与，推动技术升级，灵活引入市场机制等措施。其中经验主要来自完善的立法，形成有效的管理模式，推行"交通拥堵费"、烟尘控制区、地方空气质量达标管理等有效的管理措施，同时不断改善能源结构和产业结构。

伦敦市的治理措施对我国大气污染协同治理提供了有益启示。总体来说，政府在大气污染治理过程中，应当发挥主导作用，不但要从宏观层面做好治理规划，包括建立法律体系并严格执法程序、合理规划城镇布局、推动产业结构升级和能源转型等；还要从微观层面完善机制，引导企业、公众协同治理大气污染，形成全面治理大气污染的合力。

2. 加强公众参与

公众健康和生命财产安全是一个社会经济发展的底线。当大气污染对公众正常生活产生不良影响时，政府就必须采取措施，在经济发展与环境治理方面寻找平衡。公众作为社会最基本的行为个体，其参与行为是大气污染治理成功的重要保证。公众参与主要体现在公众参与立法、推动环境信息公开、加强公众参与环境监督三个方面。和前述日本四日市等地区相比，我国多地区大气污染协同治理，在充分发挥公众参与方面存在很大提升空间。具体说来，一是要通过立法完善大气污染防治公众参与机制，及时公开有关信息，拓展民众参与大气污染治理的渠道，发挥民众的监督作用。二是建立环境公益诉讼制度，加大对大气污染和生态破坏的惩治强度与力度，通过回应民众诉求，使公众得以在实践层面监督政府行为，强化公众参与成效。三是要加强宣传教育，提高民众的环保意识和参与意识，培养民众的监督意识和监督素养，发挥民众监督的优势和效力，降低政府监督的成本，提高政府监管的效率。四是坚持"积极引导、大力扶持、加强管理、健康发展"的方针，发挥环保非政府组织的作用，同时激励科学研发和医疗救济，鼓励非政府组织、各类科研技术人员积极参与大气污染协同治理。五是重视社区层面的公众参与，努力推广城市"可再生能源社区行动"，突破城市新能源和可再生能源使用推广的瓶颈。

3. 网格化污染监控和源头治理

我国各地区在大气污染治理过程中具有自己独特的问题和区域特点，但是其他地区的好经验可供学习参考。例如，兰州市通过工业污染治理、机动车尾气防治、燃煤锅炉污染整治等被称为"最严治理大气污染行动"的举措，取得了大气污染治理的显著成效，被生态环境部树立为相对成功的典型案例，向全国其他污染严重地区推介。兰州市用科学的手段查找源头，实施科学有效的"定格、定人、定责、定序"网格化服务管理新模式，利用信息科技手段，将城市划分为 1482 个网格，对不同形态的污染源责任到格，分类把控，源头治理。

对症下药才能药到病除。采用科学手段对大气污染物进行客观评估分析，是采取大气污染治理措施的前提基础。科学手段意味着要以技术为支撑，必要的研发和技术投入是科学治理大气污染的必备条件。需要根据不同地区的自然条件及产业结构情况，全面动态监测大气污染，解析其构成及变动情况，及时调整治理策略和措施。除了大气科学、化工、生态学等专家的投入，医疗专家、经济学家也应当作为重要的专业人员，对大气污染科学治理提供必要的决策支持。

4. 健全"谁污染，谁付费"的约束机制

大气污染的产生和治理存在外部性，使得治理成本与收益不对等，因此，政府在大气污染治理过程中发挥着主导作用。然而，政府的主要作用在于完善立法、严格执法。我国必须加紧将现有的以《大气污染防治法》为主的法律体系中的相关规定细化，出台具体的排放总量控制标准、污染物排放种类、限期治理制度等，而不应该仅停留在原则性层面。只有建立了完善、具体、可操作的法律法规，环保执法人员才能有法可依，依法执法。同时，面对有法可依、执法不严或不到位的情形，应当通过学习国外执法经验，增强法律法规的操作性和具体性，完善责任制，加大惩处力度，让执法者和被执法者形成硬约束。

环境保护成本包括环境治理费用、为预防环境破坏而投入的费用、给受害者的补偿费用、发展环境保护产业投入的费用、资源闲置的损失、按新的生产要素组合方式而可能导致的损失之和。环境污染治理费用是环境保护成本的一个组成部分。从微观经济层面上来看，"谁污染，谁治理"原则确定了环境污染责任者治理环境、消除污染的责任，使环境污染治理费用有了确定的承担者，有助于环境污染的减轻和消除；同时，对一切生产单位予以告诫，促使其及早注意环境保护，防止环境污染现象的出现。但在操作过程中，现行价格体系不合理，某些资源价格偏低，环境污染的主要责任企业不可能承担环境污染治理的全部费用；污染企业消除污染源相对来说较为容易，消除其已造成的污染面工作量很大，所投入的资源也很多，很可能超出污染企业的能力承担范围；如果同一地区有多家污染企业，企业间的治理费用分担和治理目标达成将遇到巨大困难和争执；污染企业以外，居民生活方面造成的环境污染更难以确定责任主体，环境污染的治理费用分担难以落到实处。为此，"谁污染，谁付费"原则是对"谁污染，谁治理"原则的重要补充。健全和完善"谁污染，谁付费"原则，能够克服大气污染治理费用分摊过程中出现的诸多问题，确保大气污染治理取得长期成效。

5. 践行绿色理念

国内外在治理大气污染过程中，均注重城市绿化，倡导绿色交通、绿色消费、资源节约与回收利用等。另外，在大气污染治理过程中，重视经济手段，通过市场机制来规范排污企业行为，也取得了很好的成效。市场机制能够有效通过企业最大化自身利益，作出降低排放量、自愿减排的选择。从长期来看，内部化排污成本的方式可以促使企业以降低生产成本为目的加强技术投入，改进生产技术，从而最终促进企业向低碳、环保的生产方式发展，使企业将绿色发展作为自身发展的底色。因此，在我国大气污染治理过程中，应当引入财政税收机制，完善碳交易市场等经济工具，通过市场进行治理，是未来大气污染协同治理取得成效的一个重要方向。

7.3.1.4 多主体网格化环境污染治理模式的框架构建

当前关于大气污染治理模式大致可以分为三类：单一中心治理模式、多中心治理模式和网格化治理模式。从现实来看，运用最为广泛的治理模式是单一中心治理模式和网络化治理模式。这是因为，在治理过程中，政府最能够凝聚起力量进行治理；企业作为最主要的大气污染主体理应为治理作出贡献。而从现有文献研究来看，讨论比较集中的是多中心治理模式。这是因为，大气污染治理需要政府、企业、社会组织以及公众合作，共同为治理大气污染发挥各自的优势。

在单一中心治理模式下，核心的治理主体是政府，且政府对当地区域治理具有绝对话语权和资源配置权。该治理模式的理论基础是空间经济学的"核心－边缘理论"。这一理论试图解释一个国家如何分化为工业的中心区和农业的边缘区，以及这种分化后中心与边缘相互吸引和依存的发展机制。应用于区域的公共治理领域，一个区域的中心区吸聚资源并决定发展方向，属于一级系统；边缘区依存于中心区，承接中心区的对流和扩散，属于次级系统。在这样一个层级化的社会系统中，就需要一个高层级的主体进行管控协调。一方面是对区域发展布局规划的管控协调；另一方面是对教育、医疗、卫生、环保等公共资源和服务的配置管理协调，从而避免中心区与边缘区由于各自独立行政权而造成的"行政碎片化"，突出单一政府治理模式的效率和公平。这一治理模式会随着区域的持续扩张，对政府治理能力提出更高要求。当管控层级增加和管控幅度扩大影响了管控治理的有效性，有限的资源配置也难以在中心和边缘间实现真正的公平时，就会一定程度上形成区域发展的"摊大饼"现象。

与单一中心治理模式不同，多中心治理实现了治理主体的多元化，从单一大政府扩展为多个行政主体，甚至还将企业、社会组织等主体纳入其中。其理论基础是公共选择理论。该理论认为，多元的政府结构比单一集权式的政府结构更能符合大气污染治理的需求。在要素自然流动的前提下，区域内多个行政主体的政府机构给各类社会、经济主体提供了"用脚投票"的机会，刺激了地方政府竞争，使得区域内大气污染治理更加高效。该治理模式侧重于市场机制，主张治理的分权授权，将权力分散在包括政府、企业、社会组织、公众等在内的更宽泛的参与主体之间，以市场"无形的手"协调特定商品供给者和消费者的行为，实现多中心间的竞争与合作，并且有效地生产和使用资源，满足各方需求。该治理模式假定所有参与主体是随着外部条件变化和刺激，且基于利益最大化原则，作出正确反应的理性经济人。但在大气污染治理实践中，由于其目标多元化和复杂性，各地级政府之间的竞争大于合作。尤其是经济发展目标占据主导地位的情况下，各地无序竞争、产业同质化不可避免，公共服务不平等、大气污染等发展成本的转嫁转移不可避免。无序的自由发展或将导致区域整体的碎片化，背离区域协同发展的整体目标。

与这两种治理模式是以国家、市场相对立的角度作为逻辑起点不同，网格化治理模式将社会维度也纳入大气污染治理模式之中，其涵括了政府、市场、社会。该治理模式寻求各参与主体基于自然和社会生态发展的共生关系，强调多层治理、多重参与、多方价值，形成跨区域的良性生态循环系统，既包括区域内部，也包括区域整体与外部环境之间，形成跨区域共生治理。"共生"是指不同种属生物生活在一起，进行物质交换、能量传递，由共生单元、共生模式和共生环境等构成。共生本质特征之一是合作，但它不排除竞争。共生单元具有充分的独立性和自主性，并强调相互理解，进而在竞争中产生新的、创造性的利于共同发展的合作关系，借此实现内部结构功能创新及整体竞争力提升，为共生单元提供了理想的进化路径。共生理论对大气污染地级区域协同治理具有一定的启示和借鉴意义。通过打造体系内的内循环和体系间的外循环，可实现城市与自然、社会的和谐发展，在更宏观和更系统的层面解决跨地级区域协同中的相关问题。同时，现代网格理论的发展对共生治理提供了更好的思路和工具，有助于从治理架构设计和资源配置机制等方面寻求进一步融合。

网格化治理模式最先被实践于北京和上海的城市社区管理之中，而后被应用于经济运行、公共服务、环境治理等领域，成为当前社会治理领域中十分重要的管理模式（高明和曹海丽，2019）。大气污染网格化协同治理模式就是网格化治理思想与环境治理相结合的典型表现，该模式强调通过科学的网格划分，借助信息技术，充分调动多元治理主体，实现政府层级、企业和公众共同参与的全民共治的治理理念。其具体核心要素可以归纳为以下几点：就网格的划分而言，充分结合辖区面积、大气污染状况、人口规模等因素，按照"分片包干，责任到人"的原则划分边界清晰、无缝拼接的各个网格单元，重新界定各个治理主体的责任和义务；就治理方式而言，充分利用互联网、高性能计算机、大型数据库等现代信息技术实现各个网格间资源的全面共享，搭建各个主体间的信息沟通机制；就治理主体而言,充分利用基层管理资源,构建政府为主导、企业和公众共同参与的大气污染防治体系;就合作机制而言,创新主体间的合作方式,努力形成"分级负责、无缝对接、全面覆盖"的多主体协作运作模式。

我国区域大气污染网格化协同治理模式以各地级市政府为一级网格,主要负责指挥和协调本级及下级网格中心,管理并安排部署本区域内的公共事务;二级网格以区(县)为单位,政府职能部门主要负责本级网格内各项工作任务的执行、上级网格的任务分解和落实;三级网格以街道(乡镇)为单位,承担网格内的协调和管理职能,以及对下级网格的监督和考核,指导居委会(村委会)做好网格管理工作;四级网格以居委会(村委会)为单位,主要负责处理举报信息以及处理结果的回访,汇总上报格内无法解决的重大污染问题;网格单元则通过设置网格长、管理员和监督员,负责对固定区域的日常巡查。与此同时,以环保技术企业为代表的技术网格为社区大气污染网格化治理提供技术支持;以公众为代表的居民网格则发挥一种强大的社会影响力和传播力,起着日常监督举报的作用;以社会组织为代表的单位网格,向上反馈大气污染治理意见、向下进一步深化居民大气污染治理意识;这些多元社会网格化力量分别在相应层级的网格化管理中发挥着补充协调的作用,为政府的大气污染网格化治理提供重要支撑。

图7-7给出了我国区域大气污染多主体网格化协同治理模式的网格体系。可以看出,这一体系充分体现了大气污染治理主体的精细化、多元化和长效合作化,有助于随时督查区域内污染地点、污染情况、污染物处理设施等基础信息,做到及时发现和处理的动态监管,有效避免大气污染治理的盲点和死角;有助于将大气污染管理权限下沉到基层,避免政府单一主体的大包大揽,从而转变政府职能,强化基层辖区治污的责任和任务,形成一个有回路的治理路径;有助于简化冗杂的大气污染治理流程,打破行政区域的分割限制和组织之间的交流障碍,构建各类主体共同参与的全方位、扁平型、长效合作化机制。

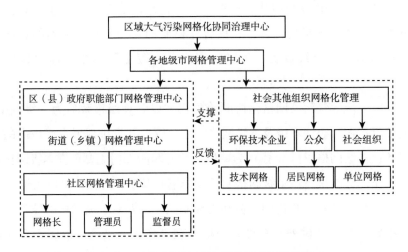

图 7 – 7   大气污染多主体网格化协同治理模式

为了弥补图 7 – 7 网格体系在地级区域层级协同机制刻画方面的不足，本节进一步给出了我国区域各地级政府之间在政策监督机制、决策协商机制、信息共享机制、利益补偿机制、公众参与机制等维度方面的协同要点，即"五维一体"网格化协同治理模式，如图 7 – 8 所示。

7.3.2   多主体网格化环境污染治理模式的保障机制

7.3.2.1   政府政策法规及监督的保障机制研究

治理大气污染是一个长期的系统工程，在此过程中，完善的法规和政策支持是解决环境问题的根基所在。为此，我国大气污染协同治理首先要制定严格的政绩考核标准，激励地方政府在环境治理领域采取刚性控制措施。其次要严格立法和执法，建立问责机制，党政同责，加强考核。坚决防止和纠正"执行纪律宽松软"，全面从严治党，加强党组织的监督问责机制，防止环保监测数据造假、环境督察形同虚设、环保追责措施不力等有法不依、执法不严、违法不究问题。国内外大气污染治理经验表明，污染治理很多采取的就是常规的治理技术和手段，那些能够取得成效的地

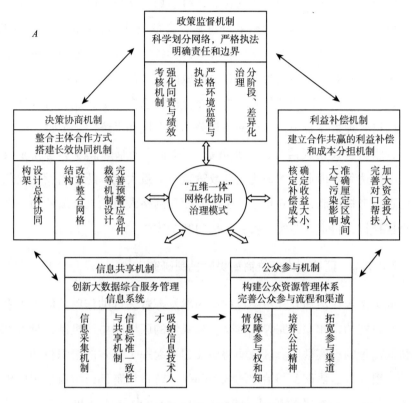

图 7-8　我国地级政府大气污染网格化协同治理模式

区，关键在于立法完备，根据污染的不同形式，或制定新的法律，或对原有的法律进行相应的修正，以适应治理污染的新形势；在执法层面做到极致，不怕碰硬，针对任何类型的规制主体，不留活动余地。即使政策法规已经相当完善了，惩罚力度也需要与之适应，否则法律制定得再完备，如果执行力度不够，也不足为惧。同时，我国不同地区需要考虑到各自的实际情况，对重点控制区实施更加严格的环境准入条件，执行重点行业污染物特别排放限值。因此，可以采取分阶段逐步统一区域环境准入门槛、统一排污收费标准、污染企业退出目录、污染企业退出奖励资金、规范污染扰民企业搬迁政策，防止污染企业跨区域转移，避免出现"污染天堂"现象，以达到大气污染环境质量总体改善的目标。

针对网格化协同治理模式的特点，科学划分网格将会是推进大气污染网格化协同治理的基础。网格划分过大，会使具体的管控政策难以实现；网格划分过小，则容易加重基层管理负担。各地方要实现地级区域网格内大气污染的有效治理，应当充分综合区域内大气污染物传输特征与环境空气质量状况，在协同治理的基础上，充分衔接已有分区，建立跨区域综合性的网格管理责任系统，保证网格划分的综合性和系统性。按照"属地管理、分级负责、无缝监管、全面覆盖"和差异化原则，科学划分多级网格，以期达到管理资源的最优化和政策效益的最大化。还应当设立规范量化的责任考核机制，设立相应的奖惩制度与网格人员的工资绩效和干部考核直接挂钩，将责任落实到每一个部门和个体中。

7.3.2.2　区域间决策协商的保障机制研究

政策法规在治理大气污染过程中固然发挥着关键的作用，但法律手段并不是万能的，建立起完善、健全、权威性的区域间协商机制，是大气污染协同治理的现实举措。区域间协商要建立起一个高效的组织机构。该机构的主要任务是协调参与治理的各个部门，防止在跨部门协商过程中出现多头领导或无人领导的局面。组织机构一般由参与各方和第三方共同组建，并由法律规定各部门的责任与义务，明确权责关系。在政府网格结构改革方面，应当整合相近的职能部门，革新臃肿重叠的组织结构，着力形成党委政府协调领导的跨部门、网络化的工作机制，打破因行政层级和部门功能主义造成的责任互相推诿、行政职能分散化和碎片化的局面，实现统一监察执法，加强信息互通共享。此外，要使该协商机制能够高效运作，还需要从以下方面完善决策协商保障机制的设计。

（1）预警机制。污染引发的问题越严重，协商也就越困难，因此应建立起能够被各部门认可的专门机制，监测可能引发严重问题和冲突的大气污染事件，并迅速启动不同部门之间的协商活动。预警机制的内容包括：通过各种方式收集信息、发现问题；组织专家分析获得的各种信息资料，评估大气污染治理中的问题，根据问题的重要性和紧迫性决定是否启动协商程序。

（2）应急机制。重大突发大气污染事件一旦爆发，必须尽快予以解决，拖延时间将会给相关各方带来重大损失。应急机制就是针对矛盾根源提出解决方案，平息冲突，促进协商，并具体执行协商决议以解决问题。应急机制首先要对以往污染事件进行分析，然后根据若干指标编制污染事件分级体系，并制定应急预案。一旦污染事件爆发，立刻启动应急机制，联络有关主管方进行协商。

（3）信息交换机制。信息的传达与交换是促进大气污染治理相关各方相互了解与相互信任的基础。信息交换机制需要建立信息收集体系，构建信息交换与信息共享的硬件平台，同时通过联合办公、热线电话、简报、座谈会、研讨会等多种途径实现信息交换共享。

（4）仲裁机制。协商的主要方式是会议，当重大污染问题经过多次协商仍然无法解决时，应采用仲裁机制通过表决的形式快速解决矛盾。省级层面的仲裁机构应当由省人民政府及所涉及市县人民政府派出代表组建，解决省内大气污染治理盾；基层仲裁机构应当由县级人民政府及所涉及乡镇政府派出代表组建，主要解决当地的大气污染治理矛盾。

7.3.2.3　区域间信息共享的保障机制研究

大气污染治理需要各区域政府以及企业、社会组织和公众的合作，而治理的可持续性有赖于主体间的信息协同。如果治理主体的信息共享程度不高，现有的网络技术没能充分将各治理主体有机连接，治理主体往往趋于单极化，更多的治理主体就会"搭便车"。2015年，"互联网＋"被正式写入我国的政府工作报告，明确提出大力推行互联网＋政务服务，这为实现大气污染治理的信息协同创造了良好的技术条件。要实现大气污染治理中的信息协同，应当具备以下基本条件：

（1）要有强有力的凝聚者。在政府间信息分享模式下，政府作为唯一的权威，要能够保证政令实行，从而保证大气污染的治理效果。政府的凝聚力在治理过程中很重要。与此相对应的，政府与环保企业、社会组织和公众等治理主体要有共同的愿景，具有治理共识。各方在共同愿景指导下各尽其能，实现对大气污染的治理。

（2）要有长期协同的合作预期。地方政府协同治理的最大威胁在于非常态化对常态化的"侵越"，且这种侵越带有运动式治理的特征，即便能够在短期内看到治理成效，从长期来看，这种模式是不可持续的。在治理过程中，由于政府主体过于强势，其他主体往往选择"搭便车"，导致治理同样是不可持续的。"互联网＋"技术给合作治理提供了高效的信息分享路径，使得协同治理主体能够在信息共享状态下坦诚开展合作，减少因谈判带来的成本损耗，为大气污染治理创造长期合作的必要前提。

（3）要有公开透明的信息分享平台。大气污染治理的不同主体地位相同，但在治理过程中扮演着不同的角色。信息分享平台应当承载着所有治理主体的共同愿景，使得政府主要扮演监管者的角色，企业是污染治理的主体，社会组织是公众的代言人，将公众的关切与监督带入信息分享平台，并发挥自身的外部监督优势。

7.3.2.4 区域间利益补偿的保障机制研究

由于区域经济发展的不平衡，区域之间的利益关系主体多元，责任收益难以明确。要改变"竞争大于合作"的思维，首先应当树立起大气污染治理与经济发展不但不对立，而且还相辅相成的观念；其次需要建立起合作共赢的利益补偿和成本分担机制。而建立横向支付机制亟须解决的问题是，确定收益的大小以及核定补偿成本。这需要更加科学的大气污染物构成分析、准确的区域间大气污染相互影响关系的厘定，以及信息的透明、实时性保障，从而建立科学合理的补偿机制。

在创新区域间利益补偿和成本分担机制方面，日本四日市用行政手段实现"谁污染，谁付费"的原则值得借鉴。然而，并非只要企业在投资与生产过程中造成大气污染，它们就应当自己着手治理环境或为此缴纳完全的环境治理费用。地方政府用于治理环境、清除污染的费用，原则上来自造成环境污染的直接责任者的缴纳，但出现以下情况时，地方政府应当在中央大气污染防治专项资金的基础上，加大治理大气污染的财政投入力度：在已经造成的污染涉及较广泛地区且必须由地方政府来组织环境污染的清除工作时；在若干个生产单位共同负有治理责任但操作上遇到困难时；在由于地方政府决策失误而导致环境破坏和污染，企业缴纳或自行支付的环境治理费用可能不足以达到环境治理的目标时；在由于地方政府的环境管理失职或环境管理不力而导致环境破坏和污染，企业缴纳或自行支付的环境治理费用可能不足以达到环境治理的目标时。

除了生产企业，消费者在日常生活方面也会造成一定程度的大气污染。对此，地方政府应当建立起学校环境教育规则，建立从小学到大学的环境教育体系，强化垃圾分类，减少焚烧污染。而在无法确定生活上造成大气污染的责任者时，地方政府也应当承担一部分的环境治理费用。

考虑到我国各区域经济发展水平差异较大，各地政府可以采取对口帮扶措施。通过资金、技术、人力、项目等不同方式，实现不同层面的结对支援与合作，努力确保各区域同步实现大气污染治理目标。

7.3.2.5 区域间公众参与的保障机制研究

社会公众是大气污染协同治理的基础力量，一方面能够对企业和政府行为进行监督，另一方面自身也可以是绿色生活方式的践行者。公众参与大气污染治理的内容应当贯穿政府决策的制定、实施、反馈和修正阶段。在政府政策制定时，公众应该有渠道参与大气污染治理的相关法律法规的制定，把公众的意愿体现在法律文件之中。在政府政策实施时，公众应该对大气污染情况有充分的知情权，参与环境评价，并对政策实施进行有效监督。在政府政策反馈和修正时，公众能够畅通地把政策实施效果反馈回来，对政府政策进行修正。

要保障公众有效参与大气污染治理，需要从以下方面提供保障：第一，保障公众的参与权和知情权。政府通过立法的方式保障公众的参与权、公众对大气污染信息有充分的知情权和监督权。信息是公众参与网格化治理的前提和基础，充分利用大数据网络媒体宣传平台，丰富信息沟通方式，明确公众的权利和范围，切实在规划、监测、执法等各环节赋予公众知情权、参与权和监督权，充分构建政府部门、企业与公众的对话机制。第二，保障公众有畅通的意见反馈渠道。在行政许可、法规规定、重大政策出台等过程中，征求公众建议，利用现代信息通信技术，新老媒体结合，鼓励公众监督。第三，培养公众的公共精神，提高公众的参与意识。公共精神指的是社会公众广泛参与公共事务、积极承担社会责任的意识形态。公共精神的培育需要政府的有效介入，寻求利己和利他主义的结合点，激发公众参与公共事务的积极性，使公众自觉、自发推行绿色生活模式。

参考文献

[1] 鲍莫尔, 奥茨. 环境经济理论与政策设计 (第二版) [M]. 严旭阳译. 北京: 经济科学出版社, 2003.

[2] 薄文广, 徐玮, 王军锋. 地方政府竞争与环境规制异质性: 逐底竞争还是逐顶竞争? [J]. 中国软科学, 2018 (11): 76 - 93.

[3] 曹静, 王鑫, 钟笑寒. 限行政策是否改善了北京市的空气质量? [J]. 经济学 (季刊), 2014, 13 (3): 1091 - 1126.

[4] 曹凌燕. 城市空气污染的地方治理模式研究——以兰州市为例 [D]. 兰州: 兰州大学, 2015.

[5] 陈诗一, 陈登科. 雾霾污染、政府治理与经济高质量发展 [J]. 经济研究, 2018, 53 (2): 20 - 34.

[6] 陈晓, 李美玲, 张壮壮. 贸易摩擦视角下环境规制对我国碳排放转移的影响 [J]. 财会月刊, 2020 (17): 119 - 125.

[7] 邓慧慧, 杨露鑫. 雾霾治理、地方竞争与工业绿色转型 [J]. 中国工业经济, 2019 (10): 118 - 136.

[8] 范永茂, 殷玉敏. 跨界环境问题的合作治理模式选择——理论讨论和三个案例 [J]. 公共管理学报, 2016, 13 (2): 63 - 75, 155 - 156.

[9] 干春晖, 郑若谷, 余典范. 中国产业结构变迁对经济增长和波动的影响 [J]. 经济研究, 2011, 46 (5): 4 - 16, 31.

[10] 高明, 曹海丽. 网格化管理视阈下大气污染协同治理模式探析 [J]. 电子科技大学学报 (社科版), 2019, 21 (5): 1 - 7.

[11] 高娜. 环境污染的社会讲述——以日本四日市大气污染为例 [J]. 南京工业大学学报 (社会科学版), 2015, 14 (1): 64 - 73.

[12] 龚本刚, 张孝琪, 郭丹丹. 制造业污染排放强度影响因素分解及减排策略——基于我国制造业行业数据的实证分析 [J]. 华东经济管理, 2016, 30 (11): 96 - 100.

[13] 龚新蜀, 李梦洁, 张洪振. OFDI 是否提升了中国的工业绿色创新效率——基于集聚经济效应的实证研究 [J]. 国际贸易问题, 2017 (11): 127 - 137.

[14] 郭玥. 政府创新补助的信号传递机制与企业创新 [J]. 中国工业经济, 2018 (9): 98 - 116.

[15] 韩峰, 谢锐. 生产性服务业集聚降低碳排放了吗? ——对我国地级及以上城市面板数据的空间计量分析 [J]. 数量经济技术经济研究, 2017 (3): 41 - 59.

[16] 郝春旭, 邵超峰, 董战峰, 等. 2020 年全球环境绩效指数报告分析 [J]. 环境保护, 2020, 48 (16): 68 - 72.

[17] 胡亚茹, 陈丹丹. 中国高技术产业的全要素生产率增长率分解——兼对"结构红利假说"再检验 [J]. 中国工业经济, 2019 (2): 136 - 154.

[18] 胡志高, 李光勤, 曹建华. 环境规制视角下的区域大气污染联合治理——分区方案设计、协同状态评价及影响因素分析 [J]. 中国工业经济, 2019 (5): 24 - 42.

[19] 胡志强, 苗健铭, 苗长虹. 中国地市工业集聚与污染排放的空间特征及计量检验 [J]. 地理科学, 2018, 38 (2): 168 - 176.

[20] 黄清煌, 高明. 环境规制的节能减排效应研究——基于面板分位数的经验分析 [J]. 科学学与科学技术管理, 2017, 38 (1): 30 - 43.

[21] 纪建悦, 张懿, 任文菡. 环境规制强度与经济增长——基于生产性资本和健康人力资本视角 [J]. 中国管理科学, 2019, 27 (8): 57 - 65.

[22] 金刚, 沈坤荣. 以邻为壑还是以邻为伴? 环境规制执行互动与城市生产率增长 [J]. 管理世界, 2018, 34 (12): 43 - 55.

[23] 孔凡文, 李鲁波. 环境规制、环境宜居性对经济高质量发展影响研究——以京津冀地区为例 [J]. 价格理论与实践, 2019 (7): 149 - 152.

[24] 寇大伟, 崔建锋. 京津冀雾霾治理的区域联动机制研究——基于府际关系的视角 [J]. 华北电力大学学报 (社会科学版), 2018 (5): 26 - 32.

[25] 雷淑珍, 高煜, 王艳. 异质性环境规制与 FDI 质量升级 [J]. 软科学, 2021, 35 (4): 14 - 19.

[26] 黎文靖, 郑曼妮. 实质性创新还是策略性创新? 宏观产业政策对微观企业

创新的影响 [J]. 经济研究，2016，51 (4)：60 - 73.

[27] 李勃昕，韩先锋，宋文飞. 环境规制是否影响了中国工业 R&D 创新效率 [J]. 科学学研究，2013，31 (7)：1032 - 1040.

[28] 李虹，邹庆. 环境规制、资源禀赋与城市产业转型研究——基于资源型城市与非资源型城市的对比分析 [J]. 经济研究，2018，53 (11)：182 - 198.

[29] 李青原，肖泽华. 异质性环境规制工具与企业绿色创新激励——来自上市企业绿色专利的证据 [J]. 经济研究，2020，55 (9)：192 - 208.

[30] 李振冉，宋妍，岳倩，等. 基于 SFA-CKC 模型评估中国碳排放效率 [J]. 中国人口·资源与环境，2023，33 (4)：46 - 55.

[31] 林伯强，邹楚沅. 发展阶段变迁与中国环境政策选择 [J]. 中国社会科学，2014 (5)：81 - 95.

[32] 林秀梅，关帅. 环境规制推动了产业结构转型升级吗？基于地方政府环境规制执行的策略互动视角 [J]. 南方经济，2020 (11)：99 - 115.

[33] 林永生，马洪立. 大气污染治理中的规模效应、结构效应与技术效应——以中国工业废气为例 [J]. 北京师范大学学报（社会科学版），2013 (3)：129 - 136.

[34] 刘金科，肖翊阳. 中国环境保护税与绿色创新：杠杆效应还是挤出效应？[J]. 经济研究，2022，57 (1)：72 - 88.

[35] 刘奎，赵铃铃，李婧婷. 中国碳排放权交易试点的减排效应及作用机制研究 [J]. 工业技术经济，2022，41 (12)：53 - 60.

[36] 陆铭，冯皓. 集聚与减排：城市规模差距影响工业污染强度的经验研究 [J]. 世界经济，2014，37 (7)：86 - 114.

[37] 陆旸. 环境规制影响了污染密集型商品的贸易比较优势吗？[J]. 经济研究，2009，44 (4)：28 - 40.

[38] 吕海童. 创新动机视角下环境规制对企业绿色创新的影响机理及效果评价研究 [D]. 徐州：中国矿业大学，2023.

[39] 毛熙彦，贺灿飞. 贸易开放条件下的区域分工与工业污染排放 [J]. 地理研究，2018，37 (7)：1406 - 1420.

[40] 聂辉华，张雨潇. 分权、集权与政企合谋 [J]. 世界经济，2015 (6)：3 - 20.

[41] 青木昌彦. 比较制度分析 [M]. 周黎安译. 上海：上海远东出版社，2001.

［42］任晓松，刘宇佳，赵国浩．经济集聚对碳排放强度的影响及传导机制［J］．中国人口·资源与环境，2020，30（4）：95-106．

［43］任亚运，张广来．城市创新能够驱散雾霾吗？基于空间溢出视角的检验［J］．中国人口·资源与环境，2020，30（2）：111-120．

［44］邵帅，张可，豆建民．经济集聚的节能减排效应：理论与中国经验［J］．管理世界，2019，35（1）：36-60，226．

［45］邵帅．环境规制的区域产能调节效应——基于空间计量和门槛回归的双检验［J］．现代经济探讨，2019（1）：86-95．

［46］沈国兵，张鑫．开放程度和经济增长对中国省级工业污染排放的影响［J］．世界经济，2015，38（4）：99-125．

［47］沈能．环境效率、行业异质性与最优规制强度——中国工业行业面板数据的非线性检验［J］．中国工业经济，2012（3）：56-68．

［48］石庆玲，郭峰，陈诗一．雾霾治理中的"政治性蓝天"——来自中国地方"两会"的证据［J］．中国工业经济，2016（5）：42-58．

［49］宋妍，宋学锋．基于共同知识考察的信任问题［J］．江苏社会科学，2012（2）：36-43．

［50］孙欣然．大气污染环保督察制度作用机理及治理效果评估［D］．徐州：中国矿业大学，2022．

［51］陶锋，赵锦瑜，周浩．环境规制实现了绿色技术创新的"增量提质"吗？来自环保目标责任制的证据［J］．中国工业经济，2021（2）：136-154．

［52］万攀兵，杨冕，陈林．环境技术标准何以影响中国制造业绿色转型——基于技术改造的视角［J］．中国工业经济，2021（9）：118-136．

［53］王班班，齐绍洲．市场型和命令型政策工具的节能减排技术创新效应——基于中国工业行业专利数据的实证［J］．中国工业经济，2016（6）：91-108．

［54］王东，李金叶．R&D投入强度、环境规制与区域绿色经济效率［J］．生态经济，2021，37（9）：155-160．

［55］王金南，董战峰，蒋洪强，等．中国环境保护战略政策70年历史变迁与改革方向［J］．环境科学研究，2019，32（10）：1636-1644．

［56］王鹏，谢丽文．污染治理投资、企业技术创新与污染治理效率［J］．中国人口·资源与环境，2014，24（9）：51-58．

[57] 王书斌，徐盈之．环境规制与雾霾脱钩效应——基于企业投资偏好的视角 [J]．中国工业经济，2015（4）：18 – 30.

[58] 王翔，王天天．地方政府间竞争压力、环境规制与技术创新研究 [J]．生态经济，2020，36（11）：151 – 158，187.

[59] 王馨，王营．绿色信贷政策增进绿色创新研究 [J]．管理世界，2021，37（6）：173 – 188，11.

[60] 王永贵，李霞．促进还是抑制：政府研发补助对企业绿色创新绩效的影响 [J]．中国工业经济，2023（2）：131 – 149.

[61] 魏元朝．环境规制影响高技术产业发展的理论与实证研究 [D]．徐州：中国矿业大学，2022.

[62] 温忠麟，叶宝娟．中介效应分析：方法和模型发展 [J]．心理科学进展，2014，22（5）：731 – 745.

[63] 吴磊，贾晓燕，吴超，等．异质型环境规制对中国绿色全要素生产率的影响 [J]．中国人口·资源与环境，2020，30（10）：82 – 92.

[64] 吴茵茵，齐杰，鲜琴，等．中国碳市场的碳减排效应研究——基于市场机制与行政干预的协同作用视角 [J]．中国工业经济，2021（8）：114 – 132.

[65] 夏瑛，张东，赵乾．环保督察中的环境诉求与政府回应——基于省级环保督察资料的实证分析 [J]．经济社会体制比较，2021（1）：69 – 79，105.

[66] 徐娟，祁毓．经济增长、环境管制和雾霾污染关系的实证 [J]．统计与决策，2019，35（19）：140 – 144.

[67] 徐志伟．工业经济发展、环境规制强度与污染减排效果——基于"先污染，后治理"发展模式的理论分析与实证检验 [J]．财经研究，2016，42（3）：134 – 144.

[68] 薛庆根．高技术产业创新、空间依赖与研发投入渠道——基于空间面板数据的估计 [J]．管理世界，2014（12）：182 – 183.

[69] 严兵，郭少宇．环境监管约束"硬化"、外商撤资和外资结构绿色升级 [J]．世界经济，2022，45（7）：27 – 49.

[70] 阳立高，龚世豪，王铂，等．人力资本、技术进步与制造业升级 [J]．中国软科学，2018（1）：138 – 148.

[71] 杨骞，王弘儒，刘华军．区域大气污染联防联控是否取得了预期效果？来

自山东省会城市群的经验证据 [J]. 城市与环境研究, 2016 (4)：3 - 21.

[72] 杨婷婷. 环境规制对中国工业污染排放强度的影响研究 [D]. 徐州：中国矿业大学, 2021.

[73] 杨亚平, 周泳宏. 成本上升、产业转移与结构升级——基于全国大中城市的实证研究 [J]. 中国工业经济, 2013 (7)：147 - 159.

[74] 袁礼, 周正. 环境权益交易市场与企业绿色专利再配置 [J]. 中国工业经济, 2022 (12)：127 - 145.

[75] 张成, 陆旸, 郭路, 等. 环境规制强度和生产技术进步 [J]. 经济研究, 2011, 46 (2)：113 - 124.

[76] 张弛, 任剑婷. 基于环境规制的我国对外贸易发展策略选择 [J]. 生态经济, 2005 (10)：169 - 171.

[77] 张国兴, 邓娜娜, 管欣, 等. 公众环境监督行为、公众环境参与政策对工业污染治理效率的影响——基于中国省级面板数据的实证分析 [J]. 中国人口·资源与环境, 2019, 29 (1)：144 - 151.

[78] 张杰, 高德步, 夏胤磊. 专利能否促进中国经济增长——基于中国专利资助政策视角的一个解释 [J]. 中国工业经济, 2016 (1)：83 - 98.

[79] 张明, 孙欣然, 宋妍. 中央环保督察与大气污染治理——基于纵向政府和污染企业的演化博弈分析 [J]. 中国管理科学, 2023, 31 (4)：171 - 182.

[80] 张明, 张鹭, 宋妍. 异质性环境规制、空间溢出与雾霾污染 [J]. 中国人口·资源与环境, 2021, 31 (12)：53 - 61.

[81] 张晓. 环境规制策略互动对产业结构升级的影响研究 [D]. 徐州：中国矿业大学, 2022.

[82] 张宇, 蒋殿春. FDI、政府监管与中国水污染——基于产业结构与技术进步分解指标的实证检验 [J]. 经济学（季刊）, 2014, 13 (2)：491 - 514.

[83] 张玉, 李齐云. 财政分权、公众认知与地方环境治理效率 [J]. 经济问题, 2014 (3)：65 - 68.

[84] 张治栋, 陈竞. 环境规制、产业集聚与绿色经济发展 [J]. 统计与决策, 2020, 36 (15)：114 - 118.

[85] 张忠杰. 环境规制对产业结构升级的影响——基于中介效应的分析 [J]. 统计与决策, 2019, 35 (22)：142 - 145.

［86］赵娜. 绿色信贷是否促进了区域绿色技术创新? 基于地区绿色专利数据 ［J］. 经济问题, 2021 (6): 33 – 39.

［87］赵玉民, 朱方明, 贺立龙. 环境规制的界定、分类与演进研究 ［J］. 中国人口·资源与环境, 2009, 19 (6): 85 – 90.

［88］郑金铃. 分权视角下的环境规制竞争与产业结构调整 ［J］. 当代经济科学, 2016, 38 (1): 77 – 85, 127.

［89］郑石明, 何裕捷. 制度、激励与行为: 解释区域环境治理的多重逻辑——以珠三角大气污染治理为例 ［J］. 社会科学研究, 2021 (4): 55 – 66.

［90］钟茂初, 李梦洁, 杜威剑. 环境规制能否倒逼产业结构调整——基于中国省际面板数据的实证检验 ［J］. 中国人口·资源与环境, 2015, 25 (8): 107 – 115.

［91］周业安, 宋紫峰. 中国地方政府竞争30年 ［J］. 教学与研究, 2009 (11): 28 – 36.

［92］朱平芳, 张征宇, 姜国麟. FDI 与环境规制: 基于地方分权视角的实证研究 ［J］. 经济研究, 2011, 46 (6): 133 – 145.

［93］朱于珂, 高红贵, 丁奇男, 等. 地方环境目标约束强度对企业绿色创新质量的影响——基于数字经济的调节效应 ［J］. 中国人口·资源与环境, 2022, 32 (5): 106 – 119.

［94］庄贵阳, 郑艳, 周伟铎, 等. 京津冀雾霾的协同治理与机制创新 ［M］. 北京: 中国社会科学出版社, 2018.

［95］左翔, 李明. 环境污染与居民政治态度 ［J］. 经济学 (季刊), 2016, 15 (4): 1409 – 1438.

［96］Aşıcı A A, Acar S. How does environmental regulation affect production location of non-carbon ecological footprint? ［J］. Journal of Cleaner Production, 2018, 178 (9): 927 – 936.

［97］Aghion P, Askenazy P, Berman N, et al. Credit constraints and the cyclicality of R&D investment: evidence from France ［J］. Journal of the European Economic Association, 2012, 10 (5): 1001 – 1024.

［98］Albrizio S, Kozluk T, Zipperer V. Environmental policies and productivity growth: evidence across industries and firms ［J］. Journal of Environmental Economics and Management, 2017, 81: 209 – 226.

[99] Anseln L. Spatial Econometrics: Methods and Models [M]. Dordrecht: Kluwer Academic Publishers, 1988.

[100] Arasteh R, Abbaspour R A, Salmanmahiny A. A modeling approach to path dependent and non-path dependent urban allocation in a rapidly growing region [J]. Sustainable Cities and Society, 2019 (44): 378 – 394.

[101] Berman E, Bui L T M. Environmental regulation and productivity: evidence from oil refineries [J]. Review of Economics and Statistics, 2001, 83 (3): 498 – 510.

[102] Brueckner J K. Strategic interaction among governments: an overview of empirical studies [J]. International Regional Science Review, 2003, 26 (2): 175 – 188.

[103] Cao Y, Wan N, Zhang H, et al. Linking environmental regulation and economic growth through technological innovation and resource consumption: analysis of spatial interaction patterns of urban agglomerations [J]. Ecological Indicators, 2020, 112 (5): 106062.

[104] Cheng Z, Li L, Liu J. Industrial structure, technical progress and carbon intensity in China's provinces [J]. Renewable and Sustainable Energy Reviews, 2018 (81): 2935 – 2946.

[105] Cheng Z, Li L, Liu J. The emissions reduction effect and technical progress effect of environmental regulation policy tools [J]. Journal of Cleaner Production, 2017 (149): 191 – 205.

[106] Chen S, Song Y, Ding Y T, et al. Research on the strategic interaction and convergence of China's environmental public expenditure from the perspective of inequality [J]. Resources, Conservation and Recycling, 2019, (145): 19 – 30.

[107] Chen Z F, Zhang X, Chen F L. Do carbon emission trading schemes stimulate green innovation in enterprises? Evidence from China [J]. Technological Forecasting and Social Change, 2021, 168 (2): 120744.

[108] Cui X, Wang P, Sensoy A, et al. Green credit policy and corporate productivity: evidence from a quasi-natural experiment in China [J]. Technological Forecasting and Social Change, 2022 (177): 121516.

[109] Diederich J, Goeschl T, Waichman I. Group size and the (in) efficiency of pure public good provision [J]. European Economic Review, 2016 (85): 272 – 287.

[110] Dinda S. Environmental Kuznets curve hypothesis: a survey [J]. Ecological Economics, 2004, 49 (4): 431 –455.

[111] Ebenstein A, Fan M, Greenstone M, et al. New evidence on the impact of sustained exposure to air pollution on life expectancy from China's Huai River Policy [J]. PNAS, 2013, 110 (32): 12936 – 12941.

[112] Elliott R J R, Sun P, Zhu T. The direct and indirect effect of urbanization on energy intensity: a province-level study for China [J]. Energy, 2017 (123): 677 –692.

[113] Feng Y, Wang X. Effects of urban sprawl on haze pollution in China based on dynamic spatial Durbin model during 2003 – 2016 [J]. Journal of Cleaner Production, 2020 (242): 1 – 12.

[114] Frondel M, Horbach J, Rennings K. End-of-pipe or cleaner production? An empirical comparison of environmental innovation decisions across OECD countries [J]. Business Strategy and the Environment, 2007, 16 (8): 571 –584.

[115] Gao Y N, Li M, Xue J J, et al. Evaluation of effectiveness of China's carbon emissions trading scheme in carbon mitigation [J]. Energy Economics, 2020 (90): 104872.

[116] Grether J M, Mathys N A. The pollution terms of trade and its five components [J]. Journal of Development Economics, 2013, 100 (1): 19 –31.

[117] Grossman G M, Krueger A B. Economic growth and the environment [J]. The Quarterly Journal of Economics, 1995, 110 (2): 353 –377.

[118] Guo D, Guo Y, Jiang K. Government-subsidized R&D and firm innovation: evidence from China [J]. Research Policy, 2016 (45): 1129 –1144.

[119] Hayashi M, Ohta H. Increasing marginal costs and satiation in the private provision of public goods: group size and optimality revisited [J]. International Tax and Public Finance, 2007, 14 (6): 673 –683.

[120] He, K, Chen, W Y, Zhang, L G. Senior management's academic experience and corporate green innovation [J]. Technological Forecasting and Social Change, 2021 (166): 120664.

[121] Hong J, Feng B, Wu Y, et al. Do government grants promote innovation efficiency in China's high-tech industries? [J]. Technovation, 2016, 57 (6): 4 –13.

［122］Huang J, Pan XC, Guo XB, et al. Health impact of China's air pollution pre-vention and control action plan: An analysis of national air quality monitoring and mortality data ［J］. The Lancet Planetary Health, 2018, 2（7）: e313 - e323.

［123］Hu D X, Jiao J L, Tang Y S, et al. The effect of global value chain position on green technology innovation efficiency: from the perspective of environmental regulation ［J］. Ecological Indicators, 2021（121）: 107195.

［124］Hu G, Wang X, Wang Y. Can the green credit policy stimulate green innovation in heavily polluting enterprises? Evidence from a quasi-natural experiment in China ［J］. En-ergy Economics, 2021（98）: 105134.

［125］Hu J F, Pan X S, Huang Q H. Quantity or quality? The impacts of environmental regulation on firms' innovation-Quasi-natural experiment based on China's carbon emissions trading pilot ［J］. Technological Forecasting and Social Change, 2020（158）: 120122.

［126］Hu W, Wang D. How does environmental regulation influence China's carbon productivity? An empirical analysis based on the spatial spillover effect ［J］. Journal of Cleaner Production, 2020（257）: 1 - 10.

［127］Jiang L, Bai Y. Strategic or substantive innovation? The impact of institutional investors' site visits on green innovation evidence from China ［J］. Technology in Society, 2022（68）: 101904.

［128］Ji Z. Does factor market distortion affect industrial pollution intensity? Evidence from China ［J］. Journal of Cleaner Production, 2020（267）: 1 - 13.

［129］Konisky D M. Regulatory competition and environmental enforcement: Is there a race to the bottom? ［J］. American Journal of Political Science, 2008, 51（4）, 853 - 872.

［130］Lesage J P, Pace R K. Introduction to Spatial Econometrics ［M］. New York: CRC Press, 2009.

［131］Liang H, Dong L, Luo X, et al. Balancing regional industrial development: analysis on regional disparity of China's industrial emissions and policy implications ［J］. Jour-nal of Cleaner Production, 2016（126）: 223 - 235.

［132］Lian G H, Xu A T, Zhu Y H. Substantive green innovation or symbolic green in-novation? The impact of ER on enterprise green innovation based on the dual moderating effects ［J］. Journal of Innovation & Knowledge, 2022, 7（3）: 100203.

[133] Liao Z, Weng C, Shen C. Can public surveillance promote corporate environmental innovation? The mediating role of environmental law enforcement [J]. Sustainable Development, 2020, 28 (6): 1519 – 1527.

[134] Li B, Wu S. Effects of local and civil environmental regulation on green total factor productivity in China: a spatial Durbin econometric analysis [J]. Journal of Cleaner Production, 2017 (153): 342 – 353.

[135] Li R, Ramanathan R. Exploring the relationships between different types of environmental regulations and environmental performance: evidence from China [J]. Journal of Cleaner Production, 2018, 196 (3): 1329 – 1340.

[136] Liu K, Lin B. Research on influencing factors of environmental pollution in China: a spatial econometric analysis [J]. Journal of Cleaner Production, 2019 (206): 356 – 364.

[137] Liu M, Shan YF, Li YM. Study on the effect of carbon trading regulation on green innovation and heterogeneity analysis from China [J]. Energy Policy, 2022 (171): 113290.

[138] Liu S, Xu R, Chen X. Does green credit affect the green innovation performance of high-polluting and energy-intensive enterprises? Evidence from a quasi-natural experiment [J]. Environmental Science and Pollution Research, 2021, 28 (46): 65265 – 65277.

[139] Liu Y, Li Z, Yin X. The effects of three types of environmental regulation on energy consumption-evidence from China [J]. Environmental Science and Pollution Research, 2018, 25 (27): 27334 – 27351.

[140] Liu Y, Wang A, Wu Y. Environmental regulation and green innovation: evidence from China's new environmental protection law [J]. Journal of Cleaner Production, 2021, 297: 126698.

[141] Li X, Qiao Y B, Shi L. Has China's war on pollution slowed down the growth of its manufacturing and by how much? Evidence from the Clean Air Action [J]. China Economic Review, 2019 (53): 271 – 289.

[142] Li YL, Hu SY, Zhang S, et al. The power of the imperial envoy: the impact of central government onsite environmental supervision policy on corporate green innovation [J]. Finance Research Letters, 2023 (52): 103508.

[143] Luo S, Sun Y. Do selective R&D incentives from the government promote substan-

tive innovation? Evidence from Shanghai technological enterprises [J]. Asian Journal of Technology Innovation, 2020, 28 (3): 323 – 342.

[144] Ma Y, Zhang Q, Yin Q. Top management team faultiness, green technology innovation and firm financial performance [J]. Journal of Environmental Management, 2021 (285): 112095.

[145] Michael M, Christofides L N, Ichino A. The impact of austerity measures on the public-private sector wage gap in Europe [J]. Labour Economics, 2020 (63): 101796.

[146] Montmartin B, Herrera M. Internal and external effects of R&D subsidies and fiscal incentives: empirical evidence using spatial dynamic panel models [J]. Research Policy, 2015, 44 (5): 1065 – 1079.

[147] Natalia Z, Sonia B K. The pollution haven hypothesis: a geographic economy model in a comparative study [J]. Ssrn Electronic Journal, 2008 (73): 1 – 29.

[148] Noailly J, Smeets R. Directing technical change from fossil-fuel to renewable energy innovation: an application using firm-level patent data [J]. Journal of Environmental Economics Management, 2015 (72): 15 – 37.

[149] Olson M. The Logic of Collective Action: Public Goods and the Theory of Groups [M]. London: Harvard University Press, 1965.

[150] Ouyang X, Li Q, Du K. How does environmental regulation promote technological innovations in the industrial sector? Evidence from Chinese provincial paneldata [J]. Energy Policy, 2020 (139): 1 – 10.

[151] Pan X, Ai B, Li C, et al. Dynamic relationship among environmental regulation, technological innovation and energy efficiency based on large scale provincial panel data in China [J]. Technological Forecasting and Social Change, 2019 (144): 428 – 435.

[152] Pecorino P. Individual welfare and the group size paradox [J]. Public Choice, 2016, 168 (1 – 2): 137 – 152.

[153] Peng X, Liu Y. Behind eco-innovation: managerial environmental awareness and external resource acquisition [J]. Journal of Cleaner Production, 2016 (139): 347 – 360.

[154] Peng X. Strategic interaction of environmental regulation and green productivity growth in China: green innovation or pollution refuge [J]. Science of the Total Environment, 2020 (732): 139200.

[155] Petroni G, Bigliardi B, Galati F. Rethinking the Porter hypothesis: the undera-ppreciated importance of value appropriation and pollution intensity [J]. Review of Policy Research, 2019, 36 (1): 121 – 140.

[156] Porter M E, van der Linde C. Toward a new conception of the environment-com-petitiveness relationship [J]. The Journal of Economic Perspectives, 1995, 9 (4): 97 – 118.

[157] Porter M E. America's green strategy [J]. Scientific American, 1991, 264 (4): 193 – 246.

[158] Qi S Z, Zhou C B, Li K, et al. The impact of a carbon trading pilot policy on the low-carbon international competitiveness of industry in China: an empirical analysis based on a DDD model [J]. Journal of Cleaner Production, 2021, 281 (3): 125361.

[159] Qiu L, Hu D, Wang Y. How do firms achieve sustainability through green inno-vation under external pressures of environmental regulation and market turbulence? [J]. Bus-iness Strategy and the Environment, 2020, 29 (6): 2695 – 2714.

[160] Ramanathan R, He Q, Black A, et al. Environmental regulations, innovation and firm performance: a revisit of the Porter hypothesis [J]. Journal of Cleaner Production, 2017 (155): 79 – 92.

[161] Reisinger M, Ressner L, Schmidtke R, et al. Crowding-in of complementary contributions to public goods: firm investment into open source software [J]. Journal of Eco-nomic Behavior and Organization, 2014 (106): 78 – 94.

[162] Ren S, Li X, Yuan B, et al. The effects of three types of environmental regula-tion on eco-efficiency: a cross-region analysis in China [J]. Journal of Cleaner Production, 2018 (173): 245 – 255.

[163] Ren W, Ji J. How do environmental regulation and technological innovation affect the sustainable development of marine economy: new evidence from China's coastal provinces and cities [J]. Marine Policy, 2021, 128 (5): 1 – 12.

[164] Revelli F. Reaction or interaction? Spatial process identification in multi-tiered government structures [J]. Journal of Urban Economics, 2003, 53 (1), 29 – 53.

[165] Roychowdhury S. Earnings management through real activities manipulation [J]. Journal of Accounting and Economics, 2006, 42 (3): 335 – 370.

[166] Shao Q, Wang X, Zhou Q, et al. Pollution haven hypothesis revisited: a comparison of the BRICS and MINT countries based on VECM approach [J]. Journal of Cleaner Production, 2019 (227): 724 – 738.

[167] Shi B B, Li N, Gao Q, et al. Market incentives, carbon quota allocation and carbon emission reduction: evidence from China's carbon trading pilot policy [J]. Journal of Environmental Management, 2022 (319): 115650.

[168] Shleifer A, Vishny R W. Politicians and firms [J]. Quarterly Journal of Economics, 1994, 109 (4): 995 – 1025.

[169] Song M, Zhu S, Wang J, et al. Share green growth: regional evaluation of green output performance in China [J]. International Journal of Production Economics, 2020 (219): 152 – 163.

[170] Stiglitz J E. Leaders and followers: perspectives on the Nordic model and the economics of innovation [J]. Journal of Public Economics, 2015 (127): 3 – 16.

[171] Szolnoki A, Perc M. Group-size effects on the evolution of cooperation in the spatial public goods game [J]. Physical Review E, 2011, 84 (4): 047102.

[172] Tong T W, He W, He Z L, et al. Patent regime shift and firm innovation: evidence from the second amendment to China's patent law [J]. Academy of Management Perspectives, 2014 (1): 1 – 60.

[173] Wang C, Zudenkova G. Non-monotonic group-size effect in repeated provision of public goods [J]. European Economic Review, 2016 (89): 116 – 128.

[174] Wang J, Wang K, Shi X, et al. Spatial heterogeneity and driving forces of environmental productivity growth in China: Would it help to switch pollutant discharge fees to environmental taxes? [J]. Journal of Cleaner Production, 2019 (223): 36 – 44.

[175] Wang K, H Yin, Chen Y. The effect of environmental regulation on air quality: a study of new ambient air quality standards in China [J]. Journal of Cleaner Production, 2019, 215 (4): 268 – 279.

[176] Wang Q, Yuan B. Air pollution control intensity and ecological total-factor energy efficiency: the moderating effect of ownership structure [J]. Journal of Cleaner Production, 2018 (186): 373 – 387.

[177] Wang W, Yu B, Yan X, et al. Estimation of innovation's green performance: a

range-adjusted measure approach to assess the unified efficiency of China's manufacturing industry [J]. Journal of Cleaner Production, 2017 (149): 919 – 924.

[178] Wang X, Zhang C, Zhang Z. Pollution haven or porter? The impact of environmental regulation on location choices of pollution-intensive firms in China [J]. Journal of Environmental Management, 2019 (248): 1 – 14.

[179] Wang Y, Sun X, Guo X. Environmental regulation and green productivity growth: empirical evidence on the Porter hypothesis from OECD industrial sectors [J]. Energy Policy, 2019 (132): 611 – 619.

[180] Weimann J, Brosig-Koch J, Heinrich T, et al. Public good provision by large groups: the logic of collective action revisited [J]. European Economic Review, 2019 (118): 348 – 363.

[181] Wichman C J. Incentives, green preferences, and private provision of impure public goods [J]. Journal of Environmental Economics and Management, 2016, 79 (C): 208 – 220.

[182] Wu D, Xu Y, Zhang S Q. Will joint regional air pollution control be more cost-effective? An empirical study of China's Beijing-Tianjin-Hebei region [J]. Journal of Environmental Management, 2015 (149): 27 – 36.

[183] Wu W, Liu Y, Wu C H, et al. An empirical study on government direct environmental regulation and heterogeneous innovation investment [J]. Journal of Cleaner Production, 2020 (254): 1 – 10.

[184] Xia C, Wang Z. The effect of fossil fuel and hydropower on carbon dioxide emissions: EKC validation with structural breaks [J]. Journal of Environmental Engineering and Landscape Management, 2020, 28 (1): 36 – 47.

[185] Xie R H, Yuan Y J, Huang J J. Different types of environmental regulations and heterogeneous influence on "Green" productivity: evidence from China [J]. Ecological Economics, 2017, 132 (2): 104 – 112.

[186] Xie X, Zhu Q, Wang R. Turning green subsidies into sustainability: How green process innovation improves firms' green image [J]. Business Strategy and the Environment, 2019 (28): 1416 – 1433.

[187] Xuan D, Ma X W, Shang Y P. Can China's policy of carbon emission trading

promote carbon emission reduction? [J]. Journal of Cleaner Production, 2020 (270): 122383.

[188] Xu B, Lin B. Can expanding natural gas consumption reduce China's CO_2 emissions? [J]. Energy Economics, 2019 (81): 393 – 407.

[189] Ye B, Lin L. Environmental regulation and responses of local governments [J]. China Economic Review, 2020 (60): 1 – 14.

[190] Yuan X, Li X. Mapping the technology diffusion of battery electric vehicle based on patent analysis: a perspective of global innovation systems [J]. Energy, 2021 (222): 119897.

[191] Yu B, Shen C. Environmental regulation and industrial capacity utilization: an empirical study of China [J]. Journal of Cleaner Production, 2020, 246 (2): 186 – 197.

[192] Yu X, Li Y. Effect of environmental regulation policy tools on the quality of foreign direct investment: an empirical study of China [J]. Journal of Cleaner Production, 2020 (270): 1 – 9.

[193] Zhang D Y, Rong Z, Ji Q. Green innovation and firm performance: Evidence from listed companies in China [J]. Resources, Conservation and Recycling, 2019 (144): 48 – 55.

[194] Zhang M, Yan T H, Gao W, et al. How does environmental regulation affect real green technology innovation and strategic green technology innovation? [J]. Science of the Total Environment, 2023 (872): 162221.

[195] Zhang W, Li G X, Guo F Y. Does carbon emissions trading promote green technology innovation in China? [J]. Applied Energy, 2022 (315): 119012.

[196] Zhou Q, Zhong S, Shi T, et al. Environmental regulation and haze pollution: neighbor-companion or neighbor-beggar? [J]. Energy Policy, 2021 (151): 1 – 12.